高等职业教育土木建筑类专业新形态教材

建筑工程计量与计价
（第2版）

主　编　陈淑贤　李　琳
副主编　董晓英　岳世宏
参　编　张境洁　庄向仕

北京理工大学出版社
BEIJING INSTITUTE OF TECHNOLOGY PRESS

内 容 提 要

本书根据《房屋建筑与装饰工程工程量计算规范》（GB 50854—2013）及相关新技术、新标准、新规范，结合河北地区《全国统一建筑工程基础定额河北省消耗量定额（2012）》《全国统一建筑装饰装修工程消耗量定额河北省消耗量定额（2012）》编写。全书共分6个模块，主要内容包括建筑工程计量计价基础知识、建筑工程计价依据、建筑面积计算、建筑工程施工图预算书编制、装饰工程施工图预算、工程量清单计量计价等。书中附有大量的案例和图表，重要分项工程"一则一例"，即一条工程量计算规则对应一个计算实例来说明；还附有大量的练习题，供学生动手演练。全书图文并茂、浅显易懂，体现了"精"字，为学生学习、教师备课提供了方便。

本书可作为高职高专院校土建类相关专业的教材，也可作为建筑施工企业、工程咨询部门等相关工作人员和造价工程师的参考用书。

版权专有　侵权必究

图书在版编目（CIP）数据

建筑工程计量与计价/陈淑贤，李琳主编．—2版．—北京：北京理工大学出版社，2020.1（2024.7重印）

ISBN 978-7-5682-7967-3

Ⅰ.①建… Ⅱ.①陈… ②李… Ⅲ.①建筑工程－计量－高等学校－教材 ②建筑造价－高等学校－教材 Ⅳ.①TU723.3

中国版本图书馆CIP数据核字（2019）第253542号

责任编辑：江　立		文案编辑：江　立	
责任校对：周瑞红		责任印制：边心超	

出版发行 / 北京理工大学出版社有限责任公司

社　　址 / 北京市丰台区四合庄路6号

邮　　编 / 100070

电　　话 /（010）68914026（教材售后服务热线）

　　　　　（010）68944437（课件资源服务热线）

网　　址 / http：//www.bitpress.com.cn

版 印 次 / 2024年7月第2版第3次印刷

印　　刷 / 河北世纪兴旺印刷有限公司

开　　本 / 787 mm×1092 mm　1/16

印　　张 / 14.5

字　　数 / 352千字

定　　价 / 42.00元

图书出现印装质量问题，请拨打售后服务热线，负责调换

前　言

建筑工程技术、工程造价等相关专业人才培养目标是以服务为宗旨，以就业为导向，培养面向生产、建设、服务和管理第一线需要的高端技能型应用人才。在这一背景下，本书依据全国高等职业教育建筑工程技术等相关专业教育标准和培养方案及主干课程大纲的基本要求，在继续以往教材建设方面的宝贵经验的基础上，确定了编写思路。第一，教材的编写，坚持"面向实用，及时纳入新技术、新方法"的指导思想，以《房屋建筑与装饰工程工程量计算规范》（GB 50854—2013）和河北省最新定额《全国统一建筑工程基础定额河北省消耗量定额（2012）》《全国统一建筑装饰装修工程消耗量定额河北省消耗量定额（2012）》为依据，对建筑安装费用项目构成和计算方法进行了调整，对工程量清单编制及计价内容进行了扩充，对涉及的地方新规定内容进行了调整。第二，体现职业教育课程改革的要求是以岗位需求为导向的内容体系，以计价动态性和阶段性（招标控制价、投标价、合同价、竣工结算价）特点为主线的编写思路。第三，本着先计量后计价的编写思路进行各章节的内容安排。

本书体现我国当前建设工程造价计量与计价技术和管理的最新精神，反映我国工程计量与计价的最新动态。本书编写了完整的建筑工程定额计价及施工图预算书的编制和工程量清单及清单报价书的编制，并安排这两方面内容进行两周课程实训，实用性强；建筑工程计量与计价是一门实践性很强的学科，本书在编写过程中以工学结合为手段，始终坚持实用性和可操作性原则，附有大量独创、典型案例（有的章节编写做到"一则一例"），引入案例教学模式，通俗易懂，为读者搭设自主学习的平台。全书内容广而精，目前我国工程造价实行的是定额计价与工程量清单计价两种模式并存的"双轨制"，以目前仍沿用的定额计价原理为主，又注重国家目前实施的工程量清单计价法的应用和操作，体现了工程计价由"定额计价"向"清单计价"的过渡，逐步提升清单计价的发展趋势。每章后还设置了思考与练习，便于教师教学和学生自学，有助于学生尽快学习和领悟教材中的理论知识，提高学生实践动手能力。

本书由承德石油高等专科学校陈淑贤、李琳担任主编，由河北能源职业技术学院董晓英、承德石油高等专科学校岳世宏担任副主编，承德石油高等专科学校张境洁、庄向仕参与了本书部分章节的编写工作；具体编写分工如下：陈淑贤负责拟定本书的编写方案并编写了模块一和模块二，李琳负责编写了模块四和模块五，董晓英、岳世宏共同负责编写了模块六，张境洁、庄向仕共同编写了模块三，全书由陈淑贤、李琳负责统稿。

随着新规范、新标准的施行，相关的法律、法规、制度、规范正陆续出台，有许多问题仍需进一步研究和探索，由于编者水平有限，书中难免会存在不妥和不足之处，敬请各位专家、同行和读者提出宝贵意见，以便再版时修订。

编　者

目 录

模块一　建筑工程计量计价基础知识 …… 1

　项目一　基本建设概述 …………………… 1

　　一、基本建设的概念 ……………………… 1

　　二、基本建设项目的内容 ………………… 1

　　三、基本建设程序 ………………………… 2

　项目二　建筑工程计量与计价概述 ……… 4

　　一、工程造价的含义 ……………………… 4

　　二、工程造价的特点 ……………………… 5

　　三、工程造价的分类 ……………………… 5

　项目三　建筑安装工程各项费用确定 …… 7

　　一、建筑安装工程费用项目组成 ………… 7

　　二、建筑安装工程费用组成内容 ………… 8

　　三、建筑安装工程费用参考计算方法 …… 12

　　四、建筑安装工程计价程序 ……………… 15

　模块小结 …………………………………… 18

　思考与练习 ………………………………… 19

模块二　建筑工程计价依据 ……………… 20

　项目一　建筑工程定额概述 ……………… 20

　　一、建筑工程定额 ………………………… 20

　　二、定额的水平 …………………………… 20

　　三、定额的性质 …………………………… 21

　　四、定额的作用 …………………………… 21

　　五、定额的分类 …………………………… 22

　项目二　施工定额 ………………………… 24

　　一、施工定额的概念 ……………………… 24

　　二、施工定额的作用 ……………………… 24

　　三、劳动定额 ……………………………… 24

　　四、材料消耗定额 ………………………… 27

　　五、施工机械台班定额 …………………… 29

　项目三　企业定额 ………………………… 31

　　一、企业定额的概念 ……………………… 31

　　二、企业定额的作用 ……………………… 31

　　三、企业定额的编制 ……………………… 31

　项目四　预算定额 ………………………… 34

　　一、预算定额的概念 ……………………… 34

　　二、预算定额的水平 ……………………… 34

　　三、预算定额的作用 ……………………… 34

四、预算定额消耗量的确定 ………… 35
　　五、建筑工程人工、材料、机械台班单价
　　　　的确定 …………………………… 37
项目五　预算定额的使用方法 ………… 41
　　一、预算定额手册的组成 ……………… 41
　　二、预算定额的应用 …………………… 41
模块小结 ………………………………… 45
思考与练习 ……………………………… 45

模块三　建筑面积计算 ………………… 46
　　一、建筑面积的概念 …………………… 46
　　二、建筑面积的计算意义 ……………… 46
　　三、建筑面积的计算规则及方法 ……… 47
模块小结 ………………………………… 57
思考与练习 ……………………………… 57

模块四　建筑工程施工图预算书编制 … 59
项目一　施工图预算概述 ……………… 59
　　一、施工图预算的概念 ………………… 59
　　二、施工图预算的分类 ………………… 59
　　三、施工图预算的作用 ………………… 60
　　四、施工图预算的编制依据 …………… 60
　　五、施工图预算的内容 ………………… 61
　　六、施工图预算的编制方法 …………… 62
　　七、建筑工程工程量的计算 …………… 63
项目二　土石方工程计量计价 ………… 66
　　一、土石方工程定额相关说明 ………… 66
　　二、土石方工程工程量计算规则 ……… 68

　　三、套定额说明 ………………………… 71
　　四、套定额计算人工费、材料费和机
　　　　械费 ……………………………… 72
项目三　桩基工程计量计价 …………… 72
　　一、桩基础工程定额相关说明 ………… 73
　　二、桩基工程工程量计算规则 ………… 74
　　三、套定额计算人工费、材料费和机械费 … 75
项目四　混凝土及钢筋混凝土工程计量计价 … 76
　　一、混凝土及钢筋混凝土工程定额相关
　　　　说明 ……………………………… 76
　　二、混凝土及钢筋混凝土工程工程量计算
　　　　规则 ……………………………… 77
　　三、套定额计算人工费、材料费和机械费 … 87
　　四、钢筋工程工程量计算 ……………… 88
项目五　砌筑工程计量计价 …………… 94
　　一、砌筑工程定额相关说明 …………… 95
　　二、砌筑工程工程量计算规则 ………… 95
　　三、套定额计算人工费、材料费和
　　　　机械费 …………………………… 102
项目六　屋面及防水工程计量计价 …… 103
　　一、屋面及防水工程定额相关说明 …… 103
　　二、屋面及防水工程工程量计算规则 … 104
　　三、套定额计算人工费、材料费和机械费 … 108
项目七　保温防腐工程计量计价 ……… 108
　　一、保温防腐工程定额相关说明 ……… 108
　　二、保湿防腐工程工程量计算规则 …… 109
　　三、套定额计算人工费、材料费和机械费 … 111
项目八　金属结构工程计量计价 ……… 111

一、金属结构工程定额相关说明 ……111
二、金属结构工程工程量计算规则 ……112
项目九　施工技术措施项目计量计价 ……113
一、脚手架工程 ……113
二、模板工程 ……117
三、垂直运输工程 ……120
四、建筑物超高费 ……121
五、其他可竞争措施项目 ……123
六、不可竞争措施项目 ……124
项目十　施工图预算书编制实例 ……124
一、工程概况 ……124
二、房间做法 ……124
三、门窗统计表 ……125
四、施工图 ……125
五、施工图预算 ……126
模块小结 ……143
思考与练习 ……143

模块五　装饰工程施工图预算 ……148
项目一　楼地面工程 ……148
一、楼地面工程工程量计算规则 ……148
二、楼地面工程定额相关说明 ……150
三、套定额计算人工费、材料费和机械费 ……151
项目二　墙柱面工程 ……152
一、一般抹灰工程量计算规则 ……152
二、墙柱面工程定额相关说明 ……155
三、套定额计算人工费、材料费和机械费 ……156
项目三　天棚工程计量计价 ……157

一、抹灰天棚工程量计算规则 ……157
二、吊顶天棚工程量计算规则 ……157
三、天棚工程定额相关说明 ……159
四、套定额计算人工费、材料费和机械费 ……160
项目四　门窗工程计量计价 ……161
一、门窗工程工程量计算规则 ……161
二、门窗工程定额相关说明 ……162
三、套定额计算人工费、材料费和机械费 ……163
项目五　油漆、涂料、裱糊工程计量计价 ……164
一、油漆、涂料、裱糊工程工程量计算规则 ……164
二、油漆、涂料、裱糊工程定额相关说明 ……166
项目六　装饰装修措施项目 ……167
一、脚手架工程 ……167
二、垂直运输及超高增加费 ……168
三、其他可竞争措施项目 ……170
四、不可竞争措施项目 ……170
模块小结 ……171
思考与练习 ……171

模块六　工程量清单计量计价 ……172
项目一　工程量清单计价基本知识 ……172
一、清单计价的概念 ……172
二、工程量清单计价风险 ……172
三、工程量清单计价的适用范围 ……172
四、工程量清单计价方式 ……173

五、工程量清单计价规范…………173
　　　六、招标工程量清单编制…………173
　　　七、工程量清单计价的编制………179
　项目二　土方工程计量与计价………186
　　　一、土方工程清单项目及相关规定…186
　　　二、土方工程计量…………………188
　　　三、土方工程计价…………………191
　项目三　桩基工程计量与计价………195
　　　一、桩基工程清单项目……………195
　　　二、桩基工程计价…………………196

　项目四　工程量清单编制实例………198
　　　一、背景材料………………………198
　　　二、工程计量与计价………………202
　模块小结………………………………216
　思考与练习……………………………216

附录　《房屋建筑与装饰工程工程量计算规范》附录节选…………217
参考文献……………………………224

模块一　建筑工程计量计价基础知识

学习目标

1. 掌握基本建设的概念及基本建设项目的内容。
2. 熟悉基本建设程序和建设程序的各个阶段主要工作内容。
3. 熟悉工程造价的特点、分类和计价方法。
4. 熟悉建筑工程费用的构成和计算方法。

项目一　基本建设概述

一、基本建设的概念

基本建设是指国民经济各部门实现以扩大生产能力和工程效益等为目的新建、改建、扩建工程的固定资产投资及其相关管理活动。它是通过建筑业的生产活动和其他部门的经济活动，把大量资金、建筑材料、机械设备等，经过购置、建筑及安装调试等施工活动形成新的生产能力或新的使用效益的过程。因此，基本建设是一种特殊的综合性经济活动。

二、基本建设项目的内容

1. 建筑工程

建筑工程是指永久性或临时性的建筑物、构筑物的土建、设备基础、给水排水、照明、采暖、通风、动力、电信管线的敷设，建筑场地的清理、平整、排水、竣工后的整理、绿化、铁路、公路、桥梁涵洞、隧道、水利、电力线路、防空设施等的建设。

2. 设备安装工程

设备安装工程包括各种电气设备、机械设备的安装，与设备相连的工作台、梯子等的安装，附属于被安装设备的管线敷设及设备的绝缘、保温、油漆等，为测定安装质量而对单个设备进行试运转等工作。

3. 设备、工具、器具的购置

设备、工具、器具的购置是指医院、学校、试验室、车间、车站等所应配备的各种设备、工具、器具、试验仪器和生产家具的购置。

4. 其他基本建设工作

其他基本建设工作是指上述各类工作以外的各项基本建设工作，如筹建机构、征用土地、工程设计、工程监理、勘察设计、人员培训及其他生产准备工作等，包括地质、地形测量及工程设计等方面的工作。

三、基本建设程序

1. 建设项目的划分

(1)建设项目。建设项目是指在一个总体设计或初步设计范围内进行施工,在行政上具有独立的组织形式,经济上实行独立核算,有法人资格与其他经济实体建立经济往来关系的建设工程实体。一个建设项目可以是一个独立工程,也可能包括更多的工程,一般以一个企业事业单位或独立的工程作为一个建设项目。例如,在工业建设中,一座工厂即是一个建设项目;在民用建设中,一所学校便是一个建设项目,一个大型体育场馆也是一个建设项目。

建设项目划分

(2)单项工程。单项工程又称工程项目,是指在一个建设项目中,具有独立的设计文件,可独立组织施工,建成后能够独立发挥生产能力或效益的工程。工业建设项目的单项工程,一般是指各个生产车间、办公楼、食堂、住宅等;非工业建设项目中每幢住宅楼、剧院、商场、教学楼、图书馆、办公楼等各为一个单项工程。单项工程是建设项目的组成部分。

(3)单位工程。单位工程是指具有独立的设计文件,可独立组织施工,但建成后不能独立发挥生产能力或效益的工程,是单项工程的组成部分。

民用项目的单位工程较容易划分,以一幢住宅楼为例,其中一般土建工程、给水排水、采暖、通风、照明工程等各为一个单位工程。

工业项目工程内容复杂,有时出现交叉,因此单位工程的划分比较困难。以一个车间为例,其中,土建工程、工艺设备安装、工业管道安装、给水排水、采暖、通风、电气安装、自控仪表安装等各为一个单位工程。

(4)分部工程。分部工程是单位工程的组成部分,一般是指按单位工程的结构部位、使用的材料、工种或设备种类与型号等的不同而划分的工程,是单位工程的组成部分。

一般土建工程可以划分为土石方工程,桩基础工程,脚手架工程,砌筑工程,混凝土及钢筋混凝土工程,门窗及木结构工程,楼地面工程,屋面及防水工程,防腐、保温、隔热工程,装饰工程等分部工程。

(5)分项工程。分项工程是指按照不同的施工方法、不同的材料及构件规格,将分部工程分解为一些简单的施工过程,它是建设工程中最基本的单位内容,单独地经过一定施工工序就能完成,并且可以采用适当计量单位计算的建筑或安装工程,即通常所指的各种实物工程量。

分项工程是分部工程的组成部分,如土方分部工程,一般可以分为人工平整场地,人工挖土方,人工挖地槽、地坑等分项工程。

综上所述,一个建设项目是由若干个单项工程组合而成的,一个单项工程是由若干个单位工程组合而成的,一个单位工程是由若干个分部工程组合而成的,一个分部工程又是由若干个分项工程组合而成的。

2. 基本建设程序

基本建设程序是指建设项目在工程建设的全过程中各项工作所必须遵循的先后顺序,它是基本建设过程及其规律性的反映。

基本建设程序由项目决策阶段、项目设计阶段、项目建设准备阶段、项目建设施工阶段、项目竣工验收阶段组成。各个主要阶段所包括的具体工作内容如下:

(1)项目决策阶段。决策阶段包括项目建议书阶段和可行性研究阶段。

1)项目建议书阶段。项目建议书是建设单位向国家提出建设某一项目的建议性文件，是对拟建项目的初步设想。项目建议书是确定建设项目和建设方案的重要文件，也是编制设计文件的依据。按照国家有关部门的规定，所有新建、扩建和改建项目，列入国家中长期规划的重点建设项目以及技术改进项目，均应向有关部门提交项目建议书，经批准后，才可进行下一步的可行性研究工作。

2)可行性研究阶段。可行性研究是指在项目决策之前，对与拟建项目有关的社会、技术、经济、工程等方面进行深入细致的调查研究，对可能的多种方案进行比较论证，同时，对项目建成后的经济、社会效益进行预测和评价的一种投资决策分析研究方法和科学分析活动。

可行性研究的内容应能满足作为项目投资决策的基础和重要依据的要求，可行性研究的基本内容和研究深度应符合现行国家规定，可以根据不同行业的建设项目，有不同的侧重点。其内容可概括为市场研究、技术研究和效益研究三大部分。

由建设单位或委托的具有编制资质的工程咨询单位根据我国现行的工程项目建设程序进行可行性研究报告的编制。可行性研究报告是项目最终决策立项的重要文件，也是初步设计的重要依据。

可行性研究报告均要按规定报相关职能部门审批。可行性研究报告经批准后，不得随意修改和变更。如果在建设规模、产品方案、主要协作关系等方面有变动以及突破投资控制限额，应经原批准单位同意。可行性研究报告批准后，工程建设进入设计阶段。经过批准的可行性研究报告，作为初步设计的依据。

(2)项目设计阶段。我国大中型建设项目，一般是采用两阶段设计，即初步设计(或扩大初步设计)阶段和施工图设计阶段。

1)初步设计。初步设计是根据批准的可行性研究报告和必要的设计基础资料，拟订工程建设实施的初步方案；阐明工程在指定的时间、地点和投资控制限额内，拟建工程在技术上的可行性和经济上的合理性；编制项目总概算。建设项目的初步设计文件由设计说明书、设计图纸、主要设备原料表和工程概算书四部分组成。初步设计必须报送有关部门审批，经审查批准的初步设计，一般不得随意修改。凡涉及总平面布置、主要工艺流程、主要设备、建筑面积、建筑标准、总定员和总概算等方向的修改，需报经原设计审批机构批准。

2)施工图设计。施工图设计是把初步设计中确定的设计原则和设计方案根据建筑安装工程或非标准设备制作的需要，进一步具体化、明确化，把工程主要施工方法和设备各构成部分的尺寸、布置，以图样及文字的形式加以确定的设计文件。施工图设计根据批准的初步设计文件编制。

(3)项目建设准备阶段。项目建设准备阶段要进行工程开工的各项准备工作，其内容包括：①征地和拆迁。征用土地工作是根据我国的土地管理法规和城市规划进行的，通常由征地单位支付一定的土地补偿费和安置补助费；②五通一平。其包括工程施工现场的路通、水通、电通、通信、气通和场地平整工作；③组织建设工程施工招投标工作，择优选择施工单位；④建造建设工程临时设施；⑤办理工程开工手续；⑥施工单位进场准备。

(4)项目建设施工阶段。项目建设施工阶段是设计意图的实现，也是整个投资意图的实现阶段。这是项目决策的实施、建成投产、发挥效益的关键环节。新开工建设时间，是指建设项目计划文件中规定的任何一项永久性工程第一次破土开槽开始施工的日期。不需要开槽的工程，以建筑物的基础打桩作为正式开工时间。铁路、公路、水利等需要大量土石方工程的项目，以开始进行土石方工程作为正式开工时间。分期建设的项目，分别按各期工程开工的日期计算。施工活动应按设计要求、合同条款、预算投资、施工程序和顺序、施工组织设计，在保证质量、工期、成本计划等目标的前提下进行，达到竣工标准要求、经过竣工验收后，移交给建设单位。

（5）项目竣工验收阶段。项目竣工验收阶段是建设项目建设全过程的最后一个程序，它是全面考核建设工作，检查工程是否符合设计要求和质量好坏的重要环节，是投资成果转入生产或使用的标志。竣工验收对促进建设项目及时投产，发挥投资效果，总结建设经验，都起着重要作用。

国家对建设项目竣工验收的组织工作，一般按隶属关系和建设项目的重要性而定。大中型项目，由各部门、各地区组织验收；特别重要的项目，由国务院批准组织国家验收委员会验收；小型项目，由主管单位组织验收。竣工验收可以是单项工程验收，也可以是全部工程验收。经验收合格的项目，填写工程验收报告，办理移交固定资产手续后，交付生产使用，标志着工程建设项目的建设过程结束。

项目二　建筑工程计量与计价概述

一、工程造价的含义

工程造价是指进行某项工程建设所花费的全部费用。工程造价是一个广义概念，在不同的场合，工程造价的含义不同。由于研究对象不同，工程造价有建设工程造价、单项工程造价、单位工程造价以及建筑安装工程造价等。

工程造价的直意就是工程的建造价格。这里所说的工程，泛指一切建设工程，其范围的内涵具有很大的不确定性。其含义有以下两种：

第一种含义：工程造价是指进行某项工程建设花费的全部费用，即该工程项目有计划地进行固定资产再生产、形成相应无形资产和铺底流动资金的一次性费用总和。显然，这一含义是从投资者——业主的角度来定义的。投资者选定一个项目后，就要通过项目评估进行决策，然后进行设计招标、工程招标，直到竣工验收等一系列投资管理活动。在投资活动中所支付的全部费用形成了固定资产和无形资产，所有这些开支就构成了工程造价。从这个意义上说，工程造价就是工程投资费用，建设项目工程造价就是建设项目固定资产投资。

第二种含义：工程造价是指工程价格，即建成一项工程，预计或实际在土地市场、设备市场、技术劳务市场等交易活动中所形成的建筑安装工程的价格和建设工程总价格。显然，工程造价的第二种含义是以社会主义商品经济和市场经济为前提。它以工程这种特定的商品形成作为交换对象，通过招投标、发承包或其他交易形成，在进行多次性预估的基础上，最终由市场形成的价格。

通常是将工程造价的第二种含义认定为工程发承包价格。

工程造价的两种含义是以不同角度把握同一事物的本质的。以建设工程的投资者来说，工程造价就是项目投资，是"购买"项目付出的价格；同时，也是投资者在作为市场供给主体时"出售"项目时定价的基础。对于承包商来说，工程造价是他们作为市场供给主体出售商品和劳务的价格的总和，或是特指范围的工程造价，如建筑安装工程造价。

二、工程造价的特点

1. 大额性

建设工程项目体积庞大，而且消耗的资源巨大，因此，一个项目少则几百万元，多则数亿元甚至数百亿元。工程造价的大额性，一方面事关重大经济利益；另一方面也使工程承受了重大的经济风险；同时，也会对宏观经济的运行产生重大的影响。因此，应当高度重视工程造价的大额性特点。

2. 单件性

每个建设工程项目都有特定的目的和用途，就会有不同的结构、造型和装饰，产生不同的建筑面积和体积，建设施工时还可以采用不同的工艺设备、建筑材料和施工工艺方案。因此，每个建设项目一般只能单独设计、单独建设、单独计价。即使是相同用途和相同规模的同类建设项目，由于技术水平、建筑等级和建筑标准的差别，以及地区条件和自然环境与风俗习惯的不同也会有很大区别，最终导致工程造价的千差万别。因此，对于建设工程既不能像工业产品那样按品种、规格和质量成批制定价格，也不能由国家、地方、企业规定统一的计价，只能按各个项目规定的建设程序计算工程造价。

3. 动态性

工程项目从决策到竣工验收直到交付使用，都有个较长的建设周期，而且由于来自社会和自然的众多不可控因素的影响，必然会导致工程造价的变动。例如，物价变化、不利的自然条件、人为因素等均会影响工程造价。因此，工程造价在整个建设期内都处在不确定的状态之中，直到竣工结算才能最终确定工程的实际造价。

4. 多次性

建设工程的生产过程是一个周期长、规模大、造价高、物耗多的投资生产活动，具体按照规定的建设程序分阶段进行建设，才能按时、保质、有效地完成建设项目。为了适应项目管理的要求，适应工程造价控制和管理的要求，需要按照建设程序中各个规划设计和建设阶段多次性进行计价。从投资估算、设计概算、施工图预算等预期造价到承包合同价、结算价和最后的竣工决算价等实际造价，是一个由粗到细，由浅入深，最后确定建设工程实际造价的整个计价过程。这是一个逐步深化、逐步细化和逐步接近实际造价的过程。

三、工程造价的分类

在工程建设程序的不同阶段，需对建设工程中所支出的各项费用进行准确、合理的计算和确定。

1. 投资估算

投资估算是指在整个投资决策过程中，依据现行的资料和一定的方法，对建设项目的投资数额进行估计计算的费用文件。

由于投资决策过程可进一步划分为项目建议书阶段、可行性研究阶段。所以，投资估算工作也相应分为上述几个阶段。不同阶段所具备的条件和掌握的资料不同，投资估算的准确程度不同，进而每个阶段投资估算所起的作用也不同。项目建议书阶段编制的初步投资估算，作为相关权力职能部门审批项目建议书的依据之一，相关职能部门批准后，作为拟建项目列入国家中长期计划和开展项目前期工作中控制工程预算的依据；可行性研究阶段的投资估算可作为对项目是否真正可行作出最后决策的依据之一，经相关职能部门批准后，是编制投资计划、进行资金筹措及申请贷款的主要依据，也是控制初步设计概算的依据。

2. 设计概算

设计概算是指在初步设计或扩大初步设计阶段，由设计单位根据初步设计图纸、概算定额或概算指标、设备价格、各项费用定额或取费标准、建设地区的技术经济条件等资料，对工程建设项目费用进行概略计算的文件，它是设计文件的组成部分。其内容包括建设项目从筹建到竣工验收的全部建设费用。

设计概算是确定和控制建设项目总投资的依据，是编制基本建设计划的依据，是实行投资包干和办理工程拨款、贷款的依据，是评价设计方案的经济合理性、选择最优设计方案的重要尺度，同时，也是控制施工图预算、考核建设成本和投资效果的依据。

3. 施工图预算

施工图预算是指根据施工图纸、预算定额、取费标准、建设地区技术经济条件以及相关规定等资料编制的，用来确定建筑安装工程全部建设费用的文件。

施工图预算主要是作为确定建筑安装工程预算造价和发承包合同价的依据；同时，也是建设单位与施工单位签订施工合同，办理工程价款结算的依据；是落实和调整年度基本建设投资计划的依据；是设计单位评价设计方案的经济尺度；是发包单位编制标底的依据；是施工单位加强经营管理、实行经济核算、考核工程成本以及进行施工准备、编制投标报价的依据。

4. 施工预算

施工预算是在施工前，根据施工图纸、施工定额，结合施工组织设计中的平面布置、施工方案、技术组织措施以及现场实际情况等，由施工单位编制的，反映完成一个单位工程所需费用的经济文件。

施工预算是施工企业内部的一种技术经济文件，主要是计算工程施工中人工、材料及施工机械台班所需要的数量。施工预算是施工企业进行施工准备、编制施工作业计划、加强内部经济核算的依据，是向班组签发施工任务单、考核单位用工、限额领料的依据，也是企业开展经济活动分析、进行"两算"对比、控制工种成本的主要依据。

5. 工程结算

工程结算是指对建设工程的发承包合同价款进行约定和依据合同约定进行工程预付款、工程进度款、工程竣工结算的活动。按工程施工进度的不同，工程结算有中间结算与竣工结算之分。

中间结算就是在工程的施工过程中，由施工单位按月度或按施工进度划分不同阶段进行工程量的统计，经建设单位核定认可，办理工程进度价款的一种工程结算。待将来整个工程竣工后，再做全面的、最终的工程价款结算。

竣工结算是在施工单位完成它所承包的工程项目，并经建设单位和有关部门验收合格后，施工企业根据施工时现场实际情况记录、工程变更通知书、现场签证、定额等资料，在原有合同价款的基础上编制的、向建设单位办理最后应收取工程价款的文件。工程竣工结算是施工单位核算工程成本、分析各类资源消耗情况的依据，是施工企业取得最终收入的依据，也是建设单位编制工程竣工决算的主要依据之一。

6. 竣工决算

工程竣工决算是在整个建设项目或单项工程完工并经验收合格后，由建设单位根据竣工结算等资料,编制的反映整个建设项目或单项工程从筹建到竣工交付使用全过程实际支付的建设费用的文件。

竣工决算是基本建设经济效果的全面反映,是核定新增固定资产价值和办理固定资产交付使用的依据,是考核竣工项目概预算与基本建设计划执行水平的基础资料。

项目三 建筑安装工程各项费用确定

一、建筑安装工程费用项目组成

2013年7月1日起施行的《建筑安装工程费用项目组成》中规定:建筑安装工程费用项目按费用构成要素组成划分为人工费、材料费、施工机具使用费、企业管理费、利润、规费和税金(图1-1);按工程造价形成顺序划分为分部分项工程费、措施项目费、其他项目费、规费和税金(图1-2)。

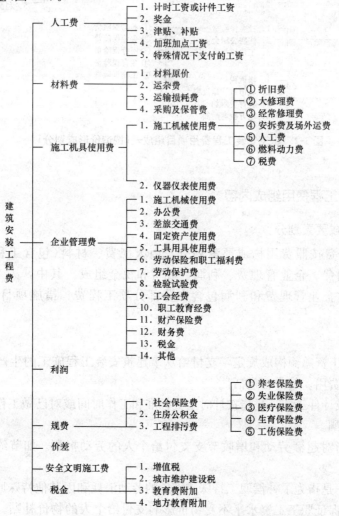

图1-1 建筑安装工程费用项目组成表(按费用构成要素划分)

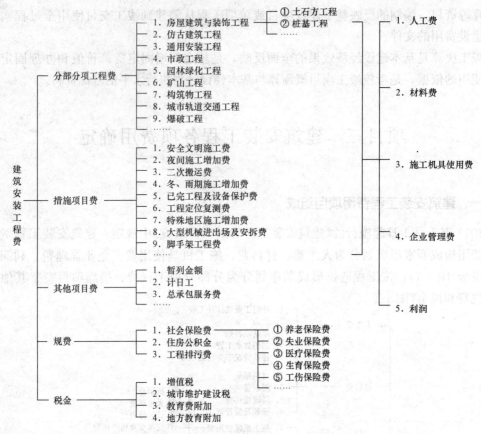

图 1-2 建筑安装工程费用项目组成表(按造价形成划分)

二、建筑安装工程费用组成内容

(一)按费用构成要素划分

建筑安装工程费按照费用构成要素划分,由人工费、材料(包含工程设备,下同)费、施工机具使用费、企业管理费、利润、规费和税金组成。其中,人工费、材料费、施工机具使用费、企业管理费和利润包含在分部分项工程费、措施项目费、其他项目费中。

1. 人工费

人工费是指按工资总额构成规定,支付给从事建筑安装工程施工的生产工人和附属生产单位工人的各项费用。其内容包括:

(1)计时工资或计件工资,是指按计时工资标准和工作时间或对已做工作按计件单价支付给个人的劳动报酬。

(2)奖金,是指对超额劳动和增收节支支付给个人的劳动报酬。如节约奖、劳动竞赛奖等。

(3)津贴补贴,是指为了补偿职工特殊或额外的劳动消耗和因其他特殊原因支付给个人的津贴,以及为了保证职工工资水平不受物价影响支付给个人的物价补贴。如流动施工津贴、特殊地区施工津贴、高温(寒)作业临时津贴、高空津贴等。

(4)加班加点工资,是指按规定支付的在法定节假日工作的加班工资和在法定日工作时间外延时工作的加点工资。

(5)特殊情况下支付的工资,是指根据国家法律、法规和政策规定,因病、工伤、产假、计划生育假、婚丧假、事假、探亲假、定期休假、停工学习、执行国家或社会义务等原因按计时工资标准或计时工资标准的一定比例支付的工资。

2. 材料费

材料费是指施工过程中耗费的原材料、辅助材料、构配件、零件、半成品或成品、工程设备的费用。其内容包括:

(1)材料原价,是指材料、工程设备的出厂价格或商家供应价格。

(2)运杂费,是指材料、工程设备自来源地运至工地仓库或指定堆放地点所发生的全部费用。

材料费的组成

(3)运输损耗费,是指材料在运输装卸过程中不可避免的损耗。

(4)采购及保管费,是指为组织采购、供应和保管材料、工程设备的过程中所需要的各项费用。其包括采购费、仓储费、工地保管费、仓储损耗。其中工程设备是指构成或计划构成永久工程一部分的机电设备、金属结构设备、仪器装置及其他类似的设备和装置。

3. 施工机具使用费

施工机具使用费是指施工作业所发生的施工机械、仪器仪表使用费或其租赁费。

(1)施工机械使用费,以施工机械台班耗用量乘以施工机械台班单价表示,施工机械台班单价应由下列七项费用组成:

1)折旧费,指施工机械在规定的使用年限内,陆续收回其原值的费用。

2)大修理费,指施工机械按规定的大修理间隔台班进行必要的大修理,以恢复其正常功能所需的费用。

3)经常修理费,指施工机械除大修理以外的各级保养和临时故障排除所需的费用。其包括为保障机械正常运转所需替换设备与随机配备工具附具的摊销和维护费用,机械运转中日常保养所需润滑与擦拭的材料费用及机械停滞期间的维护和保养费用等。

4)安拆费及场外运费,安拆费指施工机械(大型机械除外)在现场进行安装与拆卸所需的人工、材料、机械和试运转费用以及机械辅助设施的折旧、搭设、拆除等费用;场外运费指施工机械整体或分体自停放地点运至施工现场或由一施工地点运至另一施工地点的运输、装卸、辅助材料及架线等费用。

5)人工费,指机上司机(司炉)和其他操作人员的人工费。

6)燃料动力费,指施工机械在运转作业中所消耗的各种燃料及水、电等。

7)税费,指施工机械按照国家规定应缴纳的车船使用税、保险费及年检费等。

(2)仪器仪表使用费,是指工程施工所需使用的仪器仪表的摊销及维修费用。

4. 企业管理费

企业管理费是指建筑安装企业组织施工生产和经营管理所需的费用。其内容包括:

(1)管理人员工资,是指按规定支付给管理人员的计时工资、奖金、津贴补贴、加班加点工资及特殊情况下支付的工资等。

(2)办公费,是指企业管理办公用的文具、纸张、账表、印刷、邮电、书报、办公软件、现场监控、会议、水电、烧水和集体取暖降温（包括现场临时宿舍取暖降温）等费用。

(3)差旅交通费，是指职工因公出差、调动工作的差旅费、住勤补助费，市内交通费和误餐补助费，职工探亲路费，劳动力招募费，职工退休、退职一次性路费，工伤人员就医路费，工地转移费以及管理部门使用的交通工具的油料、燃料等费用。

(4)固定资产使用费，是指管理和试验部门及附属生产单位使用的属于固定资产的房屋、设备、仪器等的折旧、大修、维修或租赁费。

(5)工具用具使用费，是指企业施工生产和管理使用的不属于固定资产的工具、器具、家具、交通工具和检验、试验、测绘、消防用具等的购置、维修和摊销费。

(6)劳动保险和职工福利费，是指由企业支付的职工退职金、按规定支付给离休干部的经费，集体福利费、夏季防暑降温、冬季取暖补贴、上下班交通补贴等。

(7)劳动保护费，是指企业按规定发放的劳动保护用品的支出。如工作服、手套、防暑降温饮料以及在有碍身体健康的环境中施工的保健费用等。

(8)检验试验费，是指施工企业按照有关标准规定，对建筑以及材料、构件和建筑安装物进行一般鉴定、检查所发生的费用，包括自设试验室进行试验所耗用的材料等费用。不包括新结构、新材料的试验费，对构件做破坏性试验及其他特殊要求检验试验的费用和建设单位委托检测机构进行检测的费用，对此类检测发生的费用，由建设单位在工程建设其他费用中列支。但对施工企业提供的具有合格证明的材料进行检测不合格的，该检测费用由施工企业支付。

(9)工会经费，是指企业按《工会法》规定的全部职工工资总额比例计提的经费。

(10)职工教育经费，是指按职工工资总额的规定比例计提，企业为职工进行专业技术和职业技能培训，专业技术人员继续教育、职工职业技能鉴定、职业资格认定以及根据需要对职工进行各类文化教育所发生的费用。

(11)财产保险费，是指施工管理用财产、车辆等的保险费用。

(12)财务费，是指企业为施工生产筹集资金或提供预付款担保、履约担保、职工工资支付担保等所发生的各种费用。

(13)税金，是指企业按规定缴纳的房产税、车船使用税、土地使用税、印花税等。

(14)其他，包括技术转让费、技术开发费、投标费、业务招待费、绿化费、广告费、公证费、法律顾问费、审计费、咨询费、保险费等。

5. 利润

利润是指施工企业完成所承包工程获得的盈利。

6. 规费

规费是指按国家法律、法规规定，由省级政府和省级有关权力部门规定必须缴纳或计取的费用。包括：

(1)社会保险费。

1)养老保险费，是指企业按照规定标准为职工缴纳的基本养老保险费。

2)失业保险费，是指企业按照规定标准为职工缴纳的失业保险费。

3)医疗保险费，是指企业按照规定标准为职工缴纳的基本医疗保险费。

4)生育保险费，是指企业按照规定标准为职工缴纳的生育保险费。

5)工伤保险费，是指企业按照规定标准为职工缴纳的工伤保险费。

(2)住房公积金，是指企业按规定标准为职工缴纳的住房公积金。

(3)工程排污费,是指按规定缴纳的施工现场工程排污费。

其他应列而未列入的规费,按实际发生计取。

7. 税金

税金是指国家税法规定的应计入建筑安装工程造价内的增值税、城市维护建设税、教育费附加以及地方教育附加。

(二)按造价形成划分

建筑安装工程费按照工程造价形成,由分部分项工程费、措施项目费、其他项目费、规费、税金组成。分部分项工程费、措施项目费、其他项目费包含人工费、材料费、施工机具使用费、企业管理费和利润。

1. 分部分项工程费

分部分项工程费是指各专业工程的分部分项工程应予列支的各项费用。

(1)专业工程,是指按现行国家计量规范划分的房屋建筑与装饰工程、仿古建筑工程、通用安装工程、市政工程、园林绿化工程、矿山工程、构筑物工程、城市轨道交通工程、爆破工程等各类工程。

(2)分部分项工程,是指按现行国家计量规范对各专业工程划分的项目。如房屋建筑与装饰工程划分的土石方工程、地基处理与桩基工程、砌筑工程、钢筋及钢筋混凝土工程等。

各类专业工程的分部分项工程划分见现行国家或行业计量规范。

2. 措施项目费

措施项目费是指为完成建设工程施工,发生于该工程施工前和施工过程中的技术、生活、安全、环境保护等方面的费用。其内容包括:

(1)安全文明施工费。

1)环境保护费,是指施工现场为达到环保部门要求所需要的各项费用。

2)文明施工费,是指施工现场文明施工所需要的各项费用。

3)安全施工费,是指施工现场安全施工所需要的各项费用。

4)临时设施费,是指施工企业为进行建设工程施工所必须搭设的生活和生产用的临时建筑物、构筑物和其他临时设施费用。其包括临时设施的搭设、维修、拆除、清理费或摊销费等。

(2)夜间施工增加费,是指因夜间施工所发生的夜班补助费、夜间施工降效、夜间施工照明设备摊销及照明用电等费用。

(3)二次搬运费,是指因施工场地条件限制而发生的材料、构配件、半成品等一次运输不能到达堆放地点,必须进行二次或多次搬运所发生的费用。

(4)冬、雨期施工增加费,是指在冬期或雨期施工需增加的临时设施、防滑、排除雨雪,人工及施工机械效率降低等费用。

(5)已完工程及设备保护费,是指竣工验收前,对已完工程及设备采取的必要保护措施所发生的费用。

(6)工程定位复测费,是指工程施工过程中进行全部施工测量放线和复测工作的费用。

(7)特殊地区施工增加费,是指工程在沙漠或其边缘地区、高海拔、高寒、原始森林等特殊地区施工增加的费用。

(8)大型机械设备进出场及安拆费,是指机械整体或分体自停放场地运至施工现场或由一个施工地点运至另一个施工地点,所发生的机械进出场运输及转移费用及机械在施工现场进行安装、拆卸所需的人工费、材料费、机械费、试运转费和安装所需的辅助设施的费用。

(9)脚手架工程费,是指施工需要的各种脚手架搭、拆、运输费用以及脚手架购置费的摊销(或租赁)费用。

措施项目及其包含的内容详见各类专业工程的现行国家或行业计量规范。

3. 其他项目费

(1)暂列金额,是指建设单位在工程量清单中暂定并包括在工程合同价款中的一笔款项。用于施工合同签订时尚未确定或者不可预见的所需材料、工程设备、服务的采购,施工中可能发生的工程变更、合同约定调整因素出现时的工程价款调整以及发生的索赔、现场签证确认等的费用。

(2)计日工,是指在施工过程中,施工企业完成建设单位提出的施工图纸以外的零星项目或工作所需的费用。

(3)总承包服务费,是指总承包人为配合、协调建设单位进行的专业工程发包,对建设单位自行采购的材料、工程设备等进行保管以及施工现场管理、竣工资料汇总整理等服务所需的费用。

4. 规费

同前述"按费用构成要素划分"的相关内容。

5. 税金

同前述"按费用构成要素划分"的相关内容。

三、建筑安装工程费用参考计算方法

(一)费用构成要素参考计算方法

1. 人工费

(1)公式 1:

$$人工费 = \sum (工日消耗量 \times 日工资单价) \tag{1-1}$$

$$日工资单价 = \frac{生产工人平均月工资(计时计件) + 平均月(奖金+津贴补贴+特殊情况下支付的工资)}{年平均每月法定工作日} \tag{1-2}$$

注:式(1-1)主要适用于施工企业投标报价时自主确定人工费,也是工程造价管理机构编制计价定额确定定额人工单价或发布人工成本信息的参考依据。

(2)公式 2:

$$人工费 = \sum (工程工日消耗量 \times 日工资单价) \tag{1-3}$$

日工资单价是指施工企业平均技术熟练程度的生产工人在每工作日(国家法定工作时间内)按规定从事施工作业应得的日工资总额。

工程造价管理机构确定日工资单价应通过市场调查、根据工程项目的技术要求,参考实物工程量人工单价综合分析确定,最低日工资单价不得低于工程所在地人力资源和社会保障部门所发布的最低工资标准的:普工 1.3 倍、一般技工 2 倍、高级技工 3 倍。

工程计价定额不可只列一个综合工日单价，应根据工程项目技术要求和工种差别适当划分多种日人工单价，确保各分部工程人工费的合理构成。

注：式(1-3)适用于工程造价管理机构编制计价定额时确定定额人工费，是施工企业投标报价的参考依据。

2. 材料费

(1) 材料费：

$$材料费 = \sum (材料消耗量 \times 材料单价) \tag{1-4}$$

$$材料单价 = [(材料原价 + 运杂费) \times [1 + 运输损耗率(\%)]] \times [1 + 采购保管费费率(\%)] \tag{1-5}$$

(2) 工程设备费：

$$工程设备费 = \sum (工程设备量 \times 工程设备单价) \tag{1-6}$$

$$工程设备单价 = (设备原价 + 运杂费) \times [1 + 采购保管费费率(\%)] \tag{1-7}$$

3. 施工机具使用费

(1) 施工机械使用费：

$$施工机械使用费 = \sum (施工机械台班消耗量 \times 机械台班单价) \tag{1-8}$$

$$机械台班单价 = 台班折旧费 + 台班大修费 + 台班经常修理费 + 台班安拆费及场外运费 + 台班人工费 + 台班燃料动力费 + 台班车船税费 \tag{1-9}$$

注：工程造价管理机构在确定计价定额中的施工机械使用费时，应根据《建筑施工机械台班费用计算规则》结合市场调查编制施工机械台班单价。施工企业可以参考工程造价管理机构发布的台班单价，自主确定施工机械使用费的报价，如租赁施工机械，公式为：施工机械使用费 = $\sum$(施工机械台班消耗量 × 机械台班租赁单价)。

(2) 仪器仪表使用费：

$$仪器仪表使用费 = 工程使用的仪器仪表摊销费 + 维修费 \tag{1-10}$$

4. 企业管理费费率

(1) 以分部分项工程费为计算基础：

$$企业管理费费率(\%) = \frac{生产工人年平均管理费}{年有效施工天数 \times 人工单价} \times 人工费占分部分项工程费比例(\%) \tag{1-11}$$

(2) 以人工费和机械费合计为计算基础：

$$企业管理费费率(\%) = \frac{生产工人年平均管理费}{年有效施工天数 \times (人工单价 + 每一工日机械使用费)} \times 100\% \tag{1-12}$$

(3) 以人工费为计算基础：

$$企业管理费费率(\%) = \frac{生产工人年平均管理费}{年有效施工天数 \times 人工单价} \times 100\% \tag{1-13}$$

注：上述公式适用于施工企业投标报价时自主确定管理费，是工程造价管理机构编制计价定额确定企业管理费的参考依据。

工程造价管理机构在确定计价定额中企业管理费时，应以定额人工费或(定额人工费+

定额机械费)作为计算基数,其费率根据历年工程造价积累的资料,辅以调查数据确定,列入分部分项工程和措施项目中。

5. 利润

(1)施工企业根据企业自身需求并结合建筑市场实际自主确定,列入报价中。

(2)工程造价管理机构在确定计价定额中利润时,应以定额人工费或(定额人工费+定额机械费)作为计算基数,其费率根据历年工程造价积累的资料,并结合建筑市场实际确定,以单位(单项)工程测算,利润在税前建筑安装工程费的比重可按不低于5%且不高于7%的费率计算。利润应列入分部分项工程和措施项目中。

6. 规费

(1)社会保险费和住房公积金。社会保险费和住房公积金应以(定额人工费+定额机械费)为计算基础,根据工程所在地省、自治区、直辖市或行业建设主管部门规定费率计算。

$$社会保险费和住房公积金=\sum((工程定额人工费+定额机械费)\times 社会保险费和住房公积金费率) \quad (1-14)$$

式中,社会保险费和住房公积金费率可以每万元发承包价的生产工人人工费和管理人员工资含量与工程所在地规定的缴纳标准综合分析取定。

(2)工程排污费。工程排污费等其他应列而未列入的规费应按工程所在地环境保护等部门规定的标准缴纳,按实计取列入。

7. 税金

(1)税金计算公式:

$$税金=税前造价\times 综合税税率(\%) \quad (1-15)$$

(2)综合税率按下列规定确定:

1)纳税地点在市区的企业

$$综合税税率(\%)=\frac{1}{1-3\%-3\%\times 7\%-3\%\times 3\%-3\%\times 2\%}-1 \quad (1-16)$$

2)纳税地点在县城、镇的企业

$$综合税税率(\%)=\frac{1}{1-3\%-3\%\times 5\%-3\%\times 3\%-3\%\times 2\%}-1 \quad (1-17)$$

3)纳税地点不在市区、县城、镇的企业

$$综合税率(\%)=\frac{1}{1-3\%-3\%\times 1\%-3\%\times 3\%-3\%\times 2\%}-1 \quad (1-18)$$

4)实行增值税改增值税的,按纳税地点现行税率计算。

(二)建筑安装工程计价参考公式

1. 分部分项工程费

$$分部分项工程费=\sum(分部分项工程量\times 综合单价) \quad (1-19)$$

式中,综合单价包括人工费、材料费、施工机具使用费、企业管理费和利润以及一定范围的风险费用(下同)。

2. 措施项目费

(1)国家计量规范规定应予计量的措施项目,其计算公式为

$$措施项目费=\sum(措施项目工程量\times 综合单价) \quad (1-20)$$

(2)国家计量规范规定不宜计量的措施项目计算方法如下:

1)安全文明施工费。

$$\text{安全文明施工费} = \text{计算基数} \times \text{安全文明施工费费率}(\%) \quad (1-21)$$

计算基数应为定额基价(定额分部分项工程费+定额中可以计量的措施项目费)、定额人工费或(定额人工费+定额机械费),其费率由工程造价管理机构根据各专业工程的特点综合确定。

2)夜间施工增加费。

$$\text{夜间施工增加费} = \text{计算基数} \times \text{夜间施工增加费费率}(\%) \quad (1-22)$$

3)二次搬运费。

$$\text{二次搬运费} = \text{计算基数} \times \text{二次搬运费费率}(\%) \quad (1-23)$$

4)冬、雨期施工增加费

$$\text{冬、雨期施工增加费} = \text{计算基数} \times \text{冬、雨期施工增加费费率}(\%) \quad (1-24)$$

5)已完工程及设备保护费。

$$\text{已完工程及设备保护费} = \text{计算基数} \times \text{已完工程及设备保护费费率}(\%) \quad (1-25)$$

上述2)~5)项措施项目的计费基数应为(定额人工费+定额机械费),其费率由工程造价管理机构根据各专业工程特点和调查资料综合分析后确定。

3. 其他项目费

(1)暂列金额由建设单位根据工程特点,按有关计价规定估算,施工过程中由建设单位掌握使用,扣除合同价款调整后如有余额,归建设单位。

(2)计日工由建设单位和施工企业按施工过程中的签证计价。

(3)总承包服务费由建设单位在招标控制价中根据总包服务范围和有关计价规定编制,施工企业投标时自主报价,施工过程中按签约合同价执行。

4. 规费和税金

建设单位和施工企业均应按照省、自治区、直辖市或行业建设主管部门发布标准计算规费和税金,不得作为竞争性费用。

(三)相关问题的说明

(1)各专业工程计价定额的使用周期原则上为5年。

(2)工程造价管理机构在定额使用周期内,应及时发布人工、材料、机械台班价格信息,实行工程造价动态管理,如遇国家法律、法规、规章或相关政策变化以及建筑市场物价波动较大时,应适时调整定额人工费、定额机械费以及定额基价或规费费率,使建筑安装工程费能反映建筑市场实际。

(3)建设单位在编制招标控制价时,应按照各专业工程的计量规范和计价定额以及工程造价信息编制。

(4)施工企业在使用计价定额时除不可竞争费用外,其余仅作参考,由施工企业投标时自主报价。

四、建筑安装工程计价程序

(一)工程招标控制价计价程序

建设单位工程招标控制价计价程序见表1-1。

表1-1 建设单位工程招标控制价计价程序

工程名称：　　　　　　　　　　标段：

序号	内　容	计算方法	金额/元
1	分部分项工程费	按计价规定计算	
1.1			
1.2			
1.3			
1.4			
1.5			
2	措施项目费	按计价规定计算	
2.1	其中：安全文明施工费	按规定标准计算	
3	其他项目费		
3.1	其中：暂列金额	按计价规定估算	
3.2	其中：专业工程暂估价	按计价规定估算	
3.3	其中：计日工	按计价规定估算	
3.4	其中：总承包服务费	按计价规定估算	
4	规费	按规定标准计算	
5	税金（扣除不列入计税范围的工程设备金额）	(1+2+3+4)×规定税率	

招标控制价合计＝1＋2＋3＋4＋5

(二)工程投标报价计价程序

施工企业工程投标报价计价程序见表1-2。

表 1-2 施工企业工程投标报价计价程序

工程名称： 标段：

序号	内　容	计算方法	金额/元
1	分部分项工程费	自主报价	
1.1			
1.2			
1.3			
1.4			
1.5			
2	措施项目费	自主报价	
2.1	其中：安全文明施工费	按规定标准计算	
3	其他项目费		
3.1	其中：暂列金额	按招标文件提供金额计列	
3.2	其中：专业工程暂估价	按招标文件提供金额计列	
3.3	其中：计日工	自主报价	
3.4	其中：总承包服务费	自主报价	
4	规费	按规定标准计算	
5	税金(扣除不列入计税范围的工程设备金额)	(1+2+3+4)×规定税率	
投标报价合计＝1＋2＋3＋4＋5			

(三)竣工结算计价程序

竣工结算计价程序见表 1-3。

表 1-3　竣工结算计价程序

工程名称：　　　　　　　　　　　　标段：

序号	内　容	计算方法	金额/元
1	分部分项工程费	按合同约定计算	
1.1			
1.2			
1.3			
1.4			
1.5			
2	措施项目	按合同约定计算	
2.1	其中：安全文明施工费	按规定标准计算	
3	其他项目		
3.1	其中：专业工程结算价	按合同约定计算	
3.2	其中：计日工	按计日工签证计算	
3.3	其中：总承包服务费	按合同约定计算	
3.4	索赔与现场签证	按发承包双方确认数额计算	
4	规费	按规定标准计算	
5	税金(扣除不列入计税范围的工程设备金额)	(1+2+3+4)×规定税率	
竣工结算总价合计＝1+2+3+4+5			

模块小结

　　建设项目要经历策划、评估、决算、设计、施工、竣工验收和交付使用等阶段，在这每一阶段都要进行工程造价的预测和计算，在投资决策阶段和设计阶段，由业主委托相关工程造价咨询机构进行工程造价的测算，由于没有交易的另一主体的真正出现，这一阶段的工程造价确定过程可以理解为业主单方面对工程投资费用的管理。工程价格的形成主要是在招标、投标阶段，定额计价法和工程量清单计价法也主要是在这一时期用来确定工程发、承包交易价格的方法，因此成了学习计量与计价理论与方法的主要内容。

思考与练习

1. 基本建设程序包括哪些?
2. 建设项目的多次性计价体现在哪里?
3. 工程造价的特点有哪些?
4. 定额计价与工程量清单计价有什么区别?
5. 一个投资项目的造价是如何组成的?
6. 简述定额计价模式下建筑工程费的组成。

模块二　建筑工程计价依据

> **学习目标**
> 1. 了解建筑工程定额的概念、性质、作用、分类。
> 2. 理解施工定额、预算定额的概念与区别。
> 3. 掌握劳动定额、材料消耗定额、机械使用台班定额的组成。

项目一　建筑工程定额概述

一、建筑工程定额

定就是规定，额就是额度或限度。从广义上讲，定额就是规定在产品生产中人力、物力或资金消耗的标准额度和限度，即标准或尺度。

在建筑工程施工过程中，为了完成一定的合格产品，就必须消耗一定数量的人工、材料、机械台班和资金。这种消耗的数量受各种生产因素及生产条件的影响。简单地讲，建筑工程定额就是指在合理地组织劳动力以及合理地使用材料和机械的条件下，完成单位合格产品所必须消耗的资源数量标准。例如，每砌筑 10 m^3 砖基础消耗人工综合工日数 9.740 工日，红砖 5.236 千块，M5 水泥砂浆 2.360 m^3，水 1.760 m^3，灰浆 200 L，搅拌机 0.390 台班。建筑工程定额是质与量的统一体，不同的产品有不同的质量要求，因此，建筑工程定额除规定各种资源消耗的数量标准外，还要规定应完成的产品规格、工作内容以及应达到的质量标准和安全要求。

二、定额的水平

定额的水平就是为完成单位合格产品由定额规定的各种资源消耗应达到的数量标准。它是衡量定额消耗量高低的指标。

建筑工程定额是动态的，它反映的是当时的生产力发展水平。定额水平是一定时期社会生产力水平的反映，它与一定时期生产的机械化程度，操作人员的技术水平，生产管理水平，新材料、新工艺和新技术的应用程度以及全体人员的劳动积极性有关，所以，它不是一成不变的，而是随着社会生产力水平的变化而变化的。随着科学技术和管理水平的进步，生产过程中的资源消耗减少，相应地，定额所规定的资源消耗量降低，称为定额水平提高。但是，在一定时期内，定额水平又必须是相对稳定的。定额水平是制定定额的基础和前提，定额水平不同，定额所规定的资源消耗量也就不同。在确定定额水平时，应综合考虑定额的用途，生产力发展水平，技术经济合理性等因素。需要注意的是，不同的定额编制主体，定额水平是不一样的。政府或行业编制的定额水平，采用的是社会平均水平；而企业编制的定额水平反映的是自身的技术和管理水平，一般为平均先进水平。

三、定额的性质

1. 定额的科学性

建筑工程定额的制定是指在当时的实际生产力水平条件下，在实际生产中大量测定、综合、分析研究，广泛搜集资料的基础上制定出来的；是在认真研究客观规律的基础上，自觉遵循客观规律的要求，用科学的方法确定各项消耗量标准，能正确地反映当前建筑业生产力水平的。

2. 定额的法令性

建筑工程定额是由国家或其授权机关组织编制和颁发的一种法令性指标。在执行范围之内，任何单位都必须严格遵守和执行，未经原制定单位批准，不得任意改变其内容和水平。如需进行调整、修改和补充，必须经授权部门批准，必须在内容和形式上同原定额保持一致。因此，定额具有经济法规的性质。

3. 定额的群众性

定额的群众性是指定额的制定和执行都要有广泛的群众基础。它的制定通常采用工人、技术人员、专职定额人员三结合的方式，使拟定的定额能够从实际出发，反映建筑安装工人的实际水平，并保持一定的先进性。定额的执行只有依靠广大职工的生产实践活动才能完成。

4. 定额的相对稳定性和可变性

定额中所规定的各项消耗量标准，是由一定时期的社会生产力水平所决定的。随着科学技术和管理水平的提高，社会生产力的水平也必然提高，但社会生产力的发展有一个由量变到质变的过程，有一个变动周期。因此，定额的执行也有一个相对稳定的过程。当生产条件变化，技术水平有了较大的提高，原有定额已不能适应生产需要时，授权部门会根据新的情况对定额进行修订和补充。所以，定额不是固定不变的，但也绝不能朝定夕改。它有一个相对稳定的执行期间，地区和部门定额一般为5～8年，国家定额一般为8～10年。

5. 定额的针对性

建筑工程定额的针对性很强，一种产品（或工序）一项定额，而且一般不能相互套用。一项定额不仅是该产品（或工序）的资源消耗的数量标准，而且规定了完成该产品（或工序）的工作内容、质量标准和质量要求，它具有较强的针对性，应用时不能随意套用。

四、定额的作用

定额是一切企业实行科学管理的必备条件，没有定额就没有企业的科学管理。定额的作用主要表现在以下几个方面。

1. 定额是编制计划的基础

无论国家还是企业的计划，都直接或间接地以各种定额作为计算人力、物力、财力等各种资源需要量的依据，所以，定额是编制计划的基础。

2. 定额是确定成本的依据

任何合格产品的生产中所消耗的人工、材料以及机械台班的数量，都是构成产品成本的决定性因素，而它们的消耗量又是根据定额决定的。因此，定额是核算成本的依据。

3. 定额是贯彻按劳分配原则的尺度

由于工时消耗定额具体落实到每个劳动者身上，因此，可用定额来对每个工人所完成的工作进行考核，确定他们所完成的劳动量，并以此来决定支付给他们的劳动报酬。

4. 定额是加强企业管理的重要工具

定额本身是一种法定标准。因此，要求每一个执行的人都必须严格按照定额的要求，并在生产过程中进行监督，从而达到提高劳动生产率、降低成本的目的。同时，企业在计算和平衡资源需要量、组织材料供应、编制施工进度计划和作业计划、组织劳动力、签发任务书、考核工料消耗、实行承包责任制等一些系统管理工作时，需要以定额作为计算标准，所以，它是加强企业管理的重要工具。

5. 定额是总结先进生产方法的手段

定额是在先进、合理的条件下，通过对生产过程的观察、实测、分析、研究、综合后制定的，它可以准确地反映出生产技术和劳动组织的先进、合理程度。因此，可以用定额标定的方法，对同一产品在同一操作条件下的不同的生产方法进行观察、分析和研究，从而总结出比较完善的生产方法，然后再经过试验，在生产中进行推广运用。

五、定额的分类

工程定额的概念和分类

建筑安装工程定额的种类很多，根据使用对象和组织施工的具体目的、要求的不同，定额的形式、内容和种类也不同。

建筑安装工程定额的种类很多，但无论何种定额，其包含的生产要素是共同的，即人工、材料和机械三要素。

建筑安装工程定额可按不同的标准进行分类。

1. 按生产要素分类

（1）劳动定额，也称工时定额或人工定额，是指在合理的劳动组织条件下，工人以社会平均熟练程度和劳动强度在单位时间内生产合格产品的数量。

建筑安装工程劳动定额是反映建筑产品生产中活劳动消耗量的标准数量，是指在正常的生产（施工）组织和生产（施工）技术条件下，为完成单位合格产品或完成一定量的工作所预先规定的必要劳动消耗量的标准数额。

劳动定额是建筑安装工程定额的主要组成部分，反映建筑安装工人劳动生产率的社会平均先进水平。

（2）材料消耗定额，是指在生产（施工）组织和生产（施工）技术条件正常，材料供应符合技术要求，合理使用材料的条件下，完成单位合格产品，所需一定品种规格的建筑或构、配件消耗量的标准数量。它包括净用在产品中的数量和在施工过程中发生的自然和工艺性质的损耗量。

（3）机械使用台班定额，是指施工机械在正常的生产（施工）和合理的人机组合条件下，由熟悉机械性能、有熟练技术的工人或工人小组操纵机械时，该机械在单位时间内的生产效率或产品数量，也可以表述为该机械完成单位合格产品或某项工作所必需的工作时间。

劳动定额、材料消耗定额、机械使用台班定额反映了社会平均必需消耗的水平，它是制定各种实用性定额的基础，因此也称为基础定额。

2. 按照定额的测定对象和用途分类

(1)工序定额，以个别工序为测定对象，它是组成一切工程定额的基本元素，在施工中除为计算个别工序的用工量外很少采用，但却是劳动定额成形的基础。

(2)施工定额，以同一性质的施工过程为测定对象，表示某一施工过程中的人工、主要材料和机械消耗量。它以工序定额为基础综合而成，在施工企业中，用来编制班组作业计划，签发工程任务单，限额领料卡以及结算计件工资或超额奖励，材料节约奖等。施工定额是企业内部经济核算的依据，也是编制预算定额的基础。

施工定额中，只有劳动定额部分比较完整，目前还没用一套全国统一的包括人工、材料、机械的完整的施工定额。材料消耗定额和机械使用定额都是直接在预算定额中开始表现完整。

(3)预算定额，是以工程中的分项工程，即在施工图纸上和工程实体上都可以区分开的产品为测定对象，其内容包括人工、材料和机械台班使用量三个部分。它是编制施工图预算(设计预算)的依据，也是编制概算定额、概算指标的基础。预算定额在施工企业被广泛用于编制施工准备计划，编制工程材料预算，确定工程造价，考核企业内部各类经济指标等。因此，预算定额是用途最广泛的一种定额。

(4)概算定额，是预算定额的合并与归纳，用于在初步设计深度条件下，编制设计概算，控制设计项目总造价，评定投资效果和优化设计方案。

概算定额是以预算定额或综合预算定额为基础，根据通用图和标准图等资料，按常用主体结构工程列项，以主要分项工程内容为主，适当综合相关预算定额的分项内容，进行综合扩大编制而成的。概算定额的计量单位以体积(m^3)、面积(m^2)、长度(m)及每座小型独立构筑物计算。

3. 按制定单位和执行范围分类

(1)全国统一定额，由国务院有关部门制定和颁发的定额。其不分地区，全国适用。

(2)地方估价，是由各省、自治区、直辖市在国家统一指导下，结合本地区特点编制的定额，只在本地区范围内执行。

(3)行业定额，是由各行业结合本行业特点，在国家统一指导下编制的具有较强行业或专业特点的定额，一般只在本行业内部使用。

(4)企业定额，是由企业自行编制，只限于本企业内部使用的定额，如施工企业及附属的加工厂、车间编制的用于企业内部管理、成本核算、投标报价的定额，以及对外实行独立经济核算的单位，如预制混凝土和金属结构厂、大型机械化施工公司、机械租赁站等编制的不纳入建筑安装工程定额系列之内的定额标准、出厂价格、机械台班租赁价格等。

(5)临时定额，也称一次性定额，是因上述定额中缺项而又实际发生的新项目而编制的定额。一般由施工企业提出测定资料，与建设单位或设计单位协商议定，只作为一次使用，并同时报主管部门备查，以后陆续遇到此类项目时，经过总结和分析，往往成为补充或修订正式统一定额的基本资料。

4. 按投资的费用性质分类

按照投资的费用性质，工程定额可分为建筑工程定额、安装工程定额、工器具定额，以及工程建设其他费用定额等。

(1)建筑工程定额。建筑工程定额是建筑工程的施工定额、预算定额、概算定额、概算指标的统称。在我国的固定资产投资中，建筑工程投资占的比例有60%左右，因此，建筑工程定额在整个工程定额中是一种非常重要的定额。

(2)安装工程定额。安装工程定额是安装工程施工定额、预算定额、概算指标的统称。在工业生产性项目中，机械设备安装工程、电气设备安装工程以及热力设备安装工程占有重要地位；非工业生产性项目中，随着社会生活和城市设施的日益现代化，设备安装工程量也在不断增加。所以安装工程定额也是工程定额的重要组成部分。

(3)工器具定额。工器具定额是为新建或扩建项目投产运转首次配置的工器具数量标准。工器具是指按照有关规定不够固定资产标准，但起着劳动手段作用的工具、器具和生产用家具，如工具箱、容器、仪器等。

(4)工程建设其他费用定额。工程建设其他费用定额是独立于建筑安装工程、设备和工器具购置费之外的其他费用开支的标准。工程建设其他费用的发生和整个项目的建设密切相关，一般占项目总投资的10%左右。其他费用定额是按各项独立费用分别制定的，以便合理控制这些费用的开支。

项目二　施工定额

一、施工定额的概念

施工定额是以同一性质的施工过程为测定对象，规定建筑安装工人或班组，在正常施工条件下完成单位合格产品所需消耗的人工、材料和机械台班的数量标准。

施工定额是施工企业直接用于建筑工程施工管理的一种定额，是施工企业进行内部经济核算，控制工程成本与原材料消耗的依据。施工定额属于企业定额性质。

施工定额由劳动定额、材料消耗定额和机械台班消耗定额组成。

二、施工定额的作用

(1)施工定额是编制施工组织设计，制订施工作业计划和人工、材料、机械台班需用量计划的依据。

(2)施工定额是编制施工预算，进行"两算"对比，加强企业成本管理的依据。

(3)施工定额是施工队向施工班组和工人签发施工任务书、限额领料单的依据。

(4)施工定额是实行计件、定额包工包料、考核工效、计算劳动报酬与奖励的依据。

(5)施工定额是班组开展劳动竞赛，进行班组核算的依据。

(6)施工定额是编制预算定额和单位估价表的基础。

三、劳动定额

1. 劳动定额的基本概念

劳动定额是在一定的生产技术和生产组织的条件下，为生产一定量的产品或完成一定量工作，所规定的劳动消耗量的标准。

2. 劳动定额的形式

劳动定额有两种表现形式：用时间表示劳动定额，称为时间定额，或称工时定额；用产量表示的劳动定额，称为产量定额。

(1)工时定额。工时定额是规定每个工人或每组工人完成单位产品所需要消耗的劳动时间。其计算公式为

$$工时定额 = 生产产品所消耗劳动时间总量/产品数量 \qquad (2\text{-}1)$$

例如规定一个工人车制一条光轴要 15 min，这 15 min 就是该工人车制光轴的工时定额；5 个人为一组的工人装配一台机器要 2 d 完成，该组工人的工时定额就是 2 d。

(2)产量定额。产量定额是规定在单位时间内，每个工人或每组工人应完成产品的数量。其计算公式为

$$产量定额 = 产品数量/生产产品所消耗的劳动时间总量 \qquad (2\text{-}2)$$

例如规定每个工人每小时应车制 4 条光轴，这 4 条光轴就是该工人每小时的产量定额。

工时定额和产量定额，一个以时间表示，一个以产量表示，对于同一件工作，其结果应是一致的，彼此之间可以换算。如每 15 min 车制一条光轴，每小时的产量定额 = 60/15 = 4(条/h)。

同样，每小时车制 4 条，工时定额 = 60/4 = 15(min/条)。

由式(2-1)和式(2-2)可以得出，工时定额与产量定额在数值上是互为倒数的，即成反比关系。这表明：生产单位产品的劳动消耗越少，单位时间内生产产品的数量就越多，反之亦然。若以 t 表示工时定额，q 表示产量定额，则两者的关系为

$$t = 1/q \qquad (2\text{-}3)$$

式中　t——工时定额(h/件)；

　　　q——产量定额(件/h)。

3. 工人工作时间分析

工人在工作班内消耗的时间，从劳动定额的角度划分为两大类：一类是应该包括在定额之内的时间，称为定额时间；另一类是不应包括在定额内的时间，称为非定额时间。

(1)必需消耗时间(即定额时间 T)。必需消耗时间是指工人为完成某项工作必需的工时消耗。它由作业时间、布置工作地时间、休息与自然需要时间和准备与结束时间等四部分组成。

必需消耗时间是作业者在正常施工条件下，为完成一定产品(或工作任务)所必须消耗的时间。这部分时间属于定额时间，它包括有效工作时间、休息时间和不可避免的中断时间，是制订定额的主要根据。

1)有效工作时间是与产品生产直接有关的工作时间，包括基本工作时间、辅助工作时间、准备与结束时间。

①基本工作时间是指在施工过程中，工人完成基本工作所消耗的时间，也就是完成能生产一定产品的施工工艺过程所消耗的时间，是直接与施工过程的技术作业发生关系的时间消耗。基本工作时间的消耗与生产工艺、操作方法、工人的技术熟练程度有关，并与工程量的大小成正比。

②辅助工作时间是指与施工过程的技术作业没有直接关系，而是为保证基本工作的顺利进行而做的辅助性工作所需消耗的时间。辅助工作不能使产品的形状、性质、结构位置

等发生变化。如工作过程中工具的校正和小修，搭设小型的脚手架等所消耗的时间等。

③准备与结束时间是指基本工作开始前或完成后进行准备与整理等所需消耗的时间。通常与工程量大小无关，而与工作性质有关，一般分为班内准备与结束时间、任务内准备与结束时间。班内准备与结束时间具有经常性消耗的特点，如领取材料和工具、工作地点布置、检查安全技术措施、工地交接班等。任务内的准备与结束时间，与每个工作日交替无关，仅与具体任务有关，多由工人接受任务的内容决定。

2)休息时间是工人在工作过程中，为了恢复体力所必需的短暂休息，以及由于自身身体需要(喝水、上厕所等)所消耗的时间。这种时间是为了保证工人精力充沛地进行工作，所以应作为定额时间。休息时间的长短与劳动条件、劳动强度、工作性质等有关。

3)不可避免的中断时间是由于施工过程中技术、组织或施工艺特点原因，以及独有的特性而引起的不可避免的或难以避免的工作中断所必需消耗的时间。如汽车司机在汽车装卸货时消耗的时间，起重机吊预制构件时安装工人等待的时间。

(2)损失时间(非定额时间)。损失时间是指与产品生产无关，而和施工组织、技术上的缺陷有关，与工人在施工过程中的个人过失或某些偶然因素有关的时间消耗，包括多余或偶然工作时间、停工时间、违反劳动纪律而造成的工时损失。

1)多余或偶然工作时间。多余或偶然工作时间是在正常施工条件下，作业者进行了多余的工作；或由于偶然情况，作业者进行任务以外的作业(不一定是多余的)所消耗的时间。所谓多余工作，就是工人进行任务以外的不能增加产品数量的工作，如质量不合格而返工造成的多余时间消耗。

2)停工时间。停工时间是由于工作班内停止工作而造成的工时损失。停工时间按其性质可分为施工本身造成的停工时间和非施工本身造成的停工时间两种。施工本身造成的停工时间是指由于施工组织不善，材料供应不及时，准备工作不善，工作地点组织不良等情况引起的停工时间；非施工本身造成的停工时间是指由于气候条件以及水源、电源中断等情况引起的停工时间。

3)违反劳动纪律而造成的工时损失。违反劳动纪律而造成的工时损失是工人不遵守劳动纪律而造成的时间损失。如上班迟到、下班早退、擅自离开工作岗位、工作时间内聊天或办私事以及由于个别人违章操作而引起别的工人无法正常工作的时间损失。违反劳动纪律的工时损失是不应存在的，所以也是在定额中不予考虑的。

4. 工作时间的确定方法

确定劳动定额的工作时间通常采用技术测定法、经验估计法、统计分析法和类推比较法。

(1)技术测定法。技术测定法是根据先进合理的生产技术、操作工艺、合理的劳动组织和正常的施工条件，对施工过程中的具体活动进行实地观察，详细记录工人和机械的工作时间消耗、完成产品的数量以及有关影响因素，将记录结果加以整理，客观地分析各种因素对产品的工作时间消耗的影响，获得各个项目的时间消耗资料，通过分析计算来确定劳动定额的方法。这种方法的准确性和科学性较高，是制订新定额和典型定额的主要方法。

技术测定通常采用的方法有测时法、写实记录法、工作日写实法、简易测定法。

(2)经验估计法。经验估计法是根据有经验的工人、技术人员和定额专业人员的实践经验，参考有关资料，通过座谈讨论，反复平衡来制订定额的一种方法。

(3)统计分析法。统计分析法是根据过去一定时间内，实际生产中的工时消耗量和产品数量的统计资料或原始记录，经过整理，并结合当前的技术、组织条件，进行分析研究来制订定额的方法。

(4)类推比较法。类推比较法也称典型定额法，它是以同类型工序、同类型产品的典型定额项目水平为标准，经过分析比较，类推出同一组定额中相邻项目定额水平的一种方法。

四、材料消耗定额

1. 材料消耗定额的概念

材料消耗定额是指在合理和节约使用材料的条件下，生产质量合格的单位产品所必须消耗的一定品种、规格的材料、半成品、构配件及周转件材料的摊销等的数量标准。

2. 材料消耗定额的组成

材料消耗定额包括必要的材料消耗和损失的材料消耗两部分。

必要的材料消耗是指直接用于产品上的，构成产品实体的材料消耗量。

损失的材料消耗指材料从工地仓库、现场加工堆放地点至操作或安放地点的运输损耗、施工操作损耗和临时堆放损耗、安装使用损耗等。

$$材料消耗量 = 净用量 + 损耗量 \tag{2-4}$$

材料的损耗一般按损耗率计算：

$$材料损耗率 = 损耗量/消耗量 \times 100\% \tag{2-5}$$

$$材料消耗量 = 净用量/(1 + 损耗率) \tag{2-6}$$

3. 材料消耗定额确定

材料消耗定额是通过在施工过程中对材料消耗进行观测、试验以及根据技术资料的统计与计算等方法确定的，主要有以下四种方法：

(1)观测法——最适宜制定材料的损耗定额。

观测法是对施工过程中实际完成产品的数量进行现场观察、测定，再通过分析整理和计算确定建筑材料消耗定额的一种方法。

这种方法最适宜制定材料的损耗定额。因为只有通过现场观察、测定，才能正确区别哪些属于不可避免的损耗；哪些属于可以避免的损耗。

用观测法制定材料的消耗定额时，所选用的观测对象应符合下列要求：

1)建筑物应具有代表性。
2)施工方法符合操作规范的要求。
3)建筑材料的品种、规格、质量符合技术、设计的要求。
4)被观测对象在节约材料和保证产品质量等方面有较好的成绩。

(2)试验法——主要制定材料的净用量定额。

试验法是通过专门的仪器和设备在试验室内确定材料消耗定额的一种方法。

这种方法适用于能在试验室条件下进行测定的塑性材料和液体材料(如混凝土、砂浆、沥青玛琋脂、油漆涂料及防腐材料等)。

例如，可测定出混凝土的配合比，然后计算出每 $1 m^3$ 混凝土中的水泥、砂、石、水的消耗量。由于在试验室内比施工现场具有更好的工作条件，所以能更深入、详细地研究各种因素对材料消耗的影响，从中得到比较准确的数据。但是，在试验室中无法充分估计到施工现场中某些外界因素对材料消耗的影响。因此，要求试验室条件尽量与施工过程中的正常施工条件一致，同时在测定后用观察法进行审核和修正。

（3）统计分析法。统计分析法是根据某一产品原材料消耗的历史资料与相应的产量统计数据，计算出单位产品的材料平均消耗量。

在这个基础上考虑到计划期的有关因素，确定材料的消耗定额。其计算公式为

单位产品的材料平均消耗量＝一定时期某种产品的材料消耗总量/相应时期的某种产品产量

(2-7)

用这个公式计算出来的材料平均消耗量，必须注意材料消耗总量与产品产量计算期的一致性。如果材料消耗总量的计算期为一年，那么产品产量的计算期必须也是一年。根据以上公式计算的平均消耗量，还应进行必要的调整，才能作为消耗定额。计划期的调整因素，主要是指通过一定的技术措施可以节约材料消耗的某些因素，这些因素应在上述计算公式的基础上作适当调整。例如，生产某种产品所耗用的甲材料，按上述公式计算的平均消耗量为 10 kg，考虑到计划期内某项科研成果将推广应用，该项科研成果应用后，可以节约材料10%，则计划期的消耗定额应为 9 kg。

用统计分析法来制定消耗定额的情况下，为了求得定额的先进性，通常可按以往实际消耗的平均先进数（或称先进平均数）作为计划定额。平均先进数就是将一定量时期内比总平均数先进的各个消耗数再求一个平均数，这个新的平均数即为平均先进数。

（4）理论计算法。理论计算法是通过对工程结构、图纸要求、材料规格及特性、施工规范、施工方法等进行研究，用理论计算拟定材料消耗定额的一种方法。它适用于不易产生损耗，且容易确定废料的规格材料，如块料、锯材、油毡、玻璃、钢材、预制构件等的消耗定额。材料的损耗量仍要在现场通过实测取得。下面介绍几种常用材料的计算方法。

1）砖砌体材料用量的计算：

每 1 m³ 砌体中砖的净用量(块)＝2×墙厚的砖数/[墙厚×(砖长＋灰缝)×(砖厚＋灰缝)]

(2-8)

每 1 m³ 砌体中砂浆的净用量(m³)＝1－砖的净用量×砖的长×宽×厚砖(砂浆)损耗量

＝净用量×损耗率 (2-9)

2）块料面层材料用量计算。

每 100 m² 块料面层中：

块料净用量＝100/[(块料长＋灰缝)×(块料宽＋灰缝)] (2-10)

灰缝材料净用量＝[100－块料净用量×块料长×宽]×灰缝厚 (2-11)

结合层材料净用量＝100×结合层厚 (2-12)

【例 2-1】 1∶1 水泥砂浆贴 152 mm×152 mm×5 mm 瓷砖墙面，结合层厚度为 10 mm，试计算每 100 m² 墙面瓷砖和砂浆的总消耗量(灰缝宽为 2 mm)，瓷砖损耗率为 1.5%，砂浆损耗率为 1%。

解：每 100 m² 瓷砖墙面中：

瓷砖净用量＝100/[(0.152＋0.002)×(0.152＋0.002)]＝4 216.56(块)

瓷砖总消耗量＝4 216.56×(1＋1.5%)＝4 279.81(块)

结合层砂浆净用量＝100×0.01＝1.00(m³)

缝隙砂浆净用量＝(100－4 216.56×0.152×0.152)×0.005＝0.013(m³)

砂浆总消耗量＝(1＋0.013)×(1＋1%)＝1.023(m³)

周转材料的消耗定额，应该按照多次使用，分次摊销的方法确定。

摊销量是指周转材料使用一次在单位产品上的消耗量，即应分摊到每一单位分项工程或结构构件上的周转材料消耗量。

周转性材料消耗定额一般与下面四个因素有关：

①一次使用量：第一次投入使用时的材料数量。根据构件施工图与施工验收规范计算。一次使用量供建设单位和施工单位申请备料和编制施工作业计划使用。

②损耗率：在第二次和以后各次周转中，每周转一次因损坏不能复用，必须另作补充的数量占一次使用量的百分比，又称平均每次周转补损率，用统计法和观测法来确定。

③周转次数：按施工情况和过去经验确定。

④回收量：平均每周转一次平均可以回收材料的数量，这部分数量应从摊销量中扣除。

以木模板为例，现浇混凝土构件木模板摊销量计算方法：

①一次使用量计算。根据选定的典型构件，按混凝土与模板的接触面积计算模板工程量，再计算一次使用量。

②周转使用量。平均每周转一次的模板使用量。

施工是分阶段进行，模板也是多次周转使用，要按照模板的周转次数和每次周转所发生的损耗量等因素，计算生产一定计量单位混凝土工程的模板周转使用量。

$$周转使用量=[一次使用量+一次使用量×(周转次数-1)×损耗率]/周转次数$$
$$=一次使用量×[1+(周转次数-1)×损耗率]/周转次数 \quad (2-13)$$

③模板回收量和回收折价率。周转材料在最后一次使用完了，还可以回收一部分，这部分称回收量。但是，这种残余材料由于是经过多次使用的旧材料，其价值低于原来的价值。因此，还需规定一个折价率。同时周转材料在使用过程中施工单位均要投入人力、物力、组织和管理补修工作，须额外支付管理费。为了补偿此项费用和简化计算，一般采用减少回收量增加摊销量的做法。

$$回收量=(一次使用量-一次使用量×损耗率)/周转次数=一次使用量×$$
$$(1-损耗率)/周转次数$$
$$=周转使用最终回收量/周转次数 \quad (2-14)$$

④摊销量计算：

$$摊销量=周转使用量-回收量×回收系数 \quad (2-15)$$

【例 2-2】 根据选定的某工程捣制混凝土独立基础的施工图计算，每 $1 m^3$ 独立基础模板接触面积为 $2.1 m^2$，根据计算，每 $1 m^2$ 模板接触面积需用板枋材 $0.083 m^3$，模板周转 6 次，每次周转损耗率为 16.6%。试计算混凝土独立基础的模板周转使用量、回收量、定额摊销量。

解：一次使用量$=2.1×0.083=0.174\ 3(m^3)$

周转使用量$=[0.174\ 3+0.174\ 3×(6-1)×16.6\%]/6=0.053(m^3)$

回收量$=(0.174\ 3-0.174\ 3×16.6\%)/6=0.024(m^3)$

摊销量$=(0.053-0.024)×50\%÷(1+18.2\%)=0.043(m^3)$

五、施工机械台班定额

施工机械时间定额，是指在合理劳动组织与合理使用机械条件下，完成单位合格产品所必需的工作时间，包括有效工作时间（正常负荷下的工作时间和降低负荷下的工作时间）、不可避免的中断时间、不可避免的无负荷工作时间。机械时间定额以"台班"表示，即一台机械工作一个作业班时间。一个作业台班时间为 8 h。

1. 表现形式

（1）机械时间定额是指在正常的施工条件下，某种机械生产合格单位产品所必须消耗的台班数量。

$$机械时间定额 = \frac{1}{台班产量定额} \tag{2-16}$$

（2）机械台班产量定额指在正常施工条件下，某种机械在一个台班时间内必须完成的单位合格产品的数量。

$$机械台班产量定额 = \frac{1}{时间定额} \tag{2-17}$$

【例 2-3】 塔式起重机吊装一块混凝土楼板，建筑物高在 6 层以内，楼板重量在 5 t 以内，如果规定机械时间定额为 0.08 台班，那么台班产量定额是多少？

解： $$机械台班产量定额 = \frac{1}{时间定额} = \frac{1}{0.08} = 125（块）$$

（3）人工配合机械工作时的定额。人工配合机械工作的定额应按照每个机械台班内配合机械工作的工人班组总工日数及完成的合格产品数量来确定。

$$时间定额 = \frac{机械台班内工人的工日数}{机械台班产量} \tag{2-18}$$

$$机械台班产量定额 = \frac{机械台班内工人的工日数}{时间定额} \tag{2-19}$$

1）按每一工种的人工时间定额计算：

$$人工时间定额 = 工日数 \times 机械时间定额 \tag{2-20}$$

2）按工人小组综合计算：

$$人工时间定额 = 小组成员总工日数 \times 机械时间定额 \tag{2-21}$$

【例 2-4】 用 6 t 塔式起重机吊装某种混凝土构件，由一名吊车司机、7 名安装起重工、2 名电焊工组成的综合小组共同完成。已知机械台班产量定额为 40 块，试求吊装每一块构件的机械时间定额和人工时间定额。

解：（1）吊装每一块混凝土构件的机械时间定额

$$机械时间定额 = \frac{1}{机械台班产量} = \frac{1}{40} = 0.025（台班）$$

（2）吊装每一块混凝土构件的人工时间定额

1）分工种计算：

$$吊装司机时间定额 = 1 \times 0.025 = 0.025（工日）$$

$$起重工时间定额 = 7 \times 0.025 = 0.175（工日）$$

$$电焊工时间定额 = 2 \times 0.025 = 0.05（工日）$$

2）按综合小组计算：

$$人工时间定额 = (1+7+2) \times 0.025 = 0.25（工日）$$

项目三　企业定额

一、企业定额的概念

企业定额是指施工企业根据本企业的施工技术和管理水平，以及有关工程造价资料制定的，供本企业使用的定额。

企业定额反映了企业的施工生产与生产消耗之间的数量关系，不仅能够体现企业的劳动生产率和技术装备水平，同时也是衡量企业管理水平的标尺，是企业加强集约经营、精细管理的前提和主要手段。在工程量清单计价模式下，每个企业均应拥有反映自己企业能力的企业定额，企业定额的水平应与企业的技术和管理水平相适应，企业的技术和管理水平不同，企业定额的水平也就不同。从一定意义上讲，企业定额是企业的商业秘密，是企业参与市场竞争的核心竞争能力的具体表现。

企业定额主要用于施工企业的投标报价，力求在报价中反映出企业的优势与能力，在定额水平上应与施工定额保持一致，而在项目设置上应与目前使用的工程量清单计价规范附录的项目设置相一致。

二、企业定额的作用

(1)企业定额是施工企业进行建设工程投标报价的重要依据。
(2)企业定额的建立和运用可以提高企业的管理水平和生产力水平。
(3)企业定额是企业内推广先进技术和鼓励创新的工具。
(4)企业定额的建立和使用可以规范建筑市场秩序，规范发承包行为。
(5)企业定额是组织和指挥施工生产的有效工具。
(6)企业定额是编制施工预算、加强成本管理和经济核算的基础。

三、企业定额的编制

1. 编制原则

(1)执行国家、行业的有关规定，适应《建设工程工程量清单计价规范》(GB 50500—2013)的原则。
(2)真实、平均、先进性原则。
(3)简明适用原则。
(4)时效性和相对稳定性原则。
(5)独立自主编制原则。
(6)以专为主、专群结合原则。

2. 编制依据

《建设工程工程量清单计价规范》(GB 50500—2013)。
《房屋建筑与装饰工程消耗量定额》。
《通用安装工程消耗量定额》。

《建筑工程施工工料定额》。
《全国建筑安装工程统一劳动定额》。
《建设工程施工机械台班费用编制规则》。
《建筑安装费用定额》。

3. 编制内容

一般来说，企业定额的编制工作内容应包括编制方案、总说明、工程量计算规则、定额项目划分、定额水平的测定(人、材、机消耗水平和管理成本费的测算和制定)、定额水平的测算(类似工程的对比测算)、定额编制基础资料的整理归类和编写。

按照《建设工程工程量清单计价规范》(GB 50500—2013)的要求，编制的内容包括：

(1)工程实体消耗定额，即构成工程实体的分部(项)工程的人、材、机的定额消耗量。

(2)措施性消耗定额，即有助于工程实体形成的临时设施、技术措施等定额消耗量。

(3)由计费规则、计价程序、有关规定等组成的编制说明。

企业定额的构成及表现形式应视编制的目的而定，可参照统一的形式，以满足需要和便于使用为准。

4. 编制方法

编制企业定额的方法有很多，与其他定额的编制方法基本一致。

5. 编制步骤

(1)制订编制计划。

1)企业定额编制的目的。编制目的决定了企业定额的适用范围，同时，也决定了企业定额的表现形式，因此，企业定额编制的目的一定要明确。

2)定额水平的确定。企业定额应能真实地反映本企业的消耗量水平，企业定额水平确定得准确与否，是企业定额能否实现编制目的的关键。定额水平过高或过低，背离企业现有水平，对项目成本核算和企业参与投标竞争都不利。

3)确定编制方法和定额形式。定额的编制方法很多，对不同形式的定额，其编制方法也不相同。例如，劳动定额的编制方法有技术测定法、统计分析法、类比推算法、经验估算法等；材料消耗定额的编制方法有观察法、试验法、统计法等。因此，定额编制究竟采取哪种方法应根据具体情况而定，可综合应用多种方法进行编制。企业定额应形式灵活、简明适用，并具有较强的可操作性，以满足投标报价与企业内部管理的要求。

4)成立专门机构，由专人负责。企业定额的编制工作是一项系统性的工作，开始就应设置一个专门的机构(中小企业也可由相关部门代管)，并由专人负责，而定额的编制应该由定额管理人员、现场管理人员和技术工人完成。

5)明确应收集的数据和资料。要尽量多地收集与定额编制有关的各种数据。在编制计划书中，要制订一份按门类划分的资料明细表。

6)确定编制进度目标。定额的编制工作量大，应确定一个合理的工期和进度计划表，可根据定额项目使用的概率有重点地编制，采用循序渐进、逐步完善的方式完成。这样，既有利于编制工作的开展，又能保证编制工作的效率和及时地投入使用。

(2)资料的收集。应收集的资料包括：

1)有关建筑安装工程的设计规范、施工及质量验收规范和安全操作规程。

2)现行定额，包括基础定额、预算定额、消耗量定额和工程量清单计价规范。

3)本企业近几年各工程项目的财务报表、公司财务总报表以及历年收集的各类项目经验数据。

4)本企业近几年所完成工程项目的施工组织设计、施工方案以及工程成本资料与结算资料。

5)企业现有机械设备状况、机械效率、寿命周期和价格，机械台班租赁资料。

6)本企业近几年主要承建的工程类型及所采用的主要施工方法。

7)本企业目前工人技术素质、构成比例。

8)有关的技术测定和经济分析数据。

9)企业现有的组织机构、管理跨度、管理人员的数量及管理水平。

(3)拟订企业定额的编制方案。

1)确定企业定额的内容及专业划分。

2)确定企业定额的章、节的划分和内容的框架。

3)确定合理的劳动组织、明确劳动手段和劳动对象。

4)确定企业定额的结构形式及步距划分原则。

(4)企业定额消耗量的确定及定额水平的测算。企业定额消耗量的确定及定额水平的测算与施工定额类似。

4. 构成与分类

企业定额是直接用于建筑施工管理中的一种定额。它由劳动定额、材料消耗定额、施工机械台班使用定额三部分组成。

作为企业定额，必须具备的特点有：①其各项平均消耗量要比社会平均水平低，体现其先进性；②可以表现本企业在某些方面的技术优势；③可以表现本企业局部或全面管理方面的优势；④所有匹配的单价都是动态的，具有市场性；⑤与施工方案能全面接轨。

(1)施工消耗量定额。施工消耗量定额是指在正常施工条件下，以施工过程为标定对象而规定的单位合格产品所需消耗的人工、材料、机械台班的数量标准。

1)工程实体消耗量定额，即构成工程实体的分部分项工程的人工、材料、机械的消耗量标准。

2)措施性消耗量定额，即有助于工程实体形成的临时设施、技术措施等消耗量标准。

(2)费用定额。费用定额主要是指施工过程中不以人工、材料、机械消耗量形式出现的费用，即在建筑施工生产过程中所支出的措施费、企业管理费、利润和税金等费用标准的总称。

企业定额体系中的费用定额主要包括：

1)措施费定额，是指为完成工程项目施工，发生于该工程施工前和施工过程中非工程实体项目的措施费用标准。

2)企业管理费定额，是指建筑安装企业组织施工生产和经营管理所需费用标准。

3)利润定额，是指施工企业完成所承包工程获得的盈利标准。

4)规费定额，是指政府和有关权力部门规定必须缴纳的费用标准。

5)税金定额，是指按国家税法规定由施工企业代收税金的标准。

项目四　预算定额

一、预算定额的概念

预算定额是指在正常施工条件下,完成一定计量单位的分项工程或结构构件所需消耗的人工、材料和机械台班的数量标准。

预算定额是工程建设中的一项重要的技术经济文件,由国家主管部门或授权机关组织编制、审批并颁布实施。在现阶段,现行工程造价制度还赋予了预算定额相应的权威性,是建设单位和施工企业建立经济关系的重要基础。

二、预算定额的水平

预算定额的水平是社会平均水平。

编制预算定额的目的是确定建筑工程中分项工程的预算基价(即价格),而任何产品的价格都是按生产该产品的社会必要劳动量来确定的,因而,预算定额中的各项消耗指标都体现了社会平均水平的指标。

预算定额和施工定额都是综合性的定额,但预算定额比施工定额综合的内容要更多一些。

预算定额不仅包括施工定额中未包括的多种因素(现场材料的超运距、人工幅度差等),还包括为完成该分项工程或结构构件的全部工序内容。

三、预算定额的作用

(1)编制施工图预算,确定工程造价的基本依据。预算定额是确定一定计量单位工程分项人工、材料、机械消耗量的依据,也是计算分项工程单价的基础。预算定额起着控制劳动消耗、材料消耗和机械台班使用的作用,同时起着控制建筑产品价格水平的作用。

(2)预算定额是对设计方案进行技术经济比较和分析的依据。设计方案的选择要满足功能,符合设计规范,既要技术先进,又要经济合理。根据预算定额对方案进行技术经济分析和比较,判断不同方案对工程造价的影响,同时,预算定额是对新结构、新材料进行技术经济分析和推广应用的依据。

(3)预算定额是编制施工组织设计的依据。施工组织设计的重要任务之一是确定施工中所需人力、物力的供求量,并作出最佳安排。施工单位在缺乏本企业的企业定额的情况下,根据预算定额,也能够比较精确地计算出施工中各项资源的需要量,为有计划地组织材料采购和预制件加工、劳动力和施工机械的调配,提供可靠的计算依据。

(4)预算定额是施工企业进行经济活动分析的依据。目前,预算定额决定着企业的收入,企业就必须以预算定额作为评价其工作的重要标准。企业可根据预算定额,对施工中的劳动、材料、机械的消耗情况进行具体的分析,以便找出并克服低工效、高消耗的薄弱环节,提高企业的竞争能力。

(5)预算定额是合理编制标底、投标报价的基础。预算定额本身具有科学性和权威性,这就决定了预算定额作为编制标底的依据和施工企业报价的基础性作用是不可避免的。但是在市场经济条件下，预算定额的指令性作用将日益削弱，而施工单位按照工程个别成本报价的指导性作用仍然存在。

(6)预算定额是编制概算定额的基础。概算定额是在预算定额基础上综合扩大编制的。利用预算定额作为编制依据，不但可以节省编制工作的大量人力、物力和时间，收到事半功倍的效果，还可以使概算定额在水平上与预算定额保持一致，以免造成执行中的分歧。

四、预算定额消耗量的确定

预算定额是规定消耗在单位工程构造上的劳动力、材料和机械的数量标准，是计算建筑安装产品价格的基础。

1. 人工预算定额消耗量的确定

预算定额中的人工消耗量(定额人工工日)是指完成某一计量单位的分项工程或结构构件所需的各种用工量总和。

定额人工工日不分工种、技术等级一律以综合工日表示，包括基本用工和其他用工，其中其他用工又包括超运距用工、辅助用工和人工幅度差。

(1)基本用工是指完成分项工程的主要用工量。其主要是按技术工种劳动定额中相应的工时定额计算，以不同工种列出定额工日。

基本工日数量按综合取定的工程量套劳动定额计算，即

$$基本工日数 = \sum (工序的工程量 \times 时间定额) \qquad (2-22)$$

(2)其他用工包括超运距用工、辅助用工、人工幅度差。

1)超运距用工是指预算定额取定的材料、成品、半成品等运距超过劳动定额规定的运距应增加的用工量。计算时，先求每种材料的超运距，然后在此基础上根据劳动定额计算超运距用工。

$$超运距 = 预算定额规定的距离 - 劳动定额规定的运距 \qquad (2-23)$$

$$超运距用工 = \sum (超运距材料数量 \times 时间定额) \qquad (2-24)$$

2)辅助用工是指劳动定额中未包括的各种辅助工序用工，如材料加工的用工等，可根据材料加工数量和时间定额进行计算。

$$辅助用工数量 = \sum (材料加工数量 \times 时间定额) \qquad (2-25)$$

3)人工幅度差是指在劳动定额作业时间之外，在预算定额应考虑的正常施工条件下发生的各种工时损失。具体内容包括：

①各工种间的工序搭接及交叉作业互相配合所发生的停歇用工。
②施工机械在单位工程之间转移及临时水电线路移动所造成的停工。
③质量检查和隐蔽工程验收工作的影响。
④班组操作地点转移用工。
⑤工序交接时对前一工序不可避免的修整用工。
⑥施工中不可避免的其他零星用工。

在确定预算定额用工量时，人工幅度差按基本用工、超运距用工、辅助用工之和的一定百分率计算。

$$人工幅度差 = (基本用工 + 超运距用工 + 辅助用工) \times 人工幅度差系数 \qquad (2-26)$$

国家规定人工幅度差系数为10%～15%。另外，在编制人工消耗量时，由于各种基本用工和其他用工的工资等级不一致，为了准确求出预算定额用工的平均工资等级，必须根据劳动定额规定的劳动小组成员数量、各种用工量和相应等级的工资系数，求出各种用工的工资等级总系数，然后与总用工量相除，得出平均工资等级系数，进而可以确定预算定额用工的平均工资等级，以便正确计算人工费用和编制地区单位估价表。目前，国家现行建筑工程基础定额和安装工程预算定额均以综合工日表示。

预算定额人工消耗量＝基本用工＋其他用工
　　　　　　　　　＝基本用工＋（超运距用工＋辅助用工＋人工幅度差）
　　　　　　　　　＝（基本用工＋超运距用工＋辅助用工）×（1＋人工幅度控制系数）
(2-27)

2. 预算定额材料消耗量的确定

材料消耗量是指完成单位合格产品所必需消耗的各种材料数量。按其使用性质、用途和用量大小可划分为以下四类：

(1)主要材料：主要材料是指直接构成工程实体的材料。

(2)辅助材料：辅助材料是构成工程实体，但使用比重较小的材料，如垫木铁钉、铅丝等。

(3)周转性材料：周转性材料又称工具性材料，是指施工中多次周转使用但不构成工程实体的材料，如脚手架、模板等。

(4)次要材料：次要材料是指用量很小，价值不大，不便计算的零星用料。如棉纱、现场标记所用的红油漆等。

材料用量应综合计算（测定）净用量损耗量，按消耗量、净用量和损耗量之间关系确定其用量。主材用量应结合分项工程的构造做法，按综合取定的工程量及有关资料进行计算确定；辅材用量的确定方法类似于主材；周转性材料是按多次使用、分次摊销的方式计入预算定额的；次要材料用估算的方法计算，以"其他材料费"列入定额，以"元"为单位表示。

3. 预算定额机械台班消耗量

预算定额中的机械台班消耗量是指在正常施工条件下，生产单位合格产品（分项工程或结构构件）必需消耗的某种型号施工机械的台班数量。一般可以用以下两种方法计算确定预算定额的机械台班消耗量：

(1)根据施工定额确定机械台班消耗量。这种方法是指施工定额或劳动定额中机械台班产量加机械幅度差计算预算定额的机械台班消耗量。

机械台班幅度差一般包括：正常施工组织条件下不可避免的机械空转时间，施工技术原因的中断及合理停滞时间，因供电供水故障及水电线路移动检修而发生的运转中断时间，因气候变化或机械本身故障影响工时利用的时间，施工机械转移及配套机械相互影响损失的时间，配合机械施工的工人因其他工种交叉造成的间歇时间，因检查工程质量造成的机械停歇的时间，工程收尾和工作量不饱满造成的机械停歇时间等。

大型机械幅度差系数为：土方机械25%，打桩机械33%，吊装机械30%；砂浆、混凝土搅拌机由于按小组配用，以小组产量计算机械台班产量，不另增加机械幅度差；其他分部工程中如钢筋加工、木材、水磨石等各项专用机械的幅度差为10%。

综上所述，预算定额的机械台班消耗量按下式计算：

预算定额机械耗用台班＝施工定额机械耗用台班×（1＋机械幅度差系数）　(2-28)

(2)以现场测定资料为基础确定机械台班消耗量。如遇到施工定额(劳动定额)缺项者,则需要依据单位时间完成的产量测定机械台班消耗量。

五、建筑工程人工、材料、机械台班单价的确定

施工资源包括人工、材料和施工机械。在概预算制度下,单位估价表中使用的是人工、材料和机械台班的预算单价,它们是定额编制当时当地的资源单价。一般来说,各地多采用定额编制地区编制时省会城市的人工、材料和机械台班的预算价格。在定额使用期内,由于使用时点、地点的不同,需要按工程造价管理部门测算下达的调整文件,对人工、材料、机械台班的预算价格进行调整,以适应实际情况。

随着工程造价管理体制和工程计价模式的改革,量价分离的计价模式以及工程量清单计价模式的推广使用,越来越需要编制动态的人工、材料和机械台班的预算价格。这里所讲的施工资源单价的概念,就是指施工过程中人工、材料和机械台班的动态价格或市场价格的确定。

建筑安装工程费的确定基础是正确计算人工费、材料费和施工机械使用费。这三部分费用的确定取决于两个方面,一是确定人工、材料、机械台班消耗量;二是确定人工、材料、机械台班单价。

$$人工费 = \sum (工日消耗量 \times 日工资单价) \tag{2-29}$$

$$材料费 = \sum (材料消耗量 \times 材料单价) + 检验试验费 \tag{2-30}$$

$$机械使用费 = \sum (机械台班消耗量 \times 机械台班单价) \tag{2-31}$$

1. 人工单价的确定

预算定额中工人日工资单价(G)是由基本工资(G_1)、工资性补贴(G_2)、生产工人辅助工资(G_3)、职工福利费(G_4)和生产工人劳动保护费(G_5)五部分组成。

$$日工资单价(G) = \sum G_i \tag{2-32}$$

(1)基本工资(G_1)。基本工资是指发放给生产工人的基本工资。

其中:年平均每月法定工作日=(日历天数-双休日-法定节假日)÷12=(365-52×2-
$$10) \div 12 = 20.9(d)。 \tag{2-33}$$

(2)工资性补贴(G_2)。工资性补贴是指按规定发放的物价补贴,煤、燃气补贴,交通补贴,住房补贴,流动施工津贴等。

$$\begin{aligned}工资性补贴 = &\sum 年发放标准/(全年日历日-法定假日)+ \\ &\sum 月发放标准/年平均每月法定工作日+每日工作日发放标准\end{aligned} \tag{2-34}$$

(3)生产工人辅助工资。辅助工资是指生产工人年有效施工天数以外非作业天数的工资,包括职工学习、培训期间的工资,调动工作、探亲、休假期间的工资,因气候影响的停工工资,女工哺乳期间的工资,病假在六个月以内的工资及产、婚、丧假期的工资。

$$日生产工人辅助工资 = [全年无效工作日 \times (G_1 + G_2)]/(全年日历日-法定假日) \tag{2-35}$$

式中,G_1为日基本工资;G_2为日工资性补贴。

全年有效工作日是指在年度内能够用于施工的天数。通常按全年日历天数扣除法定假日、双休日天数和全年无效施工天数计算。全年无效工作日是指在年应工作天数内而未工

作的天数，包括职工学习、培训、调动工作、探亲、休假、因气候影响的停工、女工哺乳期间、六个月以内病假、产婚丧假期的天数。

（4）职工福利费(G_4)。职工福利费是指按规定标准计提的职工福利费。

$$职工福利费(G_4)=(G_1+G_2+G_3)\times 福利费计提比例(\%) \quad (2-36)$$

（5）生产工人劳动保护费(G_5)。劳动保护费是指按规定标准发放的劳动保护用品的购置及修理费、徒工服装补贴、防暑降温费、在有碍身体健康环境中施工的保健费用等。

$$生产工人劳动保护费=生产工人年平均支出劳动保护费\div(全年日历日-法定假日) \quad (2-37)$$

2. 材料预算价格

材料预算价格是指材料由货源地运到工地仓库后的出库价格。"材料"包括原材料、成品、半成品、构配件、燃料等，"货源地"指供应者仓库或提货地点，"工地仓库"包括现场仓库或材料露天堆场。

材料预算价格由材料原价、材料运杂费、运输损耗费、采购及保管费、检验试验费五个部分组成。

（1）材料原价。材料原价一般是指材料的出厂价格、市场的批发价格、进口材料的抵岸价格。在确定材料的原价时，如果同一种材料因产地或供应单位不同而可能会有不同价格，此时应根据供应数量的比例采用加权平均法来计算其原价。

$$材料平均原价 = \sum 供应量 \times 单价 / \sum 供应量 \quad (2-38)$$

【例2-5】 某工地所需标准砖，由甲、乙、丙三地供应，数量和单价见表2-1。

求：标准砖的加权平均原价。

表2-1 相关数据

货源地	数量/千块	出厂价/(元·千块$^{-1}$)
甲地	500	135
乙地	1 000	132
丙地	700	137

解： 加权平均原价=(135×500+132×1 000+137×700)/(500+1 000+700)

=134.27（元/千块）

（2）材料运杂费。材料运杂费是指材料自来源地运至工地仓库或指定堆放地点所发生的全部费用，一般应包括调车和驳船费、装卸费、运输费和附加工作费等。

调车和驳船费是指机(汽)车、船只到专用线、非公用地点或指定地点时的车辆调度及驳船费用；装卸费是指给火车、轮船、汽车上下货物时所发生的费用；运输费是指火车、轮船、汽车的运费；附加工作费是指货物从货源地运至工地仓库所发生的材料搬运、分类堆放及整理等费用。

材料运杂费通常按外埠运费和市内运费两段计算。外埠运费是指由来源地（交货地）运至本市仓库的全部费用，市内运杂费是指由本市仓库运至工地仓库的运费。

运杂费可根据材料来源地、运输方式、运输里程，并根据国家或地方规定的运价标准，按加权平均法计算。

【例2-6】 经测算，某市中心仓库到甲、乙、丙三个小区的距离及各小区材料需要量比例分别为：甲区 5 km，材料需要量为 30%；乙区 15 km，材料需要量为 40%；丙区 12 km，材料需要量为 30%。求中心仓库到各工地仓库的平均市内运输距离。

解： 市内加权平均运距 = 5×30% + 15×40% + 12×30% = 11.1(km)

【例 2-7】 某地区近 3 年的资料，平均每年由生产厂直接供应钢材 60 000 t，其中鞍钢供应 20 000 t，武钢供应 30 000 t，首钢供应 10 000 t。经过计算，钢材外埠运费分别为：鞍钢 39 元/t，武钢 25 元/t，首钢 27 元/t。计算其外埠运费。

解： 该地区钢材外埠运费 = 20 000×39 + 30 000×25 + 10 000×27 ÷ 60 000 = 30(元/t)

(3) 运输损耗费。运输损耗费是指材料在运输及装卸过程中不可避免的损耗费用。

$$运输损耗费 = (材料原价 + 运杂费) \times 运输损耗率 \tag{2-39}$$

(4) 采购及保管费。采购及保管费是指组织采购、供应和保管材料过程中所需要的各项费用，包括仓储费、工地保管费、仓储损耗等。

材料采购及保管费一般按照材料到库价格乘以费率计算确定。

$$采购及保管费 = (材料原价 \times 运杂费) \times (1 + 运输损耗费费率) \times 采购及保管费费率 \tag{2-40}$$

(5) 检验试验费。检验试验费是指对建筑材料、构件和建筑安装物进行一般鉴定、检查所发生的费用，包括自设试验室进行试验所耗用的材料和化学药品等费用，不包括新结构、新材料的试验费和建设单位对具有出厂合格证明的材料进行检验，对构件做破坏性试验及其他特殊要求检验试验的费用。

3. 施工机械台班单价

施工机械台班单价是指某种施工机械在一个台班中，为了正常运转所必须支出和分摊的各项费用之和。台班单价应由折旧费、大修理费、经常修理费、安拆费及场外运输费、燃料动力费、人工费、养路费及车船使用税七个部分组成。

按台班费用的性质，又可将以上七个部分划分为第一类费用、第二类费用和其他费用。

第一类费用（又称不变费用）：是一种比较固定的经常性费用，其特点是不管机械开动的情况以及施工地点和条件的变化，都需要开支，所以，应将全年所需费用分摊到每一台班中。第一类费用包括折旧费、大修理费、经常修理费、安装拆卸及场外运输费。

第二类费用（又称可变费用）：这类费用只有当机械运转时才发生，与施工机械的工作时间及施工地点和条件有关，应根据台班耗用的人工、动力燃料的数量和地区单价确定。第二类费用包括机上人员的工资、机械运转所需的燃料动力费等。

其他费用：指车船使用税等费用。这类费用带有政策规定的性质。

(1) 折旧费。折旧费是指施工机械在规定使用期限内，每一台班所分摊的机械原值及支付贷款利息的费用。其计算公式为

$$台班折旧费 = [机械预算价格 \times (1 - 残值率) + 贷款利息] / 耐用总台班数$$

机械预算价格按机械出厂（或到岸完税）价格及全部运杂费计算确定。

残值率是指机械报废时回收的残值占机械原值（机械预算价格）的比率。现行有关规定为：运输机械 2%，特大型机械 3%，中小型机械 4%，掘进机械 5%。

贷款利息系数为补偿企业贷款购买机械所支付的利息，从而合理反映资金的时间价值，将贷款利息分摊到台班折旧费中。其计算公式为

$$贷款利息系数 = 1 + (n+1)i/2 \tag{2-41}$$

式中 n——国家有关文件规定的此类机械折旧年限；

i——当年银行贷款利率。

耐用总台班是指机械在正常施工条件下，从使用到报废，按规定应达到的使用台班总数。其计算公式为

$$耐用台班总数 = 折旧年限 \times 年工作台班 = 大修间隔台班数 \times 大修周期数 \quad (2-42)$$

年工作台班根据有关部门对各类主要机械最近三年的统计资料分析确定。

大修间隔台班数是指机械自投入使用起至第一次大修止或自上一次大修后投入使用起至下一次大修止，应达到的使用台班数。

大修周期数是指机械在正常的施工条件下，将其寿命期（即耐用总台班）按规定的大修次数划分为若干个周期。其计算公式为

$$大修周期数 = 寿命期大修次数 + 1 \quad (2-43)$$

（2）大修理费。大修理费是指机械设备按规定的大修理间隔台班进行必要的大修理，以恢复正常使用功能所需要的费用。其计算公式为

$$台班大修理费 = [一次大修理费 \times 大修理次数]/耐用总台班数$$
$$= 一次大修理费(大修理周期 - 1)/耐用总台班 \quad (2-44)$$

1) 一次大修理费，按机械设备规定的大修理范围和工作内容，进行一次全面修理所需消耗的工时、配件、辅助材料、燃油料以及送修运输等全部费用计算。

2) 大修理次数，为恢复原机功能按规定在寿命期内需要进行的大修理次数。

（3）经常修理费。经常修理费是指机械在寿命期内除大修理以外的各级保养费用，临时故障排除和机械停滞期间的维护等所需费用，为保障机械正常运转所需替换设备，随机工具、器具的摊销费用以及机械日常保养所需要的润滑擦拭材料费用之和，分摊到台班费中，即为台班经常修理费。

$$台班经常修理费 = 台班大修理费 \times K \quad (2-45)$$

式中，K 为系数，是根据历次编定额时台班经常维修费与台班大修理费之间的比例关系资料确定的。

各级保养一次费用是指机械在各个使用周期内为保证机械处于完好状况，必须按规定的各级保养间隔周期、保养范围和内容进行的一、二、三级保养或定期保养所消耗的工时、配件、辅料、油燃料等费用。

寿命期各级保养总次数是指一、二、三级保养或定期保养在寿命期内各个使用周期中保养次数之和。

临时故障排除费是指机械除规定的大修理及各级保养外，出现临时故障所需修理费用以及机械在工作日以外的保养维护所需润滑擦拭材料费，可按各级保养费用（不包括例保辅料费）之和的3%计算。

（4）安拆费及场外运费。

1) 安拆费是指机械在施工现场进行安装、拆卸所需的人工、材料、机械和试运转费用，以及机械辅助设施（包括基础、底座、固定锚桩、行走轨迹、枕木等）的折旧费及搭设、拆除费用。

$$台班安拆费 = 一次安拆费 \times 年平均安拆次数/年工作台班 + [辅助设施一次使用费 \times$$
$$(1 - 残值率)/辅助设施耐用台班] \quad (2-46)$$

2) 场外运费是指机械整体或分体自停放场地运至施工现场或由一个工地运至另一个工地运距在 25 km 以内的机械进出场运输及转移费用（包括机械的装卸、运输、辅助材料及架线费用等）。

台班场外运费＝[(一次运输及装卸费＋辅助材料一次摊销费＋一次架线费)/年工作台班]×年平均场外运输次数 　　(2-47)

(5)燃料动力费。燃料动力费是指机械设备在运转作业中所耗用的固体燃料(煤炭、木材)、液体材料(汽油、柴油)、电力、水和风力等的费用。

$$台班燃料动力费 = \sum(每台班所消耗的动力燃料数 \times 相应单价)$$

【例2-8】 某6 t载重汽车每个台班耗柴油32.5 kg，每千克柴油单价为2.7元，求台班燃料费。

解：台班燃料费＝32.2×2.7＝86.94(元/台班)

(6)人工费。人工费是指机上司机、司炉和其他操作人员的工作日工资以及上述人员在机械规定的年工作台班以外的基本工资和工资性补贴以及由原施工管理费转入的部分。

台班人工费＝机上操作人员人工工日数×日工资单价 　　(2-48)

【例2-9】 某6 t载重汽车每个台班的机上操作人员人工工日为1.25个，人工日工资单价为25.84元，求台班人工费。

解：台班人工费＝1.25×25.84＝32.3(元/台班)

(7)车船使用税。车船使用税是指机械按国家有关规定应交纳的车船使用税。

项目五　预算定额的使用方法

一、预算定额手册的组成

预算定额一般由目录、总说明、建筑面积计算规则、分部工程说明、工程量计算规则、分项工程项目表及附录组成。

以上内容可以归纳为以下两大部分。

工程定额的组成

1. 文字说明部分

文字说明部分主要包括总说明以及分部工程说明。总说明主要阐述预算定额的用途，编制依据和原则，适用范围，定额中已考虑的因素和未考虑的因素，使用中应注意的事项和有关问题的说明。分部工程说明是预算定额的重要内容，主要阐述分部工程定额中所包括的主要分项工程定额项目表的使用方法。

2. 分项工程定额项目表

分项工程定额项目表是以各分部工程进行归类，又按照不同的设计形式、施工方法、用料和施工机械等因素划分为若干个分项工程定额项目表。其中，按一定顺序排列的分项工程项目表是预算定额的核心内容。

预算定额组成的最后一个部分是附录，包括各种砂浆、混凝土、三合土、灰土等配合比表，建筑材料、成品、半成品损耗率表等。

二、预算定额的应用

预算定额的使用方法有预算定额的直接套用和预算定额的换算。

1. 预算定额的直接套用

当施工图的设计要求与预算定额的项目内容一致时，可直接套用定额。表2-2为柱的定额项目表。

套用时需注意以下几点：

(1)根据施工图、设计说明和做法说明，选择定额项目。

(2)从工程内容、技术特征和施工方法上仔细核对，准确地确定相对应的定额项目。

(3)分项工程的名称和计量单位要与预算定额一致。

表2-2 柱的定额项目表

工作内容：混凝土搅拌、场内水平运输、浇捣、养护等。 $10\ m^3$

定额编号				A4—6	A4—7	A4—8	A4—9
项目名称				矩形柱	圆形及正多边形柱	构造柱异形柱	升板柱帽
基价/元				3 423.78	3 462.29	3 649.62	3 954.68
其中	人工费/元			1 272.60	1 312.80	1 499.40	1 809.60
	材料费/元			2 037.20	2 035.51	2 036.24	2 031.10
	机械费/元			113.98	113.98	113.98	113.98
	名称	单位	单价/元	数量			
人工	综合用工二类	工日	60.00	21.210	21.880	24.990	30.160
材料	现浇混凝土(中砂碎石)C20—40	m³	—	(9.800)	(9.800)	(9.800)	(9.800)
	水泥砂浆1∶2(中砂)	m³	—	(0.310)	(0.310)	(0.310)	(0.310)
	水泥 32.5	t	360.00	3.356	3.356	3.356	3.356
	中砂	t	30.00	7.008	7.008	7.008	7.008
	碎石	t	42.00	13.387	13.387	13.387	13.387
	塑料薄膜	m²	0.80	4.000	3.440	3.360	—
	水	m³	5.00	10.670	10.420	10.580	10.090
机械	滚筒式混凝土搅拌机 500 L 以内	台班	151.10	0.600	0.600	0.600	0.600
	灰浆搅拌机 200 L	台班	103.45	0.040	0.040	0.040	0.040
	混凝土振捣器(插入式)	台班	15.47	1.240	1.240	1.240	1.240

2. 预算定额的换算

适用条件：当施工图中的工程项目不能直接套用预算定额时，必须进行换算。

(1)换算原则。

1)定额的砂浆、混凝土强度等级，如设计与定额不同，允许按定额附录的砂浆、混凝土配合比表换算，但配合比中的各种用量不得调整。

2)定额中抹灰项目已考虑了常用厚度，各层砂浆的厚度一般不作调整，但总厚度不同，可以调整。

3)必须按预算定额中的各项规定换算定额。

(2)换算类型。

1)砂浆换算：砌筑砂浆强度等级换算、抹灰砂浆配合比和抹灰厚度不同换算。

2)混凝土换算：强度等级、类型。
3)系数换算：按规定对定额中的人工费、材料费、机械费乘以各种系数的换算。
4)其他换算：除上述三种情况以外的换算。
(3)预算定额的换算。
1)预算定额乘系数的换算。这类换算是根据预算定额章说明或附注的规定对定额子目的某消耗量乘以规定的换算系数，从而确定新的定额消耗量。
2)砂浆、混凝土强度等级、类型的换算。预算定额中有定额基价，但图纸中的材料与定额不一致，如砂浆等级与定额不符、混凝土强度等级与定额不符，所以要经过换算得到新的定额基价的换算。

$$\text{换算后的基价} = \text{换算前的定额基价} \pm (\text{混凝土或砂浆的定额用量} \times \text{两种强度等级的混凝土或砂浆的单价差}) \tag{2-49}$$

其换算步骤如下：
①从预算定额附录的混凝土、砂浆配合比表中找出该分项工程项目与其相应定额规定不相符并需要进行换算的不同强度等级混凝土、砂浆每立方米的单价。
②计算两种不同强度等级混凝土或砂浆单价的价差。
③从定额项目表中找出该分项工程需要进行换算的混凝土或砂浆定额消耗量及该分项工程的定额基价。
④计算该分项工程由于混凝土或砂浆强度等级的不同而影响定额原基价的差值。
⑤计算该分项工程换算后的定额基价。

【例 2-10】 某工程砖基础砌筑采用 M7.5 水泥砂浆，已知"河北 12 定额"A3－1 使用 M5.0 的水泥砂浆，定额基价为 2 918.52 元/10 m³，定额消耗量为 2.36 m³/10 m³，试计算砖基础新的基价。

解： 相关数据由表 2-3 查得。

表 2-3 砌筑砂浆配合比

配合比编码			ZF1－0365	ZF1－0366	ZF1－0367	ZF1－0368	ZF1－0369	ZF1－0370
项目名称			水泥砂浆					
			M2.5		M5		M7.5	
			中砂	细砂	中砂	细砂	中砂	细砂
预算价值/元			122.31	115.90	126.63	120.22	137.43	131.02
名称	单位	单价/元	数量					
水泥 32.5	t	360.00	0.202	0.202	0.214	0.214	0.244	0.244
中砂	t	30.00	1.603	—	1.603	—	1.603	—
细砂	t	28.03	—	1.487	—	1.487	—	1.487
水	m³	5.00	0.300	0.300	0.300	0.300	0.300	0.300

新基价 = 2 918.52 + [2.36 × (137.43 − 126.63)] = 2 944.01(元/m³)

【例 2-11】 某工程现浇混凝土柱子采用 C25－40 混凝土浇筑，已知"河北 12 定额"A4－16 使用 C20－40 的混凝土，定额基价为 3 423.78 元/10 m³，定额消耗量为 9.8 m³/10 m³，试计算现浇混凝土柱子新的基价。

解： 相关数据由表 2-4 查得。

表 2-4 普通混凝土配合比

配合比编码			ZF1-0027	ZF1-0028	ZF1-0029	ZF1-0030	ZF1-0031	ZF1-0032
项目名称			粗骨粒最大粒径 40 mm					
			混凝土强度等级					
			C10	C15	C20	C25	C30	C35
预算价值/元			154.48	173.69	195.34	194.21	209.69	224.42
名称	单位	单价/元	数量					
水泥 32.5	t	360.00	0.202	0.260	0.325	—	—	—
水泥 42.5	t	390.00	—	—	—	0.294	0.336	0.378
中砂	t	30.00	0.818	0.754	0.669	0.680	0.605	0.592
碎石	t	42.00	1.341	1.347	1.366	1.387	1.419	1.389
水	m³	5.00	0.180	0.180	0.180	0.180	0.180	0.180

新基价 = 3 423.78 − [9.8×(195.34−194.21)] = 3 412.71(元/m³)

3) 抹灰砂浆厚度调整。

【例 2-12】 计算 1:3 水泥砂浆底层厚 15 mm，1:2 水泥砂浆面层厚 7 mm 的砖墙面抹灰的基价。

解：查定额说明得知，图纸与定额的抹灰厚度不同时可以换算，且定额中的砖墙抹灰厚度取定为 20 mm 厚，图纸的抹灰厚度为 22 mm 厚，所以应按照厚度调整表进行调整。

相关数据由表 2-5 和表 2-6 查得。

表 2-5 B.2.1.1.2 水泥砂浆

工作内容：清理、修补、湿润基层表面、调运砂浆、分层抹灰找平、罩面压光(包括门窗洞口侧壁及堵墙眼)、清扫落地灰、清理等全部操作过程。

单位 100 m²

定额编号				B2-8	B2-9	B2-10	B2-11	B2-12
项目名称				墙面				
				毛石	标准砖	混凝土	轻质砌块	钢板(丝)网
基价/元				2 298.69	1 741.26	1 719.19	1 871.98	2 005.13
其中	人工费/元			1 455.30	1 198.40	1 192.80	1 358.70	1 385.30
	材料费/元			793.73	511.82	496.39	483.28	583.62
	机械费/元			49.66	31.04	30.00	30.00	36.21
	名称	单位	单价/元	数量				
人工	综合用工一类	工日	70.00	20.790	17.120	17.040	19.410	19.790
材料	水泥砂浆 1:2(中砂)	m³		—	—	(0.578)	(0.578)	(0.578)
	水泥砂浆 1:2.5(中砂)	m³		—	(1.156)			(0.889)
	水泥砂浆 1:3(中砂)	m³		(2.646)	(1.812)	(1.734)		
	水泥石灰砂浆 1:0.5:4(中砂)	m³					(1.734)	
	水泥石灰砂浆 1:1:4(中砂)	m³						(1.890)
	水泥 32.5	t	360.00	1.630	1.051	1.019	0.844	0.951
	生石灰	t	290.00				0.160	0.308
	中砂	t	30.00	6.095	3.746	3.621	3.622	4.177
	水	m³	5.00	4.816	4.216	4.183	4.876	5.326
机械	灰浆搅拌机 200 L	台班	103.45	0.480	0.300	0.290	0.290	0.350

表 2-6　抹灰砂浆厚度调整表

项目	每增减 1 mm 厚度消耗量				
	人工/工日	机械/台班	砂浆/m³	干混砂浆/t	水/m³
石灰砂浆	0.35	0.014	0.11		0.01
水泥砂浆	0.38	0.015	0.12		0.01
混合砂浆	0.52	0.015	0.12		0.01
石膏砂浆	0.43	0.014	0.11		0.01
预拌砂浆	0.32	0.015		0.23	0.04

墙面抹水泥砂浆新基价 $=1\,741.26+(70\times0.38\times2+103.45\times0.015\times2+5\times0.01\times2+243.54\times0.12\times2)=1\,856.1$（元/100 m²）

模块小结

本模块详细介绍了劳动定额、材料消耗定额、机械台班使用定额、施工定额、企业定额、计价定额的定义、作用、组成内容和编制方法等。全面学习和掌握各种定额的共性、特性，能正确使用消耗量定额是本模块的基本点。

劳动定额是基础定额，它可以用时间定额和产量定额表示，具有平均先进的水平。学习对工作时间和施工过程的分析，了解定额的编制方法，并为使用定额打好基础。

施工定额是由劳动定额、材料消耗定额和机械台班使用定额组成。其中，劳动定额、机械台班使用定额，是以全国统一劳动定额为基础结合地区特点编制。消耗量定额是以施工定额为基础，具有社会平均水平，是确定工程造价和投标报价的基础，因此要加强学习消耗定额的应用。

思考与练习

1. 工程造价计价依据有哪些种类？
2. 什么是建筑工程定额？
3. 什么是施工定额？施工定额的组成内容有哪些？编制原则有哪些？
4. 什么是工作时间？人工工作时间和机械工作时间如何分类？
5. 什么是技术测定法？其种类有哪些？
6. 简述劳动定额的概念及表现形式。
7. 材料消耗定额的概念是什么？材料消耗如何分类？材料消耗定额的组成有哪些？
8. 简述机械台班定额的概念及表现形式。机械台班定额是如何确定的？
9. 简述预算定额的概念、分类及作用。
10. 什么是人工工日单价？其组成内容有哪些？
11. 什么是材料预算单价？其组成内容有哪些？如何确定材料预算价格？
12. 什么是机械台班单价？其组成内容有哪些？

模块三 建筑面积计算

学习目标

1. 熟悉建筑面积的概念。
2. 掌握建筑面积的计算规则。
3. 熟练计算每个建筑物的建筑面积。

一、建筑面积的概念

建筑面积也称为建筑展开面积，是指建筑物各层面积的总和。建筑面积包括使用面积、辅助面积和结构面积。使用面积是指建筑物各层平面布置中可直接为生产或生活使用的净面积总和。居室净面积在民用建筑中，也称为居住面积。辅助面积是指建筑物各层平面布置中为辅助生产或生活所占净面积的总和。使用面积与辅助面积的总和称为有效面积。结构面积是指建筑物各层平面布置中的墙体、柱等结构所占面积的总和。

二、建筑面积的计算意义

(1)建筑面积是一项重要的技术经济指标。在国民经济一定时期内，完成建筑面积的多少，也标志着一个国家的工农业生产发展状况、人民生活居住条件的改善和文化生活福利设施发展的程度。

(2)建筑面积是计算结构工程量或用于确定某些费用指标的基础。如计算出建筑面积之后，利用这个基数，就可以计算地面抹灰、室内填土、地面垫层、平整场地、脚手架工程等项目的预算价值。为了简化预算的编制和某些费用的计算，有些取费指标的取定，如中小型机械费、生产工具使用费、检验试验费、成品保护增加费等也是以建筑面积为基数确定的。

(3)建筑面积作为结构工程量的计算基础，不仅重要，而且也是一项需要认真对待和细心计算的工作。任何粗心大意都会造成计算上的错误，不但会造成结构工程量计算上的偏差，也会直接影响概预算造价的准确性，造成人力、物力和国家建设资金的浪费及大量建筑材料的积压。

(4)建筑面积与使用面积、辅助面积、结构面积之间存在着一定的比例关系。设计人员在进行建筑或结构设计时，都应在计算建筑面积的基础上再分别计算出结构面积、有效面积及诸如平面系数、土地利用系数等技术经济指标。有了建筑面积，才有可能计算单位建筑面积的技术经济指标。

(5)建筑面积的计算对于建筑施工企业实行内部经济承包责任制、投标报价、编制施工组织设计、配备施工力量、成本核算及物资供应等，都具有重要的意义。

三、建筑面积的计算规则及方法

(1)建筑物的建筑面积,应按自然层外墙结构外围水平面积之和计算。结构层高在2.20 m及以上的应计算全面积;结构层高在2.20 m以下的,应计算1/2面积。

建筑面积计算规则及方法一

【例3-1】 已知某房屋平面和剖面图(图3-1),计算该房屋建筑面积。

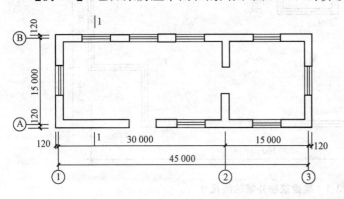
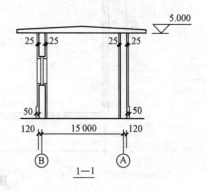

图3-1 某房屋平面和剖面图

解:$S = 45.24 \times 15.24 = 689.46 (m^2)$

(2)利用坡屋顶内空间时,顶板下表面至楼面的净高超过2.10 m的部位应计算全面积;净高在1.20~2.10 m的部位应计算1/2面积;净高不足1.20 m的部位不应计算面积。

"高度"指室内地面标高至屋面板板面结构标高之间的垂直距离。遇有以屋面板找坡的平屋顶单层建筑物,其高度指室内地面标高至屋面板最低处板面结构标高之间的垂直距离。

【例3-2】 图3-2所示为某建筑物的平面示意图,层高为5.4 m,计算该房屋建筑面积。

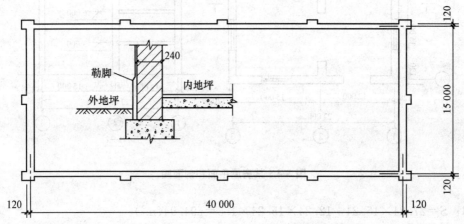

图3-2 某建筑物的平面示意图

解:$S = 40.24 \times 15.24 = 613.26 (m^2)$

【例 3-3】 某建筑物外墙轴线尺寸如图 3-3 所示，墙厚均为 240 mm，轴线坐中，试计算建筑面积。

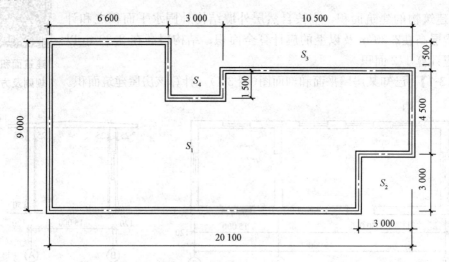

图 3-3 某建筑物外墙轴线尺寸

解：
$S = S_1 - S_2 - S_3 - S_4$
$= 20.34 \times 9.24 - 3 \times 3 - 13.5 \times 1.5 - 2.76 \times 1.5$
$= 154.55 (m^2)$

(3) 建筑物内设有局部楼层者，对于局部楼层的二层及以上楼层，有围护结构的应按其围护结构外围水平面积计算，无围护结构的应按其结构底板水平面积计算。层高在 2.20 m 及以上者应计算全面积；层高不足 2.20 m 者应计算 1/2 面积。

【例 3-4】 已知某房屋平面和剖面图(图 3-4)，计算该房屋建筑面积。

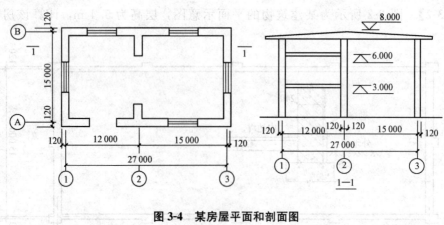

图 3-4 某房屋平面和剖面图

解：$S = 27.24 \times 15.24 + 12.24 \times 15.24 \times 1.5 = 694.94 (m^2)$

(4) 形成建筑空间的坡屋顶，结构净高在 2.10 m 及以上的部位应计算全面积；结构净高在 1.20 m 及以上至 2.10 m 以下的部位应计算 1/2 面积；结构净高在 1.20 m 以下的部位不应计算建筑面积，如图 3-5 所示。

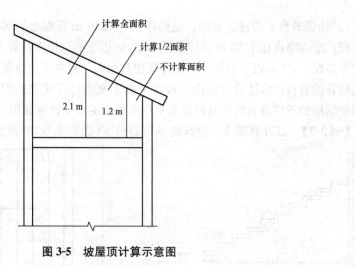

图 3-5 坡屋顶计算示意图

【例 3-5】 某建筑物长度 18 m，坡屋顶空间加以利用，尺寸如图 3-6 所示，计算坡屋顶空间的建筑面积。

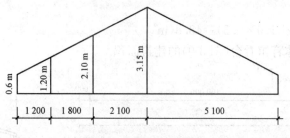

图 3-6 某建筑物屋顶

解：$S_1=(2.1+2.1)\times 18=75.6(m^2)$
$S_2=(1.8+1.8)\times 18\div 2=32.4(m^2)$
$S=75.6+32.4=108(m^2)$

【例 3-6】 如图 3-7 所示，计算建筑物的建筑面积。

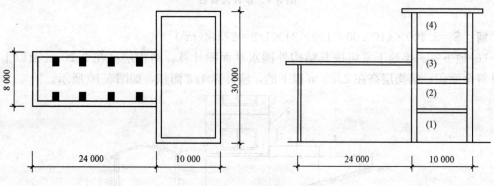

图 3-7 某建筑物

解：$S_{左}=24\times 8=192(m^2)$
$S_{右}=30\times 10\times 4=1\,200(m^2)$
$S=192+1\,200=1\,392(m^2)$

(5)场馆看台下的建筑空间,结构净高在 2.10 m 及以上的部位应计算全面积;结构净高在 1.20 m 及以上至 2.10 m 以下的部位应计算 1/2 面积;结构净高在 1.20 m 以下的部位不应计算建筑面积。室内单独设置的有围护设施的悬挑看台,应按看台结构底板水平投影面积计算建筑面积。有顶盖无围护结构的场馆看台应按其顶盖水平投影面积的 1/2 计算面积。

建筑面积计算规则及方法二

【例 3-7】 试计算图 3-8 建筑物场馆看台下(做更衣室)的建筑面积。

图 3-8 建筑物场馆看台

解：$S = 8 \times (5.3 + 1.6 \times 0.5) = 48.8 (m^2)$

【例 3-8】 计算体育馆看台(图 3-9)的建筑面积。

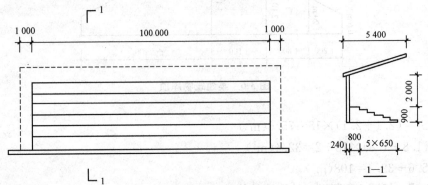

图 3-9 体育馆看台

解：$S = 5.400 \times (100.00 + 1.0 \times 2) \times 1/2 = 275.4 (m^2)$

(6)地下室、半地下室应按其结构外围水平面积计算。结构层高在 2.20 m 及以上的,应计算全面积;结构层高在 2.20 m 以下的,应计算 1/2 面积,如图 3-10 所示。

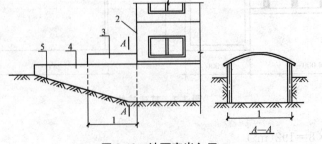

图 3-10 地下室出入口

1—计算 1/2 投影面积部位；2—主体建筑；3—出入口顶盖；
4—封闭出入口侧墙；5—出入口坡道

(7) 出入口外墙外侧坡道有顶盖的部位，应按其外墙结构外围水平面积的 1/2 计算面积。坡道包括自行车坡道、车库坡道等，顶盖包含钢筋混凝土结构、采光板、玻璃顶等。

【例 3-9】 如图 3-11 所示，墙体 240 mm 厚，入口处墙 120 mm 厚（有顶盖算 1/2 面积，无顶盖不算面积），计算地下室的建筑面积。

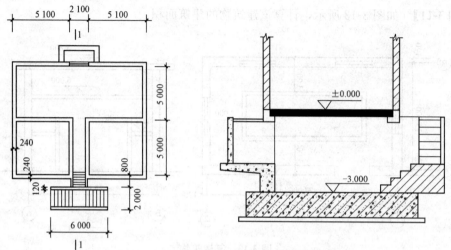

图 3-11 某地下室

解：$S = (5.1+2.1+5.1+0.24) \times (5+5+0.24) + 6 \times (2+0.12) + 2.1 \times (0.8 - 0.12 - 0.06) = 12.54 \times 10.24 + 6 \times 2.12 + 2.1 \times 0.62 = 142.43 (m^2)$

(8) 建筑物架空层及坡地建筑物吊脚架空层应按其顶板水平投影计算建筑面积。结构层高在 2.20 m 及以上的，应计算全面积；结构层高在 2.20 m 以下的，应计算 1/2 面积。

【例 3-10】 某坡地建筑物如图 3-12 所示，求该建筑物的建筑面积。

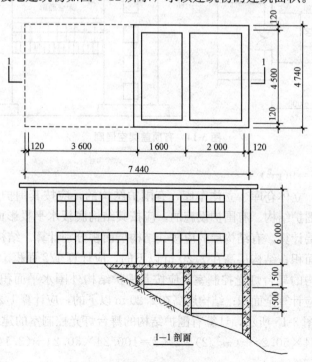

图 3-12 某坡地建筑物

解：$S=(7.44\times4.74)\times2+(2.0+0.12\times2)\times4.74=81.16(m^2)$

(9)建筑物的门厅、大厅应按一层计算建筑面积，门厅、大厅内设置的走廊应按走廊结构底板水平投影面积计算建筑面积。结构层高在2.20 m及以上的，应计算全面积；结构层高在2.20 m以下的，应计算1/2面积。

【例3-11】 如图3-13所示，计算该建筑物的建筑面积。

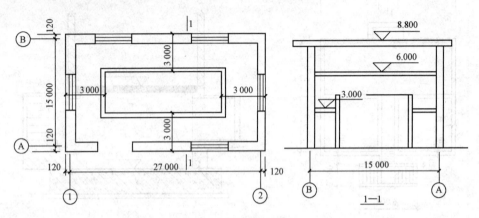

图3-13 某建筑物

解：$S=27.24\times15.24\times2.5-(15-0.24-6)\times(27+0.24-2)=606.73(m^2)$

(10)建筑物间的架空走廊，有顶盖和围护结构的，应按其围护结构外围水平面积计算全面积；无围护结构、有围护设施的，应按其结构底板水平投影面积计算1/2面积。

【例3-12】 如图3-14所示，计算有顶盖架空通廊的建筑面积。

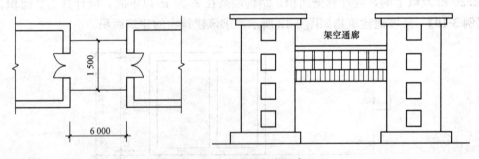

图3-14 有顶盖架空通廊

解：$S=6\times1.5=9(m^2)$

(11)立体书库、立体仓库、立体车库，有围护结构的，应按其围护结构外围水平面积计算建筑面积；无围护结构、有围护设施的，应按其结构底板水平投影面积计算建筑面积。无结构层的应按一层计算，有结构层的应按其结构层面积分别计算。结构层高在2.20 m及以上的，应计算全面积；结构层高在2.20 m以下的，应计算1/2面积。

(12)有围护结构的舞台灯光控制室，应按其围护结构外围水平面积计算。结构层高在2.20 m及以上的，应计算全面积；结构层高在2.20 m以下的，应计算1/2面积。

【例3-13】 如图3-15所示，计算有围护结构的舞台灯光控制室的建筑面积。

解：$S=100.24\times50.24+(\pi r^2/2)\times2\times2=100.24\times50.24+(3.14/2)\times1.24^2\times4$
　　$=5\,044.26(m^2)$

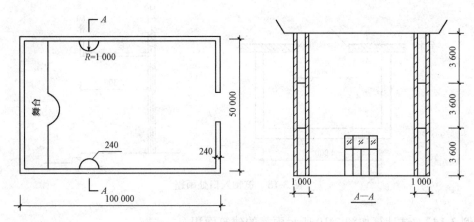

图 3-15　有围护结构的舞台灯光控制室

(13)附属在建筑物外墙的落地橱窗,应按其围护结构外围水平面积计算。结构层高在 2.20 m 及以上的,应计算全面积;结构层高在 2.20 m 以下的,应计算 1/2 面积。

(14)窗台与室内楼地面高差在 0.45 m 以下且结构净高在 2.10 m 及以上的凸(飘)窗,应按其围护结构外围水平面积计算 1/2 面积。飘窗如图 3-16 所示。

(15)如图 3-17 所示,有围护设施的室外走廊(挑廊),应按其结构底板水平投影面积计算 1/2 面积;有围护设施(或柱)的檐廊,应按其围护设施(或柱)外围水平面积计算 1/2 面积。

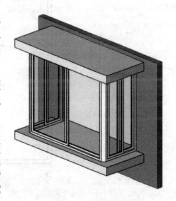

图 3-16　飘窗

(16)门斗应按其围护结构外围水平面积计算建筑面积,且结构层高在 2.20 m 及以上的,应计算全面积;结构层高在 2.20 m 以下的,应计算 1/2 面积。

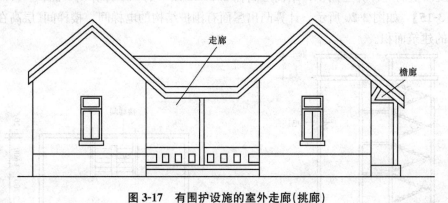

图 3-17　有围护设施的室外走廊(挑廊)

(17)门廊应按其顶板的水平投影面积的 1/2 计算建筑面积;有柱雨篷应按其结构板水平投影面积的 1/2 计算建筑面积;无柱雨篷的结构外边线至外墙结构外边线的宽度在 2.10 m 及以上的,应按雨篷结构板的水平投影面积的 1/2 计算建筑面积。

【例 3-14】　计算图 3-18 所示建筑物入口处雨篷的建筑面积。

解:$S = 2.3 \times 4 \times 1/2 = 4.6 (m^2)$

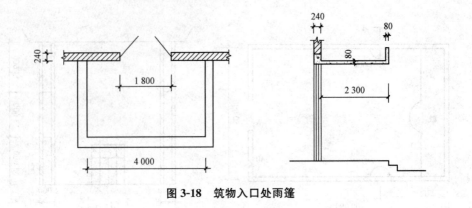

图 3-18 筑物入口处雨篷

【例 3-14】 试计算如图 3-19 所示雨篷的建筑面积。

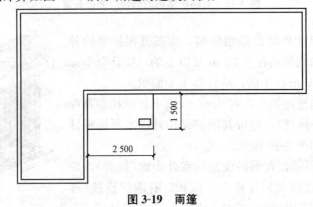

图 3-19 雨篷

解：$S=2.5\times1.5\times0.5=1.88(m^2)$

(18)建设在建筑物顶部的、有围护结构的楼梯间、水箱间、电梯机房等，结构层高在 2.20 m 及以上的应计算全面积；结构层高在 2.20 m 以下的，应计算 1/2 面积。

【例 3-15】 如图 3-20 所示，计算凸出屋面有围护结构的电梯间、楼梯间(层高在 2.2 m 及以上)的建筑面积。

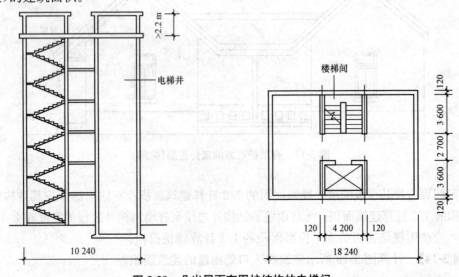

图 3-20 凸出屋面有围护结构的电梯间

解：$S=(3.6+0.12)\times(4.2+0.24)\times2=33.03(\mathrm{m}^2)$

(19)围护结构不垂直于水平面的楼层，应按其底板面的外墙外围水平面积计算。结构净高在 2.10 m 及以上的部位，应计算全面积；结构净高在 1.20 m 及以上至 2.10 m 以下的部位，应计算 1/2 面积；结构净高在 1.20 m 以下的部位，不应计算建筑面积。

(20)建筑物的室内楼梯、电梯井（图 3-21）、提物井、管道井、通风排气竖井、烟道，应并入建筑物的自然层计算建筑面积。有顶盖的采光井应按一层计算面积，且结构净高在 2.10 m 及以上的，应计算全面积；结构净高在 2.10 m 以下的，应计算 1/2 面积。

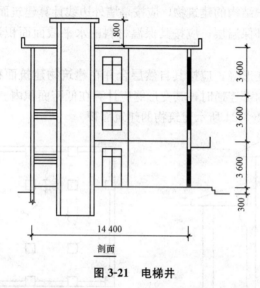

图 3-21 电梯井

(21)室外楼梯应并入所依附建筑物自然层，并应按其水平投影面积的 1/2 计算建筑面积。

(22)在主体结构内的阳台，应按其结构外围水平面积计算全面积；在主体结构外的阳台，应按其结构底板水平投影面积计算 1/2 面积。

【**例 3-17**】 计算如图 3-22 所示建筑物阳台的建筑面积。

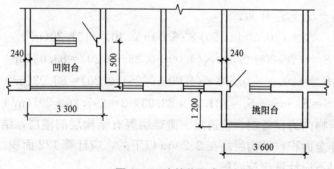

图 3-22 建筑物阳台

解：$S=(3.3-0.24)\times1.5\times1+1.2\times(3.6+0.24)\times1/2=4.60(\mathrm{m}^2)$

(23)有顶盖无围护结构的车棚、货棚、站台、加油站、收费站等，应按其顶盖水平投影面积的 1/2 计算建筑面积。

【**例 3-18**】 计算如图 3-23 所示火车站单排柱站台的建筑面积。

解：$S=30\times6\times1/2=90(\mathrm{m}^2)$

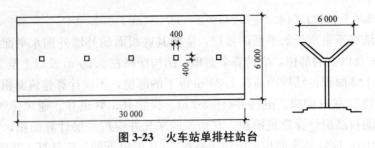

图 3-23 火车站单排柱站台

(24)以幕墙作为围护结构的建筑物,应按幕墙外边线计算建筑面积。

(25)建筑物的外墙外保温层,应按其保温材料的水平截面面积计算,并计入自然层建筑面积。

(26)与室内相通的变形缝,应按其自然层合并在建筑物建筑面积内计算。对于高低联跨的建筑物,当高低跨内部连通时,其变形缝应计算在低跨面积内。

【例 3-19】 计算如图 3-24 所示建筑物的建筑面积。

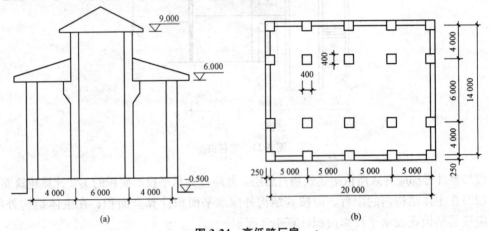

图 3-24 高低跨厂房
(a)高低联跨单层建筑剖面示意图;(b)高低联跨单层建筑平面示意图

解:按 $S=S_1+S_2+S_3$ 计算。

高跨: $S_1=(20.00+0.50)\times(6.00+0.40)=131.20(m^2)$

右低跨: $S_2=(20.00+0.50)\times(4.00+0.25-0.20)=83.03(m^2)$

左低跨: $S_3=(20.00+0.50)\times(4.00+0.25-0.20)=83.03(m^2)$

$S=S_1+S_2+S_3=131.20+83.03\times2=297.26\approx297(m^2)$

(27)对于建筑物内的设备层、管道层、避难层等有结构层的楼层,结构层高在 2.20 m 及以上的,应计算全面积;结构层高在 2.20 m 以下的,应计算 1/2 面积。

(28)下列项目不应计算建筑面积:

1)与建筑物内不相连通的建筑部件。

2)骑楼、过街楼底层的开放公共空间和建筑物通道。

3)舞台及后台悬挂幕布和布景的天桥、挑台等。

4)露台、露天游泳池、花架、屋顶的水箱及装饰性结构构件。

5)建筑物内的操作平台、上料平台、安装箱和罐体的平台。

6)勒脚、附墙柱、垛、台阶、墙面抹灰、装饰面、镶贴块料面层、装饰性幕墙,主体结构外的空调室外机搁板(箱)、构件、配件，挑出宽度在2.10 m以下的无柱雨篷和顶盖高度达到或超过两个楼层的无柱雨篷。

7)窗台与室内地面高差在0.45 m以下且结构净高在2.10 m以下的凸(飘)窗，窗台与室内地面高差在0.45 m及以上的凸(飘)窗。

8)室外爬梯、室外专用消防钢楼梯。

9)无围护结构的观光电梯。

10)建筑物以外的地下人防通道，独立的烟囱、烟道、地沟、油(水)罐、气柜、水塔、贮油(水)池、贮仓、栈桥等构筑物。

模块小结

本模块详细介绍了建筑面积的概念与意义，介绍了单层及多层建筑面积的计算规则，介绍了不计算建筑面积的范围。通过学习，学生应能正确理解单层及多层建筑面积的计算规则，能正确计算单层及多层建筑物的建筑面积。

思考与练习

1. 凸出墙外的门斗_____计算建筑面积。
2. 封闭式阳台_____计算建筑面积。
3. 建筑物内的门厅、大厅，其建筑面积按_____计算。
4. 在高低联跨的单层建筑中，当由于结构原因需分别计算面积时，若高跨在中跨，则高跨建筑面积按_____。
5. 某住宅楼底层平面图如图1所示。已知内、外墙墙厚均为240 mm，房屋层高为2.9 m，设有悬挑雨篷及非封闭阳台，试计算住宅底层建筑面积。

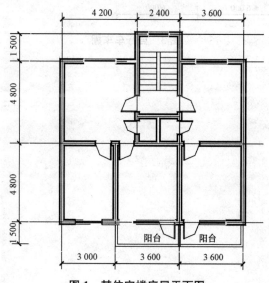

图1 某住宅楼底层平面图

6. 建筑物平面图如图2所示,计算 $L_{中}$、$L_{外}$、$L_{内}$、$S_{底}$、$S_{房}$ 等基数。

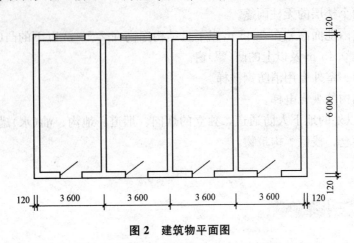

图 2 建筑物平面图

同时,计算以下建筑面积:
(1) 当 $H=3.0$ m 时建筑物的建筑面积。
(2) 当 $H=2.0$ m 时建筑物的建筑面积。

7. 计算图3自行车车棚的建筑面积。

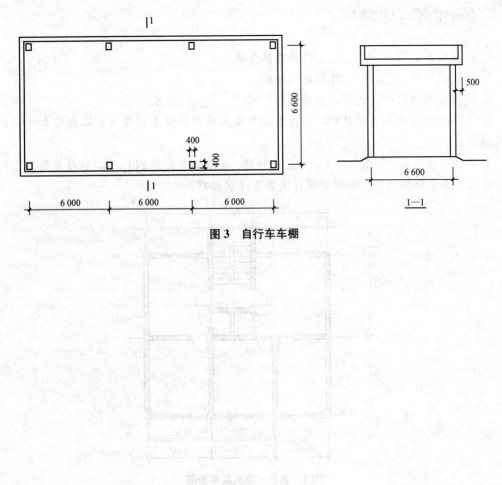

图 3 自行车车棚

模块四　建筑工程施工图预算书编制

学习目标

1. 熟悉施工图预算的作用。
2. 掌握施工图预算的编制依据和编制步骤。
3. 熟悉施工图预算的内容和编制方法。
4. 熟悉土石方、桩基、钢筋混凝土、砖砌体、屋面防水、外墙保温等相关内容。
5. 掌握土石方、桩基、钢筋混凝土、砖砌体、屋面防水、外墙保温等工程量计算规则。
6. 会熟练计算土石方、桩基、钢筋混凝土、砖砌体、屋面防水、外墙保温等工程量。
7. 准确套取定额，计算各项的人工费、材料费、机械费。

项目一　施工图预算概述

一、施工图预算的概念

施工图预算是根据施工图、设计文件资料和施工组织设计，以及国家颁布的预算定额、取费标准和预算编制办法，按当地、当时的人工、材料、机械台班的实际价格编制的建筑安装工程造价的经济文件。

施工图预算是反映工程建设项目所需的人力、物力、财力及全部费用的文件，是施工图设计文件的重要组成部分。

二、施工图预算的分类

1. 按建设项目组成分类

(1)单位工程施工图预算。
(2)单项工程综合预算。
(3)建设项目总预算。

2. 按建设项目费用组成分类

(1)建筑工程预算。
(2)设备安装工程预算。
(3)设备购置预算。
(4)工程建设其他预算。

3. 按专业不同分类

(1)建筑工程预算。

(2)装饰装修工程预算。
(3)安装工程预算。
(4)市政工程预算。
(5)园林绿化工程预算。

三、施工图预算的作用

(1)施工图预算是确定单位建筑工程造价的依据。建筑工程由于体积庞大,结构复杂,形态多而难以制订统一的出厂价格,而必须依据各自的施工设计图纸,预算定额单价、取费标准(间接费定额)等分别计算各个建筑工程的预算造价。因此,建筑工程预算起着为建筑产品定价的作用。实行招标的工程,预算也是确定"标底价"的依据。

(2)施工图预算是编制年度建设项目计划的依据。按照国家工程建设管理制度的要求,年度基本建设计划必须根据审定后的建设预算进行编制。凡没有编好建设预算的工程项目,必须在开工前编出建设预算,否则不能列入年度基本建设计划。

(3)施工图预算是签订施工合同的依据。凡是发承包工程,建设单位与施工单位都必须以经审查后的施工图预算为依据签订施工合同。因为施工图预算所确定的工程造价,是建筑产品的出厂价格,双方为了各自的经济利益,应以施工图预算为准,明确责任,分工协作,互相制约,共同保证完成国家基本建设计划。

(4)施工图预算是建设银行办理工程贷(拨)款、结算和实行财政监督的依据。一个建设项目的各项工程用款,建设银行都是以经审查后的预算为依据进行贷(拨)款、结(决)算的,并监督建设单位和施工单位按工程的施工进度合理地使用建设资金。

(5)施工图预算是衡量设计标准和考核工程建设成本的依据。单位建筑工程施工图预算是以货币形式,综合反映工程项目设计标准和设计质量的经济价值数量。建设项目的施工图预算编制完毕后,就可以利用预算中的有关指标(如单位建筑面积造价指标、三大材料耗用指标、单位生产能力造价指标等)对设计的标准和质量进行经济分析和评价,从而达到衡量设计是否技术先进、经济合理的目的。经过审查批准的建筑工程预算是施工企业承担建设项目施工任务的经济收入凭证,又是考核企业经营管理水平的依据。施工企业以其工程价款收入抵补其施工活动中的资源消耗后还有盈余的,说明这个企业经济管理水平高;反之,则是经营管理水平低。施工企业为了增加盈余,就必须在预算造价范围内,努力改善经营管理,提高劳动生产率,降低各种消耗。因此,建筑工程预算是施工企业加强经济核算、支增收、考核工程建设成本的依据。

(6)施工图预算是施工企业编制施工计划和统计完成工作量的依据。施工企业对所承担的建设项目施工准备的各项计划(包括施工进度计划、材料供应计划、劳动力安排计划、机具调配计划、财务计划等)的编制,都是以批准的施工图预算为依据的。

四、施工图预算的编制依据

(1)设计图纸、说明书和有关标准图。施工图纸是计算工程量和进行预算列项的主要依据。预算部门与人员必须具有经业主、设计单位和承包商共同会审的全套施工图纸、设计说明书和上级更改通知单,以及经三方签章的图纸会审记录和有关标准图。

(2)预算定额及地区材料预算价格。预算定额是编制施工图预算时确定各分项工程单价,计算人工费、材料费和施工机具使用费,确定人工、材料和机械台班等消耗量的主要依据。预算定额中所规定的工程量计算规则、计量单位、分项工程内容及有关说明，都是编制施工图预算时计算工程量的依据。地区材料预算价格（包括材料市场价格信息）是计算材料费用、进行定额换算与补充不可缺少的依据。

(3)施工组织设计或施工方案。编制预算时，需要了解和掌握影响工程造价的各种因素，如土壤类别、地下水位标高、是否需要排水措施、土方开挖是采用人工还是机械施工，是否需要留工作面，是否需要放坡或支挡土板，余土或缺土的处置，地基是否需要处理，预制构件是采取工厂预制还是现场预制，预制构件的运输方式和运输距离，构件吊装的施工方法，采用何种吊装机械等。上述问题在施工组织设计或施工方案中一般都有明确的规定与要求，因此，经批准的施工组织设计或施工方案，是编制预算必不可少的依据。

(4)地区取费标准和有关动态调价文件，按当地规定的费率及有关文件进行计算。

(5)工程的承包合同（或协议书）、招标文件。

(6)最新市场材料价格（进行价差调整的重要依据）。

(7)预算工作手册。预算工作手册是将常用的数据、计算公式和系数等资料汇编成手册以便查用，可以加快工程量计算速度。

(8)有关部门批准的拟建工程概算文件。

五、施工图预算的内容

一般情况下，一份完整的单位工程施工图预算书应由下列内容组成：

(1)封面。封面主要反映工程概况。其内容一般有建设单位名称、工程名称、结构类型、结构层数、建筑面积、预算造价、单方造价、编制单位名称、编制人员、编制日期、审核人员、审核日期及预算书编号等。

(2)编制说明。编制说明主要是说明所编预算在预算表中无法表达，而又需要使审核单位（或人员）必须了解的相关内容。其内容一般包括：编制依据、预算所包括的工程范围，施工现场（如土质、标高）与施工图纸说明不符的情况，对业主提供的材料与半成品预算价格的处理，施工图纸的重大修改，对施工图纸说明不明确之处的处理，深基础的特殊处理，特殊项目及特殊材料补充单价的编制依据与计算说明，经业主与承包商双方同意编入预算的项目说明，未定事项及其他应予以说明的问题等。

(3)费用汇总表。费用汇总表是指组成单位工程预算造价更新费用计算的汇总表。其内容包括人工费、材料费、施工机具使用费、企业管理费、规费、材料价差调整、各项税金和其他费用。

(4)分部分项工程预算表。分部分项工程预算表是指各分部分项工程费用的计算表（有的含工料分析表），它是施工图预算书的主要组成部分。其内容包括定额编号、分部分项工程名称、计量单位、工程数量、预算单价及合价等。有些地区还将人工费、材料费和机械费在本表中同时列出，以便汇总后计算其他各项费用。

(5)工料分析表。工料分析表是指分部分项工程所需人工、材料和机械台班消耗量的分析计算表。此表一般与分部分项工程表结合在一起，其内容除与分部分项工程预算表的内容相同外，还应列出各分项工程的预算定额工料消耗量指标和计算出相应的工料消耗数量。

(6)材料汇总表。材料汇总表是指单位工程所需的材料汇总表。其内容包括材料名称、规格、单位、数量等。

六、施工图预算的编制方法

施工图预算的编制方法有单价法和实物法两种。

1. 单价法

单价法是指对于某单项工程，应根据工程所在地区统一单位估价表中的各分项工程统合单价(或预算定额基价)，乘以该工程与之对应的各分项工程的工程数量并汇总，即得该单项工程的各个单位工程人工费、材料费和机械费；再以某一单位工程的人工费、材料费和机械费之和(或人工费)为基数，乘以企业管理费、利润和税金等的费率，分别求出所取单位工程的企业管理费、利润和税金，将以上各项内容汇总即可得到该单位工程的施工图预算。同理，可得该单项工程的其他单位工程施工图预算。将各单位工程的施工图预算汇总，即得该单项工程综合施工图预算，其具体步骤如下：

(1) 收集编制预算的基础文件和资料。在编制施工图预算书之前，应首先搜集各种依据资料，施工图预算的主要依据资料包括施工图设计文件、施工组织设计文件、设计概算文件、建筑安装工程消耗量定额、建筑工程费用定额、工程承包合同文件、材料预算价格及设备预算价格表、人工和机械台班单价，以及预算工作手册等文件和资料。

(2) 熟悉施工图设计文件。施工图纸是编制单位工程预算的基础。在编制工程预算之前，必须结合"图纸会审纪要"，对工程结构、建筑做法、材料品种及其规格质量、设计尺寸等进行充分熟悉和详细审查。如发现问题，预算人员有责任及时向设计部门和设计人员提出修改意见，其处理结果应取得设计签认，作为编制预算的依据。当遇到设计图纸和说明书的规定与消耗量定额规定不同时，要详细记录下来，以便编制施工图预算书时进行调整和补充。

(3) 熟悉施工组织设计和施工现场情况。施工组织设计是由施工单位根据工程特点、建筑工地的现场情况等各种有关条件编制的，与施工图预算的编制有密切关系。预算人员必须熟悉施工组织设计，对分部分项工程施工方案和施工方法、预制构件的加工方法、运输方式和运距、大型预制构件的安装方案和起重机选样、脚手架形式和安装方法、生产设备订货和运输方式等与编制预算有关的内容都应该了解清楚。

预算人员还必须掌握施工现场的实际情况，例如，场地平整状况，土方开挖和基础施工状况，工程地质和水文地质状况，主要建筑材料、构(配)件和制品的供应状况，以及施工方法和技术组织措施的实施状况。这对单位工程预算的准确性影响很大。

(4) 划分工程项目与计算工程量。工程项目的划分主要取决于施工图纸的要求、施工组织设计所采用的方法和消耗量定额规定的工程内容。一般情况下，项目内容、排列顺序和计量单位均应与消耗量定额一致。这样，不仅能够避免重复和漏项，也有利于选套消耗量定额和确定分项工程单价。正确计算工程量：工程量计算一般采均表格形式，即根据划分的工程项目，按照相应工程量计算规则，逐个计算出各个分项工程的工程量。

(5) 套用预算定额单价。工程量计算完毕并核对无误后，用所得到分部分项工程量与单位估价表中相应的定额基价相乘后汇总，便可求出单位工程的人工费、材料费和机械费。

(6) 编制工料分析表。根据各分部分项工程的实物工程量和建筑工程消耗量定额，计算出各分部分项需要的人工及材料数量，相加汇总便可得出单位工程所需的各类人工和材料的数量。

(7) 计算各项费用。按定额计价程序计算各项费用并汇总，计算出单位工程总造价。

(8)复核计算。

(9)编制说明、填写封面并装订。

2. 实物法

实物法是指对于某单项工程,应根据工程所在地区统一预算定额,先计算出该工程的各个分项工程的实物工程量,并分别套用预算定额,按类相加,求出各单位工程所需的各种人工、材料、施工机械台班的消耗量;再分别乘以当时当地各种人工、材料、施工机械台班的市场单价,求得各单位工程的人工费、材料费和施工机械使用费。各单位工程的企业管理费、利润和税金等费用的计算方法均与单价法相同,可得各单位工程的施工图预算。最后将各单位工程的施工图预算汇总即得该单项工程综合施工图预算。其具体步骤如下:

(1)收集编制预算的基础文件和资料。

(2)熟悉施工图设计文件。

(3)熟悉施工组织设计和施工现场情况。

(4)划分工程项目与计算工程量。

(5)套用建筑工程消耗量定额求出各分项人工、材料、机械台班消耗量。

工程量计算后,套用相应预算人工、材料、机械台班定额,求出各分项工程人工、材料、机械台班消耗量并汇总单位工程所需各类人工工日、材料、机械台班的消耗量。

(6)按当地当时的人工、材料、机械单价,汇总人工费、材料费和机械费。

(7)计算各项费用。

(8)复核计算。

(9)编制说明、填写封面并装订。

七、建筑工程工程量的计算

1. 工程量的概念

工程量是以物理计量单位或自然计量单位所表示的各分项工程或结构构件的实物数量。

物理计量单位是指需经量度的具有一定物理意义的计量单位,如 m、m^2、m^3、kg、t 等计量单位。10 m^3 混凝土就是以物理单位表示的混凝土工程量。

自然计量单位是指不需要量度的具有某种自然属性的计量单位,如套、个、台、座、组等计量单位。1 座水塔就是以自然计量单位表示的构筑物水塔工程量。

2. 工程量计算的要求

(1)必须按图纸计算。工程量计算时,应严格按照图纸所标注的尺寸进行计算,不得任意加大或缩小、任意增加或减少,以免影响工程量计算的准确性。图纸中的项目要认真反复清查,不得漏项和重复计算。

(2)必须按工程量计算规则进行计算。工程量计算规则是计算和确定各项消耗指标的基本依据,也是工程量计算的准绳。例如,1.5 砖墙的厚度,无论图纸怎么标注或称呼,都应以计算规则规定的 365 mm 进行计算。

(3)必须口径一致。施工图列出的工程项目(工程项目所包括的内容和范围)必须与计量规则中规定的相应工程项目相一致。计算工程量除必须熟悉施工图纸外,还必须熟悉计量规则中每个工程项目所包括的内容和范围。

(4)必须列出计算式。在列计算式时必须部位清楚,详细列项标出计算式,注明计算结构构件的所处部位和轴线，保留计算书，作为复查的依据。工程量的计算式应按一定的格式排列，如面积＝长×宽、体积＝长×宽×高。

(5)必须计算准确。工程量计算的精度将直接影响工程造价确定的精度，因此，数量计算要准确。工程量的精确度应保留有效位数：一般是按吨计量的保留三位，自然计量单位的保留整数，其余保留两位。

(6)必须计量单位一致。工程量的计量单位，必须与计量规则中规定的计量单位相一致，有时由于使用的计量规则不同、所采用的制作方法和施工要求不同，其工程量的计量单位是有区别的，应予以注意。

(7)必须注意计算顺序。为了计算时不遗漏项目，又不产生重复计算，应按照一定的顺序进行计算。

(8)力求分层分段计算。结合施工图纸尽量做到结构按楼层、内装修按楼层分房间、外装修按立面分施工层计算，或按要求分段计算，或按使用的材料不同分别计算。在计算工程量时，既可避免漏项，又可为编制施工组织设计提供数据。

(9)必须注意统筹计算。各个分项工程项目的施工顺序、相互位置及构造尺寸之间存在内在联系，要注意统筹计算顺序。例如，墙基沟槽挖土与基础垫层、砖墙基础与墙基防潮层、门窗与砖墙、与抹灰之间的相互关系。通过了解这种存在的相互关系，寻找简化计算过程的途径，以达到快速、高效的目的。

3. 工程量计算顺序

(1)单位工程工程量计算顺序。一个单位工程，其工程量计算顺序一般有以下几种：

1)按图纸顺序计算。根据图纸排列的先后顺序，由建施到结施；每个专业图纸由前到后，先算平面，后算立面，再算剖面；先算基本图，再算详图。用这种方法计算工程量要求对消耗量定额的章节内容要很熟，否则容易漏项。

2)按预算定额的分部分项顺序计算。按消耗量定额的章、节、子目次序，由前到后，定额项与图纸设计内容能对应的都计算。使用这种方法时，一要熟悉图纸；二要熟练掌握定额，适用初学者。

3)按施工顺序计算。按施工顺序计算工程量，即由平整场地、挖基础土方、钎探算起，直到装饰工程等全部施工内容结束为止。用这种方法计算工程量，要求编制人具有一定的施工经验，能掌握组织施工的全过程，并且要求对定额及图纸内容十分熟悉，否则容易漏项。

4)按统筹图计算。工程量运用统筹计算时，必须先行编制"工程量计算统筹图"和"工程量计算手册"。其目的是将定额中的项目、单位、计算公式以及计算次序，通过统筹安排后反映在统筹图上，既能看到整个工程计算的全貌及其重点，又能看到每一个具体项目的计算方法和前后关系。编好工程量计算手册，并且将多次应用的一些数据，按照标准图册和一定的计算公式，先行算出，纳入手册中。这样可以避免临时进行复杂的计算，以缩短计算过程，做到一次计算，多次应用。

5)按预算软件程序计算。计算机计算工程量的优点是快速、准确、简便、完整。造价人员必须掌握预算软件。

6)管线工程一般按下列顺序进行。水、电、暖工程管道和线路系统是有来龙去脉的。计算时，应由进户管线开始，沿着管线的走向，先主管线，后支管线，最后设备，依次进行计算。

(2)分项工程量计算顺序。在同一分项工程内部各个组成部分之间,为了防止重复计算或漏算,也应该遵循一定的计算顺序。分项工程工程量计算通常采用以下四种不同的顺序。

1)按照顺时针方向计算。从施工图纸左上角开始,自左至右,然后由上而下,再重新回到施工图纸左上角的计算顺序。例如,外墙挖沟槽土方量、外墙条形基础垫层工程量、外墙条形基础工程量、外墙墙体工程量。

2)按照横竖分割计算。先横后竖、先左后右、先上后下的计算顺序。在横向采用先左后右、从上到下;在竖向采用先上后下、从左到右。例如,内墙挖沟槽土方量、内墙条形基础垫层工程量、内墙墙体工程量。

3)按照图纸分项编号计算。主要用于图纸上进行分类编号的钢筋混凝土结构、门窗、钢筋等构件工程量的计算。

4)按照图纸轴线编号计算。对于造型或结构复杂的工程,可以根据施工图纸轴线变化确定工程量计算顺序。

4. 工程量计算的方法和步骤

(1)工程量计算的方法。在建筑工程中,工程量计算的原则是"先分后合,先零后整"。分别计算工程量后,如果各部分均套用同一定额,可以合并套用。例如,某工程柱子用 $\phi 25$ 钢筋、梁用 $\phi 25$ 钢筋,在计算钢筋工程量时,可以分别计算,合并套用定额。

工程量计算的一般方法有分段法、分层法、分块法、补加补减法、平衡法或近似法。

1)分段法。如果基础断面不同,所有基础垫层和基础等都应分段计算。

2)分层法。如遇有多层建筑物的各楼层建筑面积不等,或者各层的墙厚及砂浆强度等级不同,要分层计算。

3)分块法。如果楼地面、顶棚、墙面抹灰等有多种构造和做法,应分别计算。即先计算小块,然后在总面积中减去这些小块面积,得最大的一块面积。

4)补加补减法。如果每层墙体都一样,只是项目多一隔墙,可按每层都有(无)这一隔墙计算,然后在其他层补减(补加)这一隔墙。

5)平衡法或近似法。当工程量不大或计算复杂难以计算时,可采用平衡抵消或近似计算的方法。如复杂地形土方工程可以采用近似法计算。

(2)工程量计算的步骤。工程量计算的步骤,大体上可分为熟悉图纸、基数计算、计算分项工程量、计算其他不能用基数计算的项目、整理与汇总五个步骤。

在掌握了基础资料,熟悉了图纸之后,不要急于计算,应该先把在计算工程中需要的数据统计并计算出来,其内容包括以下几个方面:

1)计算基数。所谓基数,是指在工程量计算中需要反复使用的基本数据。常用的基数有"四线""两面"。

2)编制统计表。所谓统计表,在土建工程中主要是指门窗洞口面积统计表和墙体构件体积统计表。另外,还应统计好各种预制构件的数量、体积以及所在的位置。

3)编制预制构件加工委托计划。为了不影响正常的施工进度,一般都需要把预制构件或订购计划提前编出来。这些工作多由预算员来做,需要注意的是,此项委托计划应把施工现场自己加工的、委托预制厂加工的或去厂家订购的分开编制,以满足施工的实际需要。

4)计算工程量。工程量要按照一定的顺序计算,根据各分项工程的相互关系统筹安排,既能保证不重复、不漏算,还能加快计算速度。

5)计算其他项目。不能用线面基数计算的其他项目工程量,如水槽、花台、阳台、台阶等,这些零星项目应分别计算,列入各章节内,要特别注意清点,防止漏算。

6)工程量整理、汇总。最后,按章节对工程量进行整理、汇总,核对无误,为套用定额做准备。

项目二 土石方工程计量计价

【引例】 某墙下条形基础平面图及断面图如图 4-1 所示,垫层为混凝土(自然地坪假设为室外地坪),试计算土方工程量,并套取定额计算人工费、材料费和机械费(土为二类土,采用人工开挖,土方外运 5 km)。

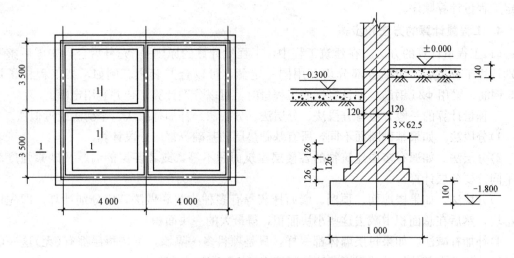

图 4-1 某墙下条形基础平面图及断面图

一、土石方工程定额相关说明

1. 土石方工程土壤及岩石类别的划分

土壤及岩石类别的划分,依据工程探测资料和土壤与岩石(普氏)分类表(表 4-1)对照后确定。土壤及岩石的类别关系到放坡的确定及定额的套用问题。

表 4-1 土壤及岩石(普氏)分类表(节选)

定额分类	普氏分类	土壤及岩石名称	天然湿度下平均堆积密度 kg/m³	极限压碎强度 kg/cm²	用轻钻孔机钻进 1 m min	开挖方法及工具	紧固系数 f
一、二类土壤	Ⅰ	砂	1 500	—	—	用尖锹开挖	0.5~0.6
		砂壤石	1 600				
		腐殖土	1 200				
		泥炭	600				

· 66 ·

续表

定额分类	普氏分类	土壤及岩石名称	天然湿度下平均堆积密度 kg/m³	极限压碎强度 kg/cm²	用轻钻孔机钻进 1 m min	开挖方法及工具	紧固系数 f
一、二类土壤	Ⅱ	轻壤土和黄土类土	1 600	—	—	用锹开挖并少数用镐开挖	0.6～0.8
		潮湿而松散的黄土，软的盐渍土和碱土	1 600				
		平均 15 mm 以内的松散而软的砾石	1 700				
		含有草根的密实腐殖土	1 400	—	—	用尖锹开挖并少数用镐开挖	0.6～0.8
		含有直径在 30 mm 以内根类的泥炭和腐殖土	1 100				
		掺有卵石、碎石和石屑的砂和腐殖土	1 650				
		含有卵石或碎石杂质的胶结成块的填土	1 750				
		含有卵石、碎石和建筑料杂质的砂壤土	1 900				
三类土壤	Ⅲ	肥黏土，其中包括石炭纪、侏罗纪的黏土和冰黏土	1 800	—	—	用尖锹并同时用镐和撬棍开挖(30%)	0.8～1.0
		重壤土、粗砾石、粒径为 15～40 mm 的碎石或卵石	1 750				
		干黄土和掺有碎石或卵石的自然含水率黄土	1 790				
		含有直径大于 30 mm 根类的腐殖土或泥炭	1 400				
		掺有碎石或卵石和建筑碎料的壤土	1 900				

2. 土壤的干湿

干、湿土的划分以地质勘测资料为准，含水率≥25%时为湿土。人工挖湿土时，乘以系数 1.18。

3. 土石方工程有关项目的划分

(1)土方工程。平整场地是指厚度在±30 cm 以内的就地挖、填、找平；超过上述范围的土石方，按挖土方和石方计算。

土方：挖土厚度在±30 cm 以上，坑底宽度在 3 m 以上及坑底面面积在 20 m² 以上的挖土为挖土方。

沟槽(图 4-2)：槽底宽度不大于 3 m，且槽长大于槽宽 3 倍的为沟槽。

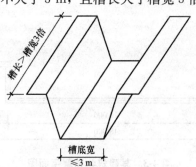

图 4-2 沟槽

地坑：底面面积在 20 m² 以内的挖土为地坑。

淤泥：是指在静水或缓慢的流水环境中沉积，并经生物化学作用形成的黏性土。

流砂：土方工程施工时，当土方挖到地下水位以下，有时地面和侧面的土形成流动状态，随着地下水一起涌出，这种现象就是流砂现象，这种砂称为流砂。

(2) 石方工程。

平基：沟槽底宽在 3 m 以外，坑底面面积在 20 m² 以外的为平基。

沟槽：沟槽底宽在 3 m 以内，且槽长大于槽宽 3 倍的为沟槽。

基坑：底面面积在 20 m² 以内的为基坑。

摊座：是指石方爆破后，设计要求对基底进行全面剔打，使其达到设计要求标高。

修正边坡：修正石方爆破的边坡，清理石渣。

(3) 挖沟槽、地坑、土方及挖流砂、淤泥项目中需要排水时，应另行计算。

(4) 人工石方、机械石方、爆破石方等工程，允许超挖范围内的石方数量计算在石方工程量内。允许超挖量：松石、次坚石为 200 mm，普坚石、特坚石为 150 mm。

二、土石方工程工程量计算规则

(1) 土方均以挖掘前的天然密实体积计算。

(2) 建筑物、构筑物及管道沟挖土按设计室外地坪以下以 m³ 计算。设计室外地坪以上的挖土按山坡切土计算。

(3) 平整场地工程量按建筑物（或构筑物）的底面面积计算，包括有基础的底层阳台面积。围墙按中心线每边各增加 1 m 计算。道路及室外管道沟不计算平整场地。

【引例解】 平整场地工程量为

$$S_\text{平} = (8.0+0.24) \times (7.0+0.24) = 59.66 (\text{m}^2)$$

【例 4-1】 试计算如图 4-3 所示某建筑物人工平整场地的工程量，墙厚均为 240 mm，轴线居中。

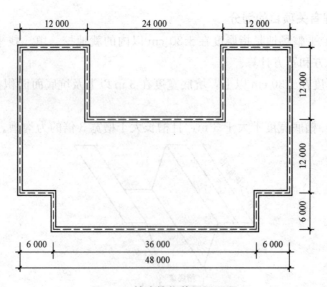

图 4-3 某建筑物首层平面图

解:$S_\text{平}=(48+0.24)\times(30+0.24)-[6\times6\times2+12\times(24-0.24)]=1\,101.66(\text{m}^2)$

(4)外墙沟槽长度按图示尺寸的中心线计算;内墙沟槽长度按图示尺寸的沟槽净长线计算。其突出部分应并入沟槽工程量内计算。

(5)挖槽深度按自然地坪(室外地坪)至槽底面计算(图4-4)。地下室墙基沟槽深度,是从地下室挖土底面计算至槽底。

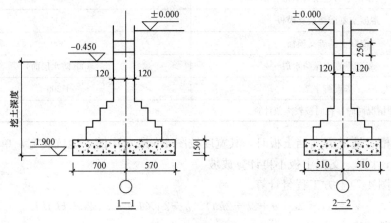

图4-4 挖土深度

(6)挖沟槽、地坑、土方需放坡者(图4-5),可按表4-2规定的放坡起点及放坡系数计算工程量。

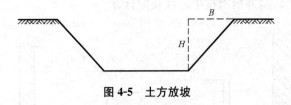

图4-5 土方放坡

表4-2 土方工程放坡系数表

土壤类别	放坡起点 /m	人工挖土	机械挖土	
			在坑内作业	在坑上作业
一、二类土	1.20	1:0.50	1:0.33	1:0.75
三类土	1.50	1:0.33	1:0.25	1:0.67
四类土	2.00	1:0.25	1:0.10	1:0.33

放坡起点:混凝土垫层由垫层底面开始放坡,灰土垫层由垫层上表面开始放坡,无垫层的由底面开始放坡。计算放坡时,在交接处的重复工程量不予扣除。因土质不好,地基处理采用挖土、换土时,其放坡点应从实际挖深开始。

放坡系数(k)的使用:人工挖三类土

$$H:B=1:0.33$$
$$B=0.33\times H$$

(7)在挖土方、槽、坑时,如遇不同土壤类别,应根据地质勘测资料分别计算。边坡放坡系数可根据各土壤类别及深度加权取定。

(8)基础工程施工中需要增加的工作面,可按表 4-3 计算。

表 4-3 基础施工所需工作面宽度计算表

基础材料	每边各增加工作面宽度/mm
砖基础	200
浆砌毛石、条石基础	300
混凝土基础垫层支模板	300
混凝土基础支模板	300
基础垂直面做防水层	800(防水层面)
搭设脚手架	1 200

注:以上多种情况同时存在时按较大值计算。

(9)挖沟槽、地坑需支挡土板时,其宽度按图 4-6 所示沟槽、地坑底宽,单面加 10 cm,双面加 20 cm 计算。支挡土板不再计算放坡。

1)地槽(图 4-7)土方工程量计算。

$$V=[(a+2c+a+2c+2kh)\times h\div 2]\times L=(a+2c+kh)hL$$

式中　a——基础底宽;
　　　c——工作面宽度,$c=0$、0.15 m、0.2 m、0.3 m、0.8 m;
　　　k——放坡系数;
　　　h——挖土深度;
　　　L——地槽长度,内外槽都按中心线长度计算。

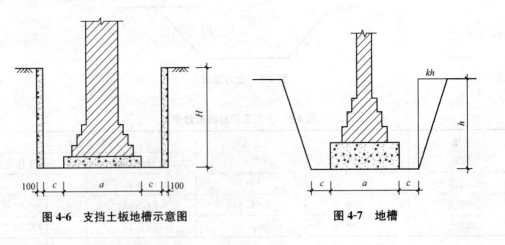

图 4-6　支挡土板地槽示意图　　　　图 4-7　地槽

2)地坑(图 4-8)土方工程量计算。

$$V=(a+2c+kh)(b+2c+kh)h+k^2h^3$$

式中　a——地坑或土方底面长度;
　　　b——地坑或土方底面宽度;
　　　c——工作面宽度;
　　　k——放坡系数;
　　　h——挖土深度。

【引例解】　沟槽挖土体积计算。

$a = 1.0$ m $\quad c = 0.3 \quad k = 0.5 \quad H = 1.5$ m

$L_{外} = (8.0 + 7.0) \times 2 = 30 \text{(m)}$

$L_{内} = (7.0 - 0.8 \times 2) + (4.0 - 0.8 \times 2) = 7.8 \text{(m)}$

$V = (a + 2c + kh)hL = (1.0 + 2 \times 0.3 + 0.5 \times 1.5) \times 1.5 \times (30 + 7.8) = 133.25 \text{(m}^3\text{)}$

(10)回填土按夯填或松填分别以 m³ 计算。

回填土体积等于挖土体积减去设计室外地坪以下埋设的砌筑物(包括基础、垫层等)的外形体积。

房心回填土按主墙间面积乘以回填土厚度以 m³ 计算。

(11)余土(或取土)外运体积＝挖土总体积－回填土总体积。

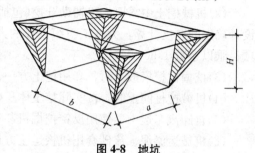

图 4-8 地坑

计算结果为正值时为余土外运体积，负值时为取土体积。土石方运输工程量按整个单位工程中外运和内运的土方量一并考虑。

【引例解】 回填土体积计算。

室外地坪以下埋设的基础体积＝21.32 m³，所以

$$V_{槽边回填土} = 133.25 - 21.32 = 111.93 \text{(m}^3\text{)}$$

室内净面积＝$(2-0.24) \times (7-0.24) + (2-0.24) \times (3.5-0.24) \times 2 = 49.94 \text{(m}^2\text{)}$

$$回填土厚度 = 0.3 - 0.14 = 0.16 \text{(m)}$$

$$V_{房心回填土} = 49.94 \times 0.16 = 7.99 \text{(m}^3\text{)}$$

$$V_{土方外运} = 133.25 - 111.93 - 7.99 = 13.33 \text{(m}^3\text{)}$$

(12)机械挖土方如在坑下挖土，计算机械上下行驶坡道土方工程量，按批准的施工组织设计计算。没有施工组织设计的可按土方工程量的 5% 计算，并入土方工程量。

(13)机械平整场地、原土碾压，按图示碾压面积以 m² 计算；填土碾压、2∶8 灰土碾压、天然级配砂石碾压，按图示尺寸以 m³ 计算。

(14)钎探工程量按槽底面面积以 m² 计算。

三、套定额说明

1. 人工土石方

(1)人工挖土方、挖沟槽、地坑项目深度为 6 m。超过 6 m 时，超过部分的土方量套用 6 m 以内项目乘以系数 1.25。

(2)人工挖淤泥、流砂深度超过 1.5 m 时，超过部分工程量按垂直深度每 1 m 折合成水平运距 7 m 计算，深度按坑底至地面的全高计算。

(3)在挡土板支撑下挖土方时，按实际挖土体积，人工乘以系数 1.41。

(4)人工挖桩间土方时，按实际挖土体积(扣除桩所占的体积)，人工乘以系数 1.50。

(5)回填灰土适用于地下室墙身外侧的回填、夯实。

2. 机械土石方

(1)推土机推土、推石渣，铲运机铲运土重车上坡时，如果坡度在 5% 以上，人力及人力车运土、石方上坡坡度在 15% 以上，其运距按坡度区段斜长乘以表 4-4 所列的系数计算。

表 4-4 系数表

项目	推土机、铲运机				人力及人力车
坡度/%	5～10	15 以内	20 以内	25 以内	15 以内
系数	1.75	2	2.25	2.5	5.00

(2)机械挖土中需要人工辅助开挖(包括切边、修正底边),人工挖土按批准的施工组织设计确定的厚度计算,无施工组织设计的人工挖土厚度按 30 cm 计算,套用人工挖土相应项目乘以系数 1.50。

(3)挖掘机挖松散土时,套用挖土方一、二类相应项目乘以系数 0.70。

(4)机械挖桩间土时,按实际挖土体积(扣除桩所占体积)相应项目乘以系数 1.50。

(5)自卸汽车运土,使用反铲挖掘机装车,自卸汽车运土台班数量乘以系数 1.10。

(6)机械运淤泥、流砂套用机械运土方相应项目乘以系数 1.50。

(7)灰土碾压适用于地基处理工程。

(8)挖掘机在垫板上进行作业时,人工、机械乘以系数 1.25,项目中不包括垫板铺设所需要的工料、机械消耗,发生时另行计算。

四、套定额计算人工费、材料费和机械费(表 4-5)

表 4-5 单位工程预算表

定额编号	项目名称	单位	工程量	单价	其中			合价/元	其中		
					人工费	材料费	机械费		人工费	材料费	机械费
A1-39	平整场地	100 m²	0.596 6	142.88	142.88			8 524.22	85.24		
A1-11	人工挖沟槽一、二类土,深度 2 m 以内	100 m³	1.332 5	1 529.38	1 529.38			2 037.89	2 037.89		
A1-41	回填土	100 m³	1.119 3	1 582.46	1 332.45		250.01	1 771.25	1 491.41		279.84
B1-1	房心回填土	100 m³	0.079 9	243.12	202.1	10	31.02	19.43	16.15	0.79	2.48
A1-150	装载机装土(斗容量 1 m³)	1 000 m³	0.133 2	2 289.16	271.19		2 017.97	305.15	36.15		268.10
A1-163	自卸汽车运土(载重 8 t),1 km 以内	1 000 m³	0.133 3	7 901.43			7 901.43	1 053.26			105.36
A1-164	20 km 以内增加	1 000 m³	0.133 3×4=0.533 3	2 103.76			2 103.76	1 121.94			1 121.94
A1-241	机械钎探	100 m²		345.22	197.4	25.57	122.25				

项目三 桩基工程计量计价

【引例】 某单位工程采用人工成孔(三类土)灌注混凝土桩,桩身为 C25 预拌混凝土,共 10 根,桩身有效长度为 8 m,其中入岩深度(中等风化岩)为 0.6 m,设计桩径为 800 mm(保护层厚 30 mm),护壁厚度为 100 mm,护壁混凝土为 C20 预拌混凝土,预拌混凝土不考虑泵送。根据上述条件计算人工成孔灌注混凝土桩工程量。

一、桩基础工程定额相关说明

(1)本项目适用于一般工业与民用建筑工程的桩基及基坑支护、地基处理工程,不适用于水工建筑、公路桥梁工程。

(2)本项目打、压预制管桩项目均未包括接桩,接桩按设计要求另套相应项目。

(3)单位工程打桩或灌注桩成孔工程量在表4-6规定数量以内时,其人工、机械按相应项目乘以系数1.25。

表4-6 单位工程打(灌注)桩工程量

项目	单位工程的工程量
钢筋混凝土管桩	300 m
钢筋混凝土板桩	50 m³
各类灌注桩	80 m³

(4)焊接桩接头钢材用量设计与项目不同时,可按设计用量换算。

(5)试验桩(含锚桩)按相应项目的人工、机械乘以系数2.0计算。

(6)打桩、成孔桩间净距小于4倍桩径(桩边长)的,项目中的人工、机械乘以系数1.13。

(7)本项目以打预制垂直桩为准,如打斜桩,斜度在1:6以内者,项目人工、机械乘以系数1.20,如斜度大于1:6者,项目人工、机械乘以系数1.30。

(8)人工成孔是按孔深10 m以内考虑的,孔深超过10 m时,人工、机械乘以系数1.50。

(9)人工挖孔灌注桩成孔,如遇地下水,其处理费用按实计取。

(10)人工成孔,桩径小于1 200 mm(包括1 200 mm)时人工、机械乘以系数1.20。

(11)在桩间补桩或强夯后的地基打桩时,按项目人工、机械乘以系数1.15。

(12)打送桩时,按打、压桩相应项目人工、机械乘以表4-7规定的系数计算。

表4-7 打送桩深度系数表

送桩深度	2 m以内	4 m以内	4 m以上
系数	1.25	1.43	1.67

(13)人工成孔及机械成孔时,如遇岩石层,其入岩工程量单独计算。强风化岩不作入岩处理;中等风化岩套用入岩增加费相应项目;微风化岩按入岩增加费相应项目乘以系数1.20。岩石风化程度见表4-8。

表4-8 岩石风化程度表

风化程度	特征
微风化	岩石新鲜,表面稍有风化迹象
中等风化	(1)结构和构造层清晰。 (2)岩体被节理、裂隙分割成块状(20~50 cm),裂隙中填充少量风化物,锤击声脆,且不易击碎。 (3)用镐难挖掘,用岩心钻方可钻进
强风化	(1)结构和构造层理不甚清晰,矿物成分已显著变化。 (2)岩体被节理、裂隙分割成块状(2~20 cm),碎石用手可折断。 (3)用镐可以挖掘,手摇钻不易钻进

(14)混凝土护壁模板按本定额模板工程相应项目计算。

(15)灌注桩预拌混凝土需要泵送时,其泵送费用按本定额混凝土及钢筋混凝土工程相应项目计算。

(16)喷射混凝土支护钢筋按本定额混凝土及钢筋混凝土工程相应项目计算。

(17)护坡桩的腰带连系梁及压顶按本定额混凝土及钢筋混凝土工程相应项目计算。

二、桩基工程工程量计算规则

(1)打预制钢筋混凝土桩(图 4-9):按设计桩长(包括桩尖)以延长米计算。如管桩的空心部分按设计要求灌注混凝土或其他填充材料时,应另行计算。

(2)灌注桩芯混凝土工程量:按设计桩长与加灌长度之和乘以设计图示断面面积以 m^3 计算,加灌长度设计有规定的,按设计规定;设计无规定的,按 0.25 m 计算。

图 4-9 预制管桩

(3)送桩(图 4-10):按送桩长度以延长米计算(即打桩架底至桩顶面高度或自桩顶面至自然地坪面另加 0.5 m 计算)。送桩后孔洞如需回填,按"A.1 土石方工程"相应项目计算。

$$送桩量 = H \text{ 或 } h + 0.5$$

(4)接桩:电焊接桩(图 4-11)按设计接头以个计算。

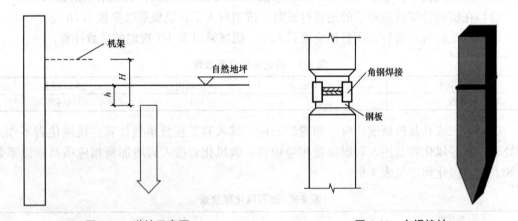

图 4-10 送桩示意图　　　　图 4-11 电焊接桩

(5)钻孔灌注混凝土桩按下列规定计算:

1)钻孔按实钻孔深以 m 计算,灌注混凝土按设计桩长(包括桩尖,不扣除桩尖虚体积)与超灌长度之和乘以设计桩断面面积以 m^3 计算。超灌长度设计有规定的,按设计规定;设计无规定的,按 0.25 m 计算。

2)泥浆运输按成孔体积以 m^3 计算。

3)注浆管按打桩前的自然地坪标高至设计底标高的长度另加 0.25 m 计算。

4)注浆按设计注入水泥用量计算。

(6)人工挖孔混凝土桩按下列规定计算:

1)挖土按实挖体积以 m^3 计算。
2)护壁混凝土按设计图示尺寸以 m^3 计算。
3)扩大头如需锚杆支护,应另行计算。
4)人工挖孔混凝土桩从桩承台以下,按设计图示尺寸以 m^3 计算。

【引例解】 桩身工程包括成孔、入岩、混凝土灌注、护壁混凝土。

人工成孔:$V = 10 \times 3.14 \times 0.5^2 \times (8-0.6) = 58.09(m^3)$

入岩增加:$V = 10 \times 3.14 \times 0.5^2 \times 0.6 = 4.71(m^3)$

灌注预拌混凝土:$V = 10 \times 3.14 \times 0.4^2 \times 8 = 40.192(m^3)$

预拌混凝土护壁:$V = 10 \times 3.14 \times (0.5^2 - 0.4^2) \times 8 = 22.608(m^3)$

(7)钢护筒的工程量按护筒的设计质量计算(护筒长度按施工规范或施工组织设计计算)。设计质量为加工后的成品质量。设计无明确规定时,可参考表4-9的质量进行计算。

表4-9 计算表

桩径/cm	60	80	100	120	150
每米护筒质量/(kg·m^{-1})	112.29	136.94	167.00	231.39	280.10

(8)钢筋笼制作按图示尺寸及施工规范以"t"计算,接头数量按设计规定计算,设计图纸未作规定的,直径10 mm以内按每12 m一个接头;直径10 mm以上至25 mm以内按每10 m一个接头;直径25 mm以上按每9 m一个接头计算,搭接长度按规范及设计规定计算。钢筋笼安装区别不同长度按相应项目计算。

(9)锯桩头按个计算,凿桩头按剔除截断长度乘以桩截面面积以 m^3 计算。

三、套定额计算人工费、材料费和机械费(表4-10)

表4-10 单位工程预算表

定额编号	项目名称	单位	工程量	单价	其中			合价/元	其中		
					人工费	材料费	机械费		人工费	材料费	机械费
A2—21	人工成孔	10 m^3	5.809	958.25	646.34	38.5	273.41	5 566.47	3 754.59	223.65	1 588.24
A2—87	入岩增加费	10 m^3	0.471	3 494.17	2 003.33	85.25	1 405.59	1 645.75	943.57	40.15	662.03
A2—91	灌注混凝土人工成孔	10 m^3	4.019	3 385.52	721.8	2 235.58	428.14	13 606.40	2 900.91	8 984.8	1 720.69
A2—104	预拌混凝土护壁	10 m^3	2.261	4 106.75	1 603.8	2 485.31	17.64	9 284.8	3 626.19	5 619.28	39.88
A2—11	电焊接桩	10 个		997.39	277.8	98.63	620.96				
A2—6	压管桩400 mm以内	100 m		2 587.83	372.00	459.28	1 756.55				
A2—72	旋挖钻机成孔	10 m^3		1 975.40	269.4	139.29	1 566.71				
A2—105	钢护筒埋设	t		1 537.41	966.0	493.0	78.41				
A2—106	泥浆制作	10 m^3		182.17	102.00	45.00	35.17				
A2—107	泥浆运输	10 m^3		2 079.79	438.6		1 641.19				
A2—101	混凝土灌注(旋挖)	10 m^3		3 523.97	162.00	3 361.97					

项目四　混凝土及钢筋混凝土工程计量计价

一、混凝土及钢筋混凝土工程定额相关说明

(1)混凝土。

1)混凝土按现场搅拌混凝土、预拌混凝土分别列项。

2)预拌混凝土、现场搅拌混凝土的泵送按建筑物檐高套用相应泵送项目。

3)预拌混凝土的价格是运送到施工现场的价格。

4)成品大型预制构件和成品预应力构件套用"构件运输及安装工程"相应项目。

5)混凝土强度等级及粗集料最大粒径是按通常情况编制的，如设计要求不同，可以换算。

6)毛石混凝土带形基础和毛石混凝土独立基础，是按毛石占混凝土体积15%计算的，如设计要求不同，可以换算。

7)现浇钢筋混凝土柱、墙项目，均按规范规定综合了底部灌注1∶2水泥砂浆用量。

8)斜梁(板)是按坡度30°以内综合取定的。坡度在45°以内，按相应项目人工乘以系数1.05。坡度在60°以内，按相应项目人工乘以系数1.1。

9)明沟、散水、坡道、台阶等项目均为综合项目，包括挖土、填土、垫层、基层、沟壁及面层等全部工序，其模板套用"模板工程"相应项目。除混凝土台阶未包括面层抹面，其面层可按设计规定套用相应章节有关项目外，其余项目不予换算。散水、台阶垫层为3∶7灰土，如设计垫层与项目不同，可以换算。散水3∶7灰土垫层厚度是按150 mm编制的，如果设计厚度超过150 mm，超过部分套用《全国统一建筑装饰装修工程消耗量定额河北省消耗量定额》灰土垫层项目。

10)现浇框架、框架-剪力墙、剪力墙结构中混凝土条带厚度在100 mm以内按压顶相应项目套用，厚度在100 mm以上时按圈梁相应项目套用。

11)砌体墙根部素混凝土带套用圈梁相应项目。

(2)钢筋。

1)钢筋按现浇构件钢筋、预制构件钢筋、预应力钢筋分别列项。

2)钢筋接头：设计图纸已规定的按设计图纸计算；设计图纸未作规定的，焊接或绑扎的混凝土水平通长钢筋搭接，直径10 mm以内，按每12 m一个接头计算；直径10 mm以上至25 mm以内者，按10 m长一个接头计算；直径25 mm以上者，按9 m长一个接头计算。搭接长度按规范及设计规定计算。焊接或绑扎的混凝土竖向通长钢筋(指墙、柱的竖向钢筋)亦按以上规定计算，但层高小于规定接头间距的竖向钢筋接头，按每自然层一个计算。

3)固定钢筋的施工措施用筋，设计图纸有规定的，按设计规定计算；设计图纸未规定的，可参考表4-11计算。结算时按经批准的施工组织设计计算，并入钢筋工程量。

表4-11 构件措施用筋含量表　　　　　　　　kg/m³

序号	构件名称	含量
1	满堂基础	4.0
2	板、楼梯	2.0
3	阳台、雨篷、挑檐	3.0

4)钢筋是按绑扎和焊接综合考虑编制的,实际施工不同时,仍按项目规定计算;若设计规定钢筋搭接采用气压力焊、电渣压力焊、冷挤压钢筋接头、锥螺纹钢筋接头、直螺纹钢筋接头者按设计规定套用相应项目,同时不再计算钢筋的搭接量。直径16 mm以内接头,每个接头扣除电焊条0.11元,扣除人工费和机械费0.60元;直径22 mm以内接头,每个接头扣除电焊条0.50元,扣除人工费和机械费1.40元;直径22以外接头,每个接头扣除电焊条0.70元,扣除人工费和机械费1.95元。

5)预应力钢丝束、钢绞线所用的螺丝端杆、锚具、七孔板、穴模、承压板,其用量按实际用量进行调整。

6)冷拔钢丝按φ10内钢筋制安项目套用。

7)混凝土内植筋项目不包括植入的钢筋制安,植入的钢筋制安按相应钢筋制定项目计算。

(3)钢筋混凝土沉井适用于底面积大于5 m²的陆上明排水沉井工程。

二、混凝土及钢筋混凝土工程工程量计算规则

(1)混凝土及钢筋混凝土项目除另有规定者外,均按图示尺寸以构件的实体积计算,不扣除钢筋混凝土中的钢筋、预埋铁件、螺栓所占的体积。用型钢代替钢筋骨架时,按设计图纸用量每吨扣减0.1 m³混凝土体积。

(2)现浇混凝土及钢筋混凝土墙、板等构件,均不扣除孔洞面积在0.3 m²以内的混凝土体积,其预留孔工料亦不增加。面积超过0.3 m²的孔洞,应扣除孔洞所占的混凝土体积。

(3)现浇混凝土构件。

1)基础。

①带形基础(图4-12):不分有梁式与无梁式,分别按毛石混凝土、混凝土、钢筋混凝土基础计算。凡有梁式带形基础,其梁高(指基础扩大顶面至梁顶面的高)超过1.2 m时,其基础底板按带形基础计算,扩大顶面以上部分按混凝土墙项目计算。带形基础搭头如图4-13~图4-15所示。

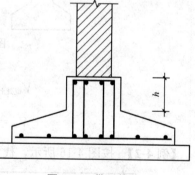

图4-12 带形基础

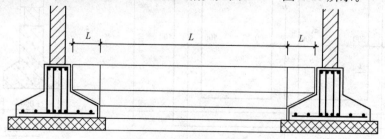

图4-13 带形基础搭头(一)

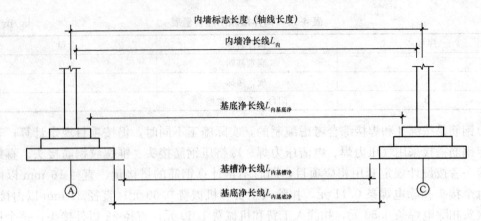

图 4-14 带形基础搭头(二)

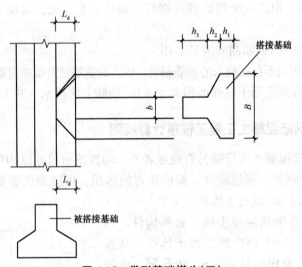

图 4-15 带形基础搭头(三)

$$V_{混凝土基} = \sum S_{基} \times L_{基} + \sum V_{搭}$$

$$V_{搭} = L_d \times \left(b \times h_3 + h_2 \times \frac{B+2b}{6}\right)$$

【例 4-2】 按图 4-16 所示，代入具体尺寸，计算带形混凝土基础的工程量。

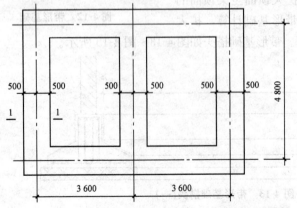 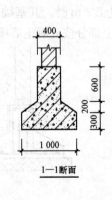

图 4-16 带形基础详图

解：外墙中心线：$L_{中}=24$ m

内墙基础之间净长度：$L_{内基底净}=3.8$ m

基础断面面积：

$S=0.6\times0.4+(1.0+0.4)/2\times0.2+1.0\times0.3$

$\quad=0.68(\text{m}^3)$

搭头体积：

$V_{搭}=(1.0-0.4)/2\times\{0.6\times0.4+[(1.0+2\times0.4)/6]\times0.2\}$

$\quad=0.3\times(0.24+0.3\times0.2)$

$\quad=0.09(\text{m}^3)$

带形基础工程量：

$$V_3=(24+3.8)\times0.68+2\times0.09=19.10(\text{m}^3)$$

②独立基础（图 4-17）：应分别按毛石混凝土和混凝土独立基础，以设计图示尺寸的实体积计算，其高度从垫层上表面算至柱基上表面。现浇独立柱基与柱的划分：一个高度为相邻下一个高度两倍以内者为柱基，两倍以上者为柱身，套用相应柱的项目。

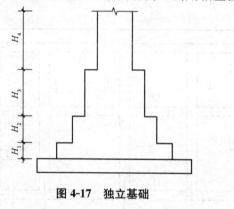

图 4-17 独立基础

③杯形基础（图 4-18）：杯形基础连接预制柱的杯口底面至基础扩大顶面（H）高度在 0.50 m 以内的按杯形基础项目计算，在 0.50 m 以上 H 部分按现浇柱项目计算；其余部分套用杯形基础项目。

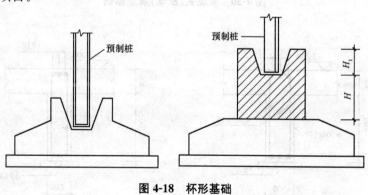

图 4-18 杯形基础

④满堂基础（图 4-19）：不分有梁式与无梁式，均按满堂基础项目计算。满堂基础有扩大或角锥形柱墩时，应并入满堂基础内计算。满堂基础梁高超过 1.2 m 时，底板按满堂基

础项目计算，梁按混凝土墙项目计算。箱式满堂基础应分别按满堂基础、柱、墙、梁、板的有关规定计算。

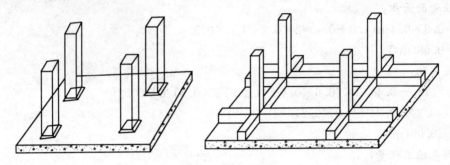

图 4-19 满堂基础

【例 4-3】 如图 4-20、图 4-21 所示的有梁式(反梁)满堂基础，二类工程，四类土，室外设计地坪标高为 −0.900 m。请计算基础混凝土工程量。

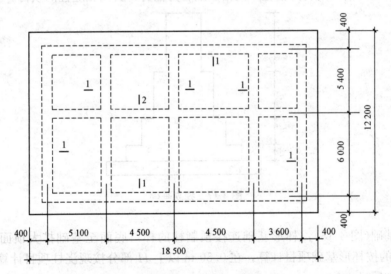

图 4-20 有梁式(反梁)满堂基础

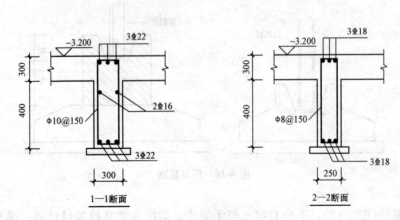

图 4-21 满堂基础详图

解：

$V = 0.3 \times 18.5 \times 12.2 + 0.3 \times 0.4 \times [(5.1 + 4.5 \times 2 + 3.6 + 11.4) \times 2 + (11.4 - 0.3) \times 3] + 0.25 \times 0.3 \times (17.7 - 0.3 \times 4) = 79.93 (\text{m}^3)$

⑤桩承台：应分别按带形和独立桩承台计算。满堂式桩承台按满堂基础相应项目计算。

【例 4-4】 计算图 4-22 所示桩基承台基础的混凝土工程量(30 个)。

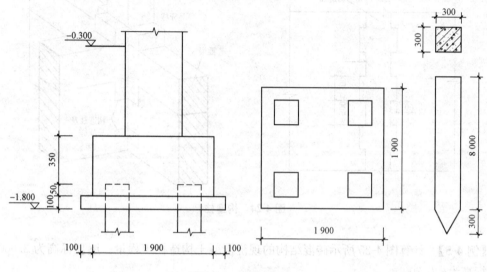

图 4-22 桩承台基础

解： $V_{\text{承台}} = 1.9 \times 1.9 \times (0.35 + 0.05) \times 30 = 43.32 (\text{m}^3)$

2)柱(图 4-23)。

①按图示尺寸以实体积计算工程量。柱高按柱基上表面或楼板上表面至柱顶上表面的高度计算。但无梁楼板的柱高，应自柱基上表面或楼板上表面至柱头(帽)的下表面的高度计算。依附于柱上的牛腿应并入柱身体积内计算。

但无梁楼板的柱高，应自柱基上表面或楼板上表面至柱头(帽)下表面的高度计算。

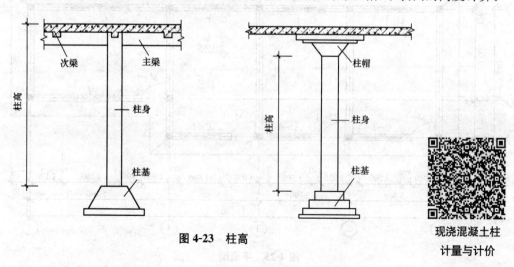

图 4-23 柱高

现浇混凝土柱
计量与计价

②构造柱(图 4-24)按图示尺寸计算实体积，包括与砖墙咬接部分的体积，其高度应自

柱基上表面至柱顶面的高度计算。现浇女儿墙柱，套用构造柱项目。

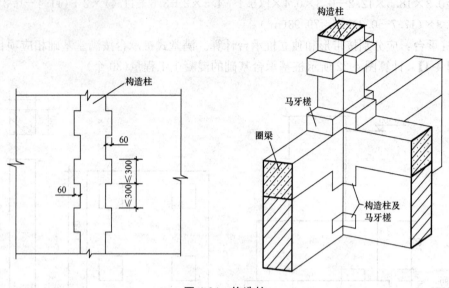

图 4-24 构造柱

【例 4-5】 计算图 4-25 所示砖混结构的现浇混凝土构造柱工程量。屋顶标高为 3.600 m，基顶标高为 −0.300 m。

解： 由图 4-25 可知，该建筑物共有构造柱 11 根，若考虑有马牙槎，则 L 形有 5 根，T 形有 6 根。构造柱计算高度为

$$H = 0.3 + 3.6 = 3.9 (m)$$

构造柱工程量为

$$V = [0.24 \times 0.3 \times 5 + (0.24 \times 0.3 + 0.24 \times 0.03) \times 6] \times 3.9 = 3.26 (m^3)$$

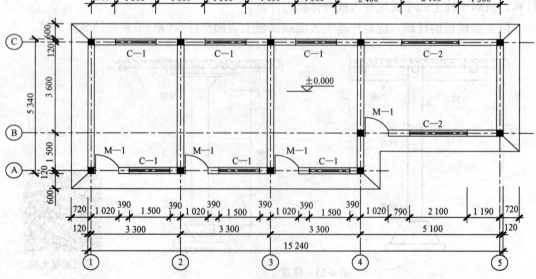

图 4-25 平面图

③圆形及正多边形柱按图示尺寸以实体积计算。
④空心砌块内的混凝土芯柱，按实灌体积计算，套用构造柱项目。
3)梁(图 4-26)。

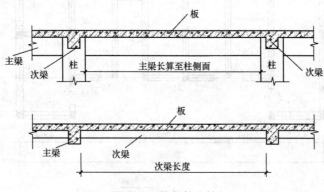

图 4-26　梁与柱交接

基础梁：凡在柱基础之间承受墙身荷载而下部无其他承托者为基础梁。

梁按图示断面尺寸乘以梁长以 m³ 计算。各种梁的长度按下列规定计算：

梁与柱交接时，梁长算至柱侧面。次梁与主梁交接时，次梁长度算至主梁侧面，伸入墙内的梁头或梁垫体积应并入梁的体积内计算。

圈梁通过门窗洞口时，可按门窗洞口宽度两端共加 50 cm 并按过梁项目计算，其他按圈梁计算。圆形圈梁、地圈梁以及砌块墙中的混凝土水平带均套用圈梁项目。

叠合梁应按设计图示的二次浇灌部分的实体积计算。

【例 4-6】 如图 4-27 所示，计算现浇 C20 构造柱、圈梁、过梁混凝土工程量。

C—1 为 1 500 mm×1 500 mm；C—2 为 1 800 mm×1 700 mm；M—1 为 900 mm×2 100 mm；M—2 为 1 000 mm×2 400 mm。

构造柱：240 mm×240 mm(无槎)。

门过梁：采用平砌砖过梁。

窗过梁：混凝土过梁，圈梁替代过梁加钢筋 1ϕ14 窗顶未至圈过梁底部时，圈过梁向下加高至窗顶。

解：(1)长度。
$L_{中}=(27.9+6.9)\times2+1.8\times2=73.2(m)$
$L_{内240}=(5.1-0.24)\times6=29.16(m)$
$L_{内120}=4.8-0.24=4.56(m)$

(2)现浇 C20 构造柱。
$V=0.24\times0.24\times3.0\times28=4.84(m^3)$

(3)过梁(圈过梁合一，过梁为先)。
$V_{窗过梁}=0.24\times0.6\times(1.5+0.25\times2)\times5+0.24\times0.4\times(1.8+0.25\times2)\times6+$
$\qquad 0.24\times0.4\times(2.7-0.12\times2)=3(m^3)$
$V_{门过梁}=0.24\times0.2\times(0.9+0.25\times2)\times4+0.12\times0.2\times(0.9+0.25\times2)\times1+$
$\qquad 0.24\times0.2\times(1.0+0.25\times2)\times2=0.45(m^3)$
$V_{过梁}=3+0.45=3.45(m^3)$

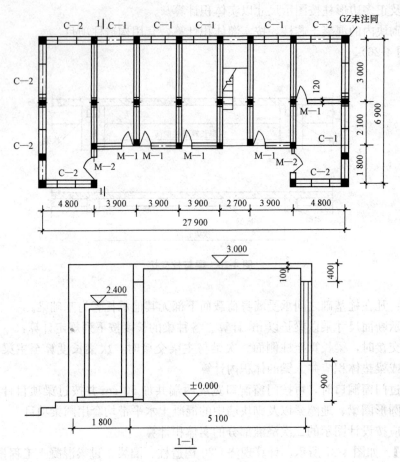

图 4-27 建筑平面、立面图

(4) 现浇混凝土圈梁。

$L_{GZ240} = 0.24 \times 27 = 6.48 \text{(m)}$

$V_{圈梁240} = 0.24 \times 0.4 \times [(73.2+29.16)-(6.48+26.26)] = 6.68 \text{(m}^3\text{)}$

$V_{圈梁120} = 0.12 \times 0.4 \times 4.56 = 0.22 \text{(m}^3\text{)}$

$V_{圈梁} = 6.68 + 0.22 = 6.90 \text{(m}^3\text{)}$

4) 墙。按图示墙长度乘以墙高及厚度以 m³ 计算。计算各种墙体积时,应扣除门窗洞口及 0.3 m² 以上的孔洞体积。墙垛及突出部分并入墙体积内计算。

5) 板。凡带有梁(包括主、次梁)的楼板,梁和板的工程量分别计算,板算至梁的侧面,梁、板分别套用相应项目。无梁板是指不带梁直接由柱支撑的板,无梁板体积按板与柱头(帽)的和计算。钢筋混凝土板伸入墙砌体内的板头应并入板体积内计算。钢筋混凝土板与钢筋混凝土墙交接时,板的工程量算至墙内侧,板中的预留孔洞在 0.3 m² 以内者不扣除。

叠合板是指在预制板上二次浇筑混凝土结构层面层,按平板项目计算。

现浇空心楼板执行现浇混凝土平板项目,扣除空心体积,人工乘以系数 1.1。管芯分不同直径按长度计算。

【例 4-7】 计算图 4-28 中平板混凝土工程量。板与圈梁整浇,L_1 为 200 mm×300 mm,墙厚 240 mm,轴线居中。

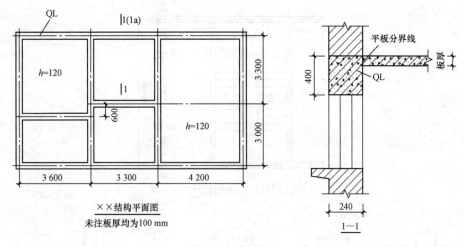

图 4-28 平板图

解：

$V_{120}=[(3.6-0.12\times2)\times(3.9-0.12\times2)+(4.2-0.12\times2)\times(6.3-0.12\times2)]\times0.12$
$\quad\quad =4.36(m^3)$

$V_{100}=[(3.6-0.12\times2)\times(2.4-0.12\times2)+(3.3-0.12\times2)\times(3.0-0.12\times2)+(3.3-0.12\times2)\times(3.3-0.12\times2)]\times0.1$
$\quad\quad =2.51(m^3)$

$V_{L1}=0.2\times0.3\times(3.3-0.24)=0.18(m^3)$

6) 其他。

①整体楼梯（图 4-29）（包括板式、单梁式或双梁式楼梯）、整体螺旋楼梯、柱式螺旋楼梯以设计图示尺寸的实体积计算。楼梯与楼板的划分以楼梯梁的外边缘为界，该楼梯梁已包括在楼梯体积内。伸入墙内部分的体积并入楼梯体积中。楼梯基础、室外楼梯的柱以及与地坪相连接的混凝土踏步等，项目内均未包括，应另行计算套用相应项目。

螺旋楼梯栏板、栏杆、扶手套用相应项目，其人工乘以系数 1.3，材料、机械乘以系数 1.1。

柱式螺旋楼梯扣除中心混凝土柱所占的面积。中间柱的工程量另按相应柱的项目计算，其人工及机械乘以系数 1.5。

②悬挑板（直形阳台、雨篷及弧形阳台）按图示尺寸以实体积计算。伸入墙内部分的梁及通过门窗口的过梁应合并，按过梁项目另行计算。阳台、雨篷如伸出墙外超过 1.50 m，梁、板分别计算，套用相应项目。阳台、雨篷四周外边沿的弯起，如其高度（指板上表面至弯起顶面）超过 6 cm，按全高计算套用栏板项目。

凹进墙内的阳台按现浇平板计算。

水平遮阳板按雨篷项目计算。

③挑檐天沟（图 4-30）按实体积计算。当与板（包括屋面板、楼板）连接时，以外墙身外边缘为分界线；当与圈梁（包括其他梁）连接时，以梁外边线为分界线。外墙外边缘以外或梁外边线以外为挑檐天沟。挑檐天沟壁高度在 40 cm 以内时，套用挑檐项目；挑檐天沟壁高度超过 40 cm 时，按全高计算套用栏板项目。混凝土飘窗板、空调板执行挑檐项目；如单体小于 0.05 m³，执行零星构件项目。

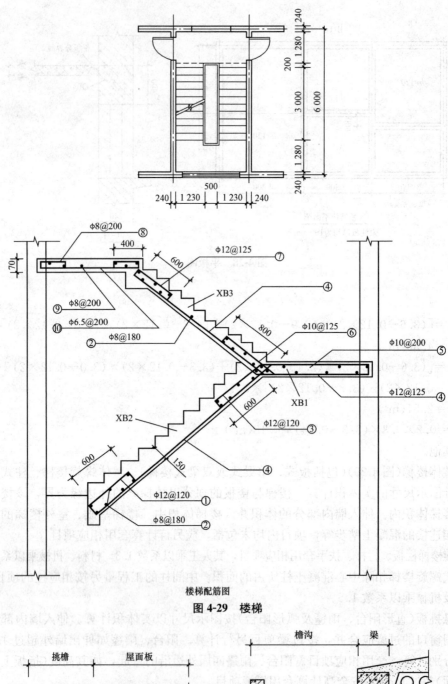

楼梯配筋图

图 4-29 楼梯

图 4-30 现浇挑檐天沟与板、梁划分

④栏板按实体积以 m³ 计算。

⑤散水按设计图示尺寸以 m² 计算,应扣除穿过散水的踏步、花台面积。

⑥防滑坡道按斜面积计算,坡道与台阶相连处,以台阶外围面积为界。与建筑物外门厅地面相连的混凝土斜坡道及块料面层按相应项目人工乘以系数 1.1 计算。

⑦台阶基层(包括踏步及最上一层踏步沿 300 mm)按水平投影面积计算。如图 4-31 所示,台阶的面积=$(0.3×4+2.1)×(0.3×2+1.0)-2.1×1.0=3.18(m^2)$。

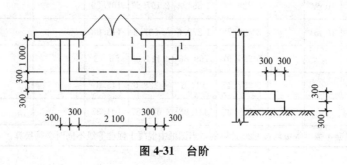

图 4-31 台阶

⑧明沟按设计图示尺寸以延长米计算。净空断面面积在 0.2 m² 以上的沟道,应分别按相应项目计算。

⑨零星构件适用于现浇混凝土扶手、柱式栏杆及其他未列项目且单件体积在 0.05 m³ 以内的小型构件,其工程量按实体积计算。

⑩混凝土后浇带按图示尺寸以实体积计算。

⑪泵送混凝土工程量按设计图示尺寸计算。

三、套定额计算人工费、材料费和机械费(表 4-12)

表 4-12 单位工程预算表   元

定额编号	项目名称	单位	工程量	单价	其中			合价	其中		
					人工费	材料费	机械费		人工费	材料费	机械费
A4—3	带形基础	10 m³	1.91	2 782.62	561.6	2 026.78	194.24	5 314.80	1 072.66	3 871.15	370.10
A4—7	满堂基础	10 m³	7.993	2 813.43	582	2 037.19	194.24	22 487.75	4 651.93	16 283.26	1 552.56
A4—9	独立桩承台	10 m³	4.332	2 806.91	595.8	2 016.87	194.24	12 159.53	2 581.01	8 737.08	841.45
A4—8	构造柱	10 m³	3.026	3 649.62	1 499.4	2 036.24	113.98	11 043.75	4 537.18	6 161.66	344.90
A4—24	过梁	10 m³	0.345	3 706.2	1 515.6	2 077.89	112.71	1 278.64	522.88	716.87	38.88
A4—23	圈梁	10 m³	0.69	3 498.43	1 399.2	2 030.05	69.18	2 413.92	965.45	1 400.73	47.73
A4—35	平板	10 m³	0.706	3 039.03	784.8	2 139.39	114.84	2 145.56	554.07	1 510.41	81.08
A4—21	单梁	10 m³	0.012	3 035.92	900.6	2 022.61	112.71	36.43	10.81	24.27	1.35
A4—66	台阶	100 m²	0.031 8	9 201.58	4 036.2	4 980.09	185.29	292.61	128.35	158.37	5.89
A4—63	防滑坡道	100 m²		9 868.23	5 292.0	4 426.67	149.56				
A4—61	散水	100 m²		6 924.9	3 444.6	3 377.92	102.38				
A4—53	压顶	10 m³		3 912.37	1 550.4	2 207.39	154.58				
A4—51	栏板	10 m³		3 563.1	1 309.8	2 098.72	154.58				
A4—50	挑檐天沟	10 m³		3 770.01	1 347.0	2 270.5	152.76				

续表

定额编号	项目名称	单位	工程量	单价	其中			合价	其中		
					人工费	材料费	机械费		人工费	材料费	机械费
A4-47	整体楼梯	10 m³		3 895.18	1 599.0	2 112.57	183.61				
A4-43	阳台	10 m³		3 704.75	1 381.2	2 164.75	158.8				
A4-45	雨篷	10 m³		3 729.26	1 364.4	2 197.57	167.29				
A4-6	矩形柱	10 m³		3 423.78	1 272.6	2 037.2	113.98				
A4-330	φ10内钢筋	t		5 299.97	799.86	4 444.39	55.72				
	φ20内钢筋	t		5 357.47	483.6	4 728.0	145.87				
	φ20以外钢筋	t		5 109.22	331.98	4 672.87	104.37				

注：表中各种混凝土强度等级均按C20计算的，当图纸中混凝土强度等级不同时必须换算。

四、钢筋工程工程量计算

1. 计算规则

钢筋工程量应区分不同钢筋类别、钢种和直径，分别以吨(t)计算其质量。

钢筋类别：现浇构件钢筋、预制构件钢筋、预应力钢筋(先张法预应力钢筋、后张法预应力钢筋)。

钢种：HPB300，HRB335。

钢筋直径：HPB300 钢筋为 4、6、6.5、8、10、12、14、16(mm)。

HRB335 钢筋为 12、14、16、18、20、22、25、28、30(mm)。

2. 计算公式

$$钢筋工程量 = 钢筋下料长度(m) \times 相应钢筋每米质量(kg/m)$$

式中，钢筋下料长度(m)＝构件图示尺寸－混凝土保护层厚度＋钢筋弯钩增加长度＋弯起钢筋弯起部分的增加长度－量度差(钢筋弯曲调整值)＋图中已经注明的搭接长度

(1)钢筋直径每米质量。

$$钢筋直径每米质量 = 7.85 \times 10^3 \times \frac{\pi}{4} \times d^2 \times 10^{-6} \times 1 = 0.006\ 17 d^2 (kg/m)$$

式中，d 的单位为 mm。

根据上式，可计算出每米钢筋的质量，见表 4-13。

表 4-13 钢筋直径每米质量表

钢筋直径/mm	4	6	6.5	8	10	12	14
每米质量/(kg·m⁻¹)	0.099	0.222	0.261	0.395	0.617	0.888	1.209
钢筋直径/mm	16	18	20	22	25	28	30
每米质量/(kg·m⁻¹)	1.580	1.999	2.468	2.986	3.856	4.837	5.553

(2)保护层最小厚度见表 4-14。

表 4-14　受力钢筋的混凝土保护层最小厚度　　　　　　　　　　　mm

环境类别		墙(板)			梁			柱		
		≤C20	C25~C45	≥C50	≤C20	C25~C45	≥C50	≤C20	C25~C45	≥C50
一		20	15	15	30	25	25	30	30	30
二	a	—	20	20	—	30	30	—	30	30
	b	—	25	20	—	35	30	—	35	30
三		—	30	25	—	40	35	—	40	35

(3)钢筋弯钩增加长度。

1)含义——钢筋弯钩增加长度是指为增加钢筋和混凝土的握裹力,在钢筋端部做弯钩时,弯钩相对于钢筋平直部分外包尺寸增加的长度。

2)弯钩形式——弯钩弯曲的角度常有 90°[图 4-32(a)]、135°和 180°三种。一般地,HPB300 级钢筋端部按带 180°弯钩考虑,若无特别的图示说明,HRB335 级钢筋端部按不带弯钩考虑。45°弯钩如图 4-32(b)所示。

钢筋钩头弯后平直部分的长度,一般为钢筋直径的 3 倍。

一个 HPB300(HRB335)级钢筋弯钩增加长度(钢筋直径 d)见表 4-15。

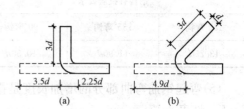

图 4-32　钢筋弯钩角度
(a)90°；(b)45°

表 4-15　一个 HPB300(HRB335)级钢筋弯钩增加长度(钢筋直径 d)

钢筋类别	弯钩增加长度		
	180°	135°	90°
HPB300 级钢筋	6.25d	4.90d	3.50d
HRB335 级钢筋	无	$x+2.90d$	$x+0.93d$
备注	x 为平直段长度,按设计要求取定		

(4)箍筋弯钩增加长度计算。结构抗震时,一般为 135°/135°或 90°/135°；结构非抗震时,为 90°/90°或 90°/180°,如图 4-33 所示。

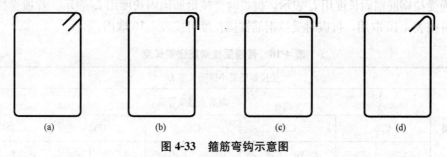

图 4-33　箍筋弯钩示意图
(a)135°/135°；(b)90°/180°；(c)90°/90°；(d)90°/135°

箍筋弯钩平直部分的长度,非抗震结构为箍筋直径的 5 倍；有抗震要求的结构为箍筋直径的 10 倍,且不小于 75 mm。箍筋弯钩增加长度如图 4-34 所示。

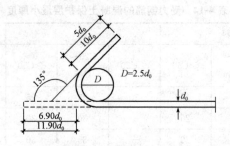

图 4-34 箍筋弯钩增加长度

根据以上图形中的结论，可整理出箍筋弯钢增加长度计算表，见表 4-16。

表 4-16 箍筋弯钩增加长度计算表

结构有抗震要求			结构无抗震要求		
180°弯钩	135°弯钩	90°弯钩	180°弯钩	135°弯钩	90°弯钩
13.25d	11.90d	10.50d	8.25d	6.90d	5.50d

(5) 弯起钢筋弯曲部分的增加长度是指钢筋弯曲部分斜边长度与水平长度的差值，即 $S-L$，见表 4-17。

表 4-17 弯起钢筋弯起部分增加长度表

弯起角度	30°	45°	60°
斜长 S	2h	1.414h	1.155h
水平长 L	1.732h	h	0.577h
增加长度 S−L	0.268h	0.414h	0.578h
说明	板用	梁高 H<0.8m 时	梁高 H≥0.8m 时
备注	表中的 h 为板厚或梁高减去板或梁两端保护层后的高度		

(6) 钢筋锚固长度。钢筋锚固长度是指纵向钢筋伸入混凝土支座（墙、柱、梁）内的长度。

普通受拉钢筋锚固长度用 l_a 表示，抗震时受拉钢筋锚固长度用 l_{aE} 表示。普通受拉钢筋锚固长度可按表 4-18 取用，抗震时受拉钢筋锚固长度可按表 4-19 取用。

表 4-18 普通受拉钢筋锚固长度

钢筋种类	受拉钢筋最小锚固长度 l_a									
	混凝土强度等级									
	C20		C25		C30		C35		≥C40	
	d≤25	d>25	d≤25	d>25	d≤25	d>25	d≤25	d>25	d≤25	d>25
HPB300	31d		27d		24d		22d		20d	
HRB335	39d	42d	34d	37d	30d	33d	27d	30d	25d	27d

表 4-19 抗震时受拉钢筋锚固长度

混凝土强度等级与抗震等级		C20		C25		C30		C35		≥C40	
		一、二级抗震等级	三级抗震等级	一、二级抗震等级	三级抗震等级	一、二级抗震等级	三级抗震等级	一、二级抗震等级	三级抗震等级	一、二级抗震等级	三级抗震等级
HPB300		$36d$	$33d$	$31d$	$28d$	$27d$	$25d$	$25d$	$23d$	$23d$	$21d$
HRB335	$d \leqslant 25$	$44d$	$41d$	$38d$	$35d$	$34d$	$31d$	$31d$	$29d$	$29d$	$26d$
	$d > 25$	$49d$	$45d$	$42d$	$39d$	$38d$	$34d$	$34d$	$31d$	$32d$	$29d$

(7)钢筋绑扎搭接接头。纵向受拉钢筋绑扎搭接接头的搭接长度根据位于同一连接区段内的钢筋搭接接头面积百分率计算。

$$\text{非抗震搭接长度 } l_l = \zeta l_a$$

$$\text{抗震设计搭接长度 } l_{lE} = \zeta l_{aE}$$

ζ 为受拉钢筋搭接长度修正系数,与同一连接区内搭接钢筋的截面面积有关,按表 4-20 取用。纵向受拉钢筋绑扎搭接长度见表 4-21。

表 4-20 修正系数

受拉钢筋搭接接头面积百分率/%	≤25	50	100
ζ	1.2	1.4	1.6

表 4-21 纵向受拉钢筋绑扎搭接长度

纵向受拉钢筋的绑扎搭接长度 l_{lE}、l_l			
纵向钢筋搭接接头面积百分率/%	≤25	50	100
非抗震	$l_l = 1.2 l_a$	$l_l = 1.4 l_a$	$l_l = 1.6 l_a$
抗震	$l_{lE} = 1.2 l_{aE}$	$l_{lE} = 1.4 l_{aE}$	$l_{lE} = 1.6 l_{aE}$

3. 钢筋计算方法

(1)钢筋工程量计算的基本方法可表达为

$$\text{钢筋工程量} = \text{钢筋计算长度} \times \text{钢筋单位质量}$$

(2)一般直钢筋长度计算:

$$\text{直钢筋的计算长度} = \text{构件长度} - \text{保护层厚度} + \text{弯钩增加长度}$$

规范规定:板中受力钢筋一般距墙边或梁边 50 mm 开始配置。

$$\text{板筋根数} = (L_净 - 100)/@ + 1$$

式中,$L_净$ 为板的净跨长,板筋根数计算结果有小数时,四舍五入取整;@为箍筋间距。

(3)弯起钢筋长度计算。弯起钢筋长度是将弯起钢筋投影成为水平直筋,再增加弯起部分斜长以水平长度相比的增加值计算而得。

$$\text{弯起钢筋的计算长度} = \text{构件长度} - \text{保护层厚度} + \text{斜段增加长度} + \text{弯钩增加长度}$$

(4)箍筋计算。设计无规定时,箍筋的末端一般应做 135° 弯钩,弯钩平直部分的长度 e,对一般结构,不宜小于箍筋直径的 5 倍;对有抗震要求的结构,不应小于箍筋直径的 10 倍。取其弯弧内直径 $D = 25d$。

1)箍筋长度：

当 $e=5d$ 时，箍筋长度 $L=(a+b)\times 2+8c+6.9d\times 2$

当 $e=10d$ 时，箍筋长度 $L=(a+b)\times 2-8c+11.9d\times 2$

a 为截面长；b 为截面宽；c 为钢筋保护层厚度。

如设计要求不同，可根据实际要求计算。

2)箍筋个数：

一般简支梁，箍筋可布至梁端，但应扣减梁端保护层，其计算方法为

$$个数=(L-2a)/@+1$$

式中　L——梁的构件长(m)；

　　　$2a$——保护层厚度(m)。

【例 4-8】 某建筑物简支梁配筋如图 4-35 所示，试计算钢筋下料长度。钢筋保护层取 25 mm(梁编号为 L_1，共 10 根)。

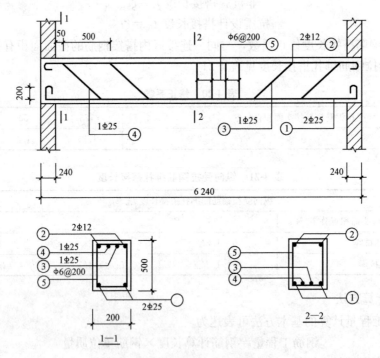

图 4-35　某建筑物简支梁配筋

解：

①号钢筋下料长度：

$(6\ 240+2\times 200-2\times 25)-2\times 2\times 25+2\times 6.25\times 25=6\ 802(mm)$

②号钢筋下料长度：

$6\ 240-2\times 25+2\times 6.25\times 12=6\ 340(mm)$

③号弯起钢筋下料长度：

上直段钢筋长度 $=240+50+500-25=765(mm)$

斜段钢筋长度 $=(500-2\times 25)\times 1.414=636(mm)$

中间直段长度 $=6\ 240-2\times(240+50+500+450)=3\ 760(mm)$

下料长度=(765+636)×2+3 760-4×0.5×25+2×6.25×25=6 824(mm)
④号钢筋下料长度计算为 6 824 mm。
⑤号箍筋下料长度：
宽度=200-2×25=150(mm)
高度=500-2×25=450(mm)
下料长度为(150+450)×2+11.9×6×2=1 343(mm)
钢筋配料单见表 4-22。

表 4-22 钢筋配料单

构件名称	钢筋编号	简图	钢号	直径/mm	下料长度/mm	单根根数	合计根数	质量/kg
L_1（共10根）	①	200 6 190	Φ	25	6 802	2	20	523.75
	②	6 190	Φ	12	6 340	2	20	112.60
	③	765 636 3 760	Φ	25	6 824	1	10	262.72
	④	265 636 4 760	Φ	25	6 824	1	10	262.72
	⑤	162 462	Φ	6	1 343	32	320	95.41
合计					Φ6：91.78 kg　Φ12：112.60 kg　Φ25：1 049.19 kg			

【例 4-9】 计算板（图 4-36）的底筋长度和根数，板的负筋、分布筋长度和根数，温度筋长度和根数。

解：柱截面：700 mm×750 mm；梁截面：300 mm×700 mm。

板底筋：X 方向净跨=3 600-150-150=3 300(mm)；
Y 方向净跨=6 000-150-150=5 700(mm)
伸进长度=max(300/2, 5d)=150(mm)
X 方向底筋长度=3 300+150×2+2×6.25×10=3 725(mm)
根数=(6 000-300-2×50)/100+1=57(根)
Y 方向底筋长度=5 700+150×2+2×6.25×10=6 125(mm)
根数=(3 600-300-2×50)/150+1=23(根)
板负筋：负筋长度=24×8+6.25×8+(1 000-150)+(120-2×15)=1 182(mm)

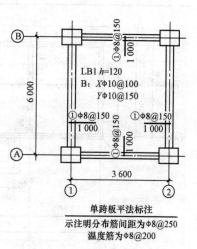

图 4-36 现浇板钢筋配置图

（板厚≥100 mm，$c=15$ mm；板厚＜100 mm，$c=10$ mm）

①轴线负筋根数＝(6 000－2×150－2×50)/150＋1＝39(根)

A 轴线负筋根数＝(3 600－2×150－2×50)/150＋1＝23(根)

板分布筋：分布筋和负筋参差(搭接)为 150 mm

X 方向分布筋长度＝3 600－2×1 000＋2×150＝1 900(mm)

Y 方向分布筋长度＝6 000－2×1 000＋2×150＝4 300(mm)

根数＝850/250＝3.4≈4(根)

板温度筋：X 方向温度筋长度＝3 600－2×1 000＋2×150＋2×6.25×8＝2 000(mm)

根数＝(6 000－2×1 000)/200－1＝19(根)

Y 方向温度筋长度＝6 000－2×1 000＋2×150＋2×6.25×8＝4 400(mm)

根数＝(3 600－2×1 000)/200－1＝7(根)

项目五　砌筑工程计量计价

【引例】　某办公室平面图及其基础剖面图如图 4-37 所示，门窗尺寸见表 4-23。已知内外墙墙厚均为 240 mm，室内净高为 3.2 m；内外墙上均设圈梁，圈梁高度为 200 mm。洞口上部设置过梁(洞口宽度在 1 m 以内的采用钢筋砖过梁，每端梁头深入 0.25 m；洞口宽度在 1 m 以上的采用钢筋混凝土过梁)，外墙转角处设置构造柱。试根据已知条件对砌筑工程列项，并计算各分项工程工程量。

表 4-23　门窗表

门窗名称	门窗尺寸(宽×高)/(mm×mm)
M—1	1 800×2 400　1 樘
M—2	1 000×2 400　3 樘
C—1	1 800×1 800　4 樘
C—2	2 100×1 800　1 樘

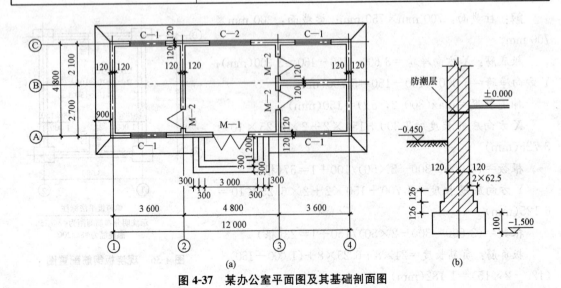

图 4-37　某办公室平面图及其基础剖面图

一、砌筑工程定额相关说明

(1)本项目中标准砖尺寸为 240 mm×115 mm×53 mm。

(2)本项目中多孔砖、空心砖、砌块按常用规格编制,如规格不同,可按实际换算。

(3)本项目中砂浆按常用强度等级列出,设计不同时可以换算。

(4)砌筑弧形墙、基础按相应项目人工乘以系数 1.1。

(5)砖砌挡土墙,厚度在两砖以内按砖墙项目计算;两砖以上按砖基础计算。

(6)零星砌体是指厕所蹲台、小便槽、污水池、水槽腿、煤箱、垃圾箱、阳台栏板、花台、花池、房上烟囱、毛石墙的门窗口立边、三皮砖以上的挑檐和腰线、锅台、炉灶等砌体。

(7)明沟、散水、台阶等项目均为综合项目,包括挖土、填土、垫层、基层、沟壁及面层等全部工序。除砖砌台阶未包括面层抹面,其面层可按设计规定套用"B.1 楼地面工程"相应项目外,其余项目不予换算。散水、台阶垫层为 3∶7 灰土,如设计垫层与项目不同,可以换算。

(8)沟箅子中的塑料、不锈钢、铸铁箅子均是按成品考虑的,钢筋箅子是按现场制作考虑的。

(9)砌毛石台阶按毛石基础项目计算。

(10)毛石墙镶砖墙身按内背镶 1/2 砖编制的,墙体厚度为 600 mm。

(11)毛石护坡高度超过 4 m 时,项目人工乘以系数 1.15。

二、砌筑工程工程量计算规则

(1)砌体工程量计算一般规则。

1)计算墙体时,应扣除门窗洞口、过人洞、空圈、嵌入墙身的钢筋混凝土柱、梁、过梁、圈梁、板头、砖过梁和暖气包壁龛的体积,不扣除每个面积在 0.3 m² 以内的孔洞、梁头、梁垫、檩头、垫木、木楞头、沿椽木、木砖、门窗走头、墙内的加固钢筋、木筋、铁件、钢管等所占的体积,凸出砖墙面的窗台虎头砖、压顶线、山墙泛水、烟囱根、门窗套、三皮砖以下挑檐和腰线等体积亦不增加。

2)附墙烟囱、附墙通风道、垃圾道,按其外形体积计算,并入所依附的墙身体积内,不扣除每一孔洞的体积,但孔洞内的抹灰工料亦不增加。如每一孔洞横断面面积超过 0.15 m²,应扣除孔洞所占体积,孔洞内抹灰应另列项目计算。

附墙烟囱如带有缸瓦管、出灰门,垃圾道带有垃圾道门、垃圾斗、通风百叶窗、铁箅子以及钢筋混凝土盖板等,均应另列项目计算。

3)钢筋砖过梁(图 4-38)按图示尺寸以 m³ 计算,如设计无规定,按门窗洞口宽度两端共加 500 mm,高度按 440 mm 计算。

平砌砖过梁计算公式为

$$V=(L+0.5 \text{ m})\times 0.44 \times b$$

式中,b 为墙体厚度。

(2)标准砖墙体厚度,按表 4-24 计算。

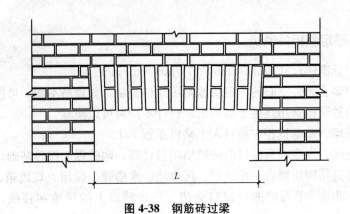

图 4-38 钢筋砖过梁

表 4-24 标准砖墙体厚度

墙身	$\frac{1}{4}$	$\frac{1}{2}$	$\frac{3}{4}$	1	$1\frac{1}{2}$	2	$2\frac{1}{2}$	3
计算厚度/mm	53	115	180	240	365	490	615	740

(3)基础与墙身的划分以设计室内地坪为界,设计室内地坪以下为基础,以上为墙身。基础与墙身使用不同材料时,位于设计室内地坪±300 mm 以内时,以不同材料为分界线,超过±300 mm 时,以设计室内地坪为分界线。砖、石围墙,以设计室外地坪为界线,以下为基础,以上为墙身。砖柱不分柱身和柱基,其工程量合并后,按砖柱项目计算。基础与墙身的分界线如图 4-39、图 4-40 所示。

基础与墙身的划分规则

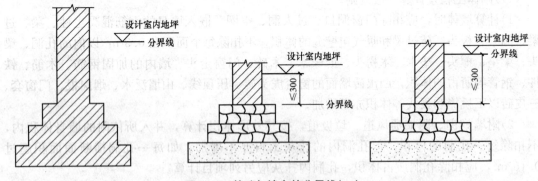

图 4-39 基础与墙身的分界线(一)

(4)墙身高度按下列规定计算。

1)外墙墙身高度:斜(坡)屋面无檐口天棚者算至屋面板底(图 4-41);有屋架、有檐口天棚者,算至屋架下弦底面另加 200 mm(图 4-42);无天棚者算至屋架下弦底加 300 mm(图 4-43);出檐宽度超过 600 mm 时,应按实砌高度计算(图 4-44);平屋面算至钢筋混凝土板底(图 4-45)。

2)内墙墙身高度:位于屋架下弦者,其高度算至屋架底(图 4-46);无屋架者算至天棚底另加 100 mm(图 4-47);有钢筋混凝土楼板隔层者算至板底(图 4-48);有框架梁时算至梁底面;如同一墙上板高不同,可按平均高度计算。

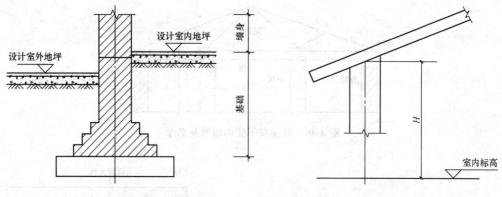

图 4-40　基础与墙身的分界线　　　　图 4-41　斜(坡)屋面外墙墙身高度

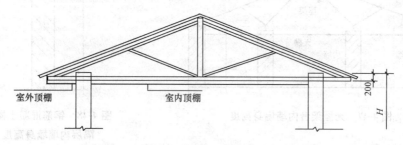

图 4-42　有屋架、有檐口天棚外墙墙身高度

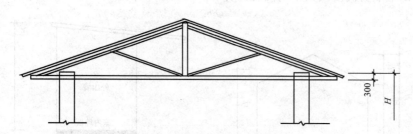

图 4-43　无天棚者外墙墙身高度

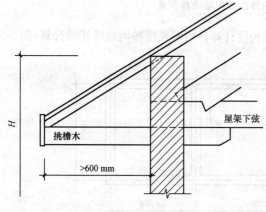

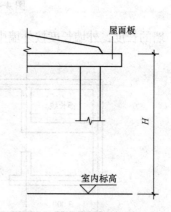

图 4-44　出檐宽度大于 600 mm 时外墙墙身高度　　　图 4-45　平屋面外墙墙身高度

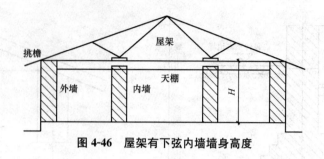

图 4-46 屋架有下弦内墙墙身高度

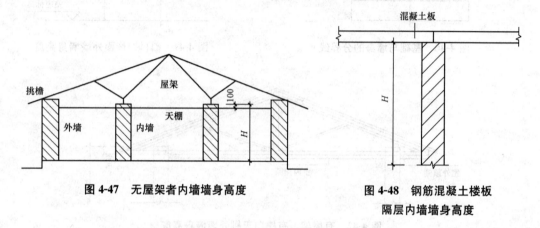

图 4-47 无屋架者内墙墙身高度　　图 4-48 钢筋混凝土楼板隔层内墙墙身高度

3) 内外山墙墙身高度按其平均高度计算(图 4-49)。

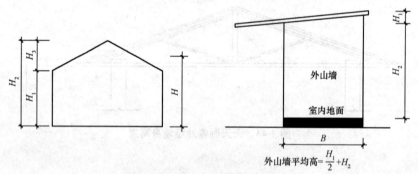

外山墙平均高 $= \dfrac{H_1}{2} + H_2$

图 4-49 内外山墙内墙墙身高度

(5)墙的长度：外墙长度按外墙中心线长度计算，内墙长度按内墙净长线计算(图 4-50)。

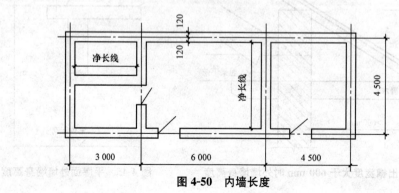

图 4-50 内墙长度

(6)砖石基础以图示尺寸按 m³ 计算。外墙墙基长度按中心线长度计算,内墙墙基按内墙净长线计算。基础 T 形大放脚(图 4-51)处的重叠部分以及嵌入基础的钢筋、铁件、管道、基础防潮层及单个面积在 0.3 m² 以内孔洞、砖平碹所占体积不予扣除,但靠墙暖气沟的挑檐亦不增加。附墙垛基础宽出部分体积应并入基础工程量内。等高式和不等高式大放脚如图 4-52 所示。

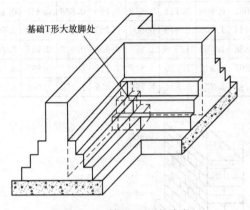

图 4-51 基础 T 形大放脚

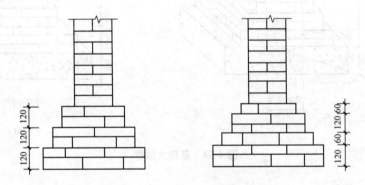

图 4-52 等高式和不等高式大放脚

为了简便计算砖基础大放脚的工程量,可将大放脚部分的面积按表 4-25 折算成相等墙基断面的面积。基础大放脚如图 4-53 所示。

表 4-25 砖基础大放脚折算高度表

放脚层数	折加高度/m												增加断面 ΔS	
	基础墙厚砖数量													
	1/2(0.115)		1(0.24)		3/2(0.365)		2(0.49)		5/2(0.615)		3(0.74)			
	等高	不等高	等高	不等高	等高	不等高	等高	不等高	等高	不等高	等高	不等高	等高	不等高
1	0.137	0.137	0.066	0.066	0.043	0.043	0.032	0.032	0.026	0.026	0.021	0.021	0.015 75	0.015 75
2	0.411	0.342	0.197	0.164	0.129	0.108	0.096	0.080	0.077	0.064	0.064	0.053	0.047 25	0.039 38
3			0.394	0.328	0.259	0.216	0.193	0.161	0.154	0.128	0.128	0.106	0.094 5	0.078 75
4			0.656	0.525	0.432	0.345	0.321	0.253	0.256	0.205	0.213	0.170	0.157 5	0.126 0
5			0.984	0.788	0.647	0.518	0.482	0.380	0.384	0.307	0.319	0.255	0.326 3	0.189 0

续表

放脚层数	折加高度/m												增加断面 ΔS
	基础墙厚砖数量												
	1/2(0.115)		1(0.24)		3/2(0.365)		2(0.49)		5/2(0.615)		3(0.74)		
	等高	不等高	等高	不等高	等高	不等高	等高	不等高	等高	不等高	等高	不等高	
6			1.378	1.083	0.906	0.712	0.672	0.530	0.538	0.419	0.447	0.351	0.330 8	0.259 9
7			1.838	1.444	1.208	0.949	0.900	0.707	0.717	0.563	0.596	0.468	0.441 0	0.346 5
8			2.363	1.838	1.553	1.208	1.157	0.900	0.922	0.717	0.766	0.596	0.567 0	0.441 1
9			2.953	2.297	1.942	1.510	1.447	1.125	1.153	0.896	0.958	0.745	0.708 8	0.551 3
10			3.610	2.789	2.372	1.834	1.768	1.366	1.409	1.088	1.171	0.905	0.866 3	0.669 4

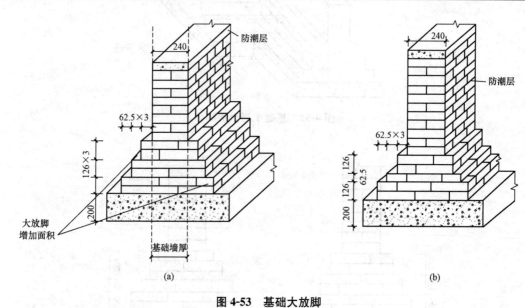

图 4-53 基础大放脚

(7) 女儿墙高度，应自顶板面算至图 4-54 所示高度，分不同的墙厚按相应项目计算。

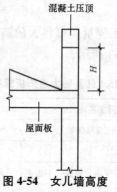

图 4-54 女儿墙高度

【引例解】 基数：

$$L_{中}=(3.6+4.8+3.6+2.7+2.1)\times 2=33.6(\mathrm{m})$$

$$L_{内}=(2.7+2.1-0.24)\times 2+3.6-0.24=12.48(\mathrm{m})$$

门窗尺寸及墙体埋件体积，见表 4-26。

表 4-26　门窗尺寸及墙体埋件体积

门窗名称	门窗尺寸/mm（宽×高）	构件名称		构件尺寸或体积
M—1	1 800×2 400　1 个	构造柱		$0.24×0.24×3.2×4=0.72(m^2)$
M—2	1 000×2 400　3 个	圈梁	外墙	$L_{外}×0.24×0.2=1.61(m^3)$
C—1	1 800×1 800　4 个		内墙	$L_{内}×0.24×0.2=0.60(m^3)$
C—2	2 100×1 800　1 个	钢筋混凝土过梁		（洞口宽度+0.5）× $0.24×0.18=0.61/0.48(m^3)$

砖基础工程量：

$$V_{砖基础}=基础长×基础砖断面面积-应扣除部分体积+应增加部分体积$$

$$V_{外墙下基础}=[0.24×(1.5-0.1)+0.047\ 25]×33.6=12.88(m^3)$$

$$V_{内墙下基础}=[0.24×(1.5-0.1)+0.047\ 25]×12.48=4.78(m^3)$$

$$V_{砖基础}=12.88+4.78=17.66(m^3)$$

砖墙工程量：

$$V_{墙体}=墙长×墙高×墙厚-应扣除部分体积+应增加部分体积$$

$$V_{外墙}=(33.6×3.2-21.06)×0.24-(圈梁1.61+构造柱0.72+钢筋混凝土过梁0.61)$$
$$=17.81(m^3)$$

$$V_{内墙}=(18.48×3.2-7.2)×0.24-(圈梁0.60+钢筋砖过梁0.48)=6.78(m^3)$$

$$V_{墙体}=17.81+6.78=24.59(m^3)$$

钢筋砖过梁工程量：

由已知条件可知，M—1、C—1、C—2 的洞口尺寸＞1 m，设置钢筋混凝土过梁，在此不计算。

M—2 洞口尺寸为 1 m，设置钢筋砖过梁。

$$V_{钢筋砖过梁}=(1+0.5)×0.44×0.24×3=0.48(m^3)$$

(8) 框架间砌墙，以框架间的净空面积乘以墙厚按相应的项目计算。框架外表面镶贴砖部分亦并入框架间墙的工程量内一并计算。

【例 4-10】 求图 4-55 所示的墙体工程量。

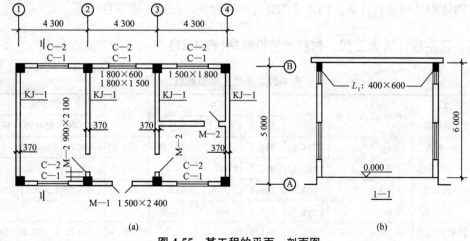

(a)　　　　　　　　　　　(b)

图 4-55　某工程的平面、剖面图

解：墙体的工程量为

$$V_{外} = (框架间净长 \times 框架间净高 - 门窗面积) \times 墙厚$$
$$= (4.1 \times 3 \times 2 \times 5.4 + 2 \times 5.2 - 1.5 \times 2.4 - 1.8 \times 1.5 \times 5 - 1.8 \times 0.6 \times 5) \times 0.365$$
$$= 61.53 (m^3)$$

内墙体积为

$$V_{内} = (框架间净长 \times 框架间净高 - 门窗面积) \times 墙厚$$
$$= [5.6 \times 25.2 + (4.5 - 0.365) \times 5.4 - 0.9 \times 2.1 \times 3] \times 0.365$$
$$= 27.34 (m^3)$$

(9) 砖砌围墙分别按不同厚度以 m^3 按相应项目计算。砖垛和砖墙压顶等并入墙身内计算。

(10) 暖气沟及其他砖砌沟道不分基础和沟身，其工程量合并计算，按砖砌沟道计算。

(11) 砖砌地下室内、外墙身及基础，应扣除门窗洞口、$0.3 m^2$ 以上的孔洞、嵌入墙身的钢筋混凝土柱、梁、过梁、圈梁和板头等体积，但不扣除梁头、梁垫以及砖墙内加固的钢筋、铁件等所占体积。内、外墙与基础的工程量合并计算。墙身外面防潮的贴砖应另列项目计算。

(12) 空花墙按空花部分外形体积以 m^3 计算，不扣除空花部分。实砌部分以 m^3 计算，按相应项目计算。

(13) 加气混凝土砌块墙、硅酸盐砌块墙、轻集料混凝土小型空心砌块墙按图示尺寸以 m^3 计算。按设计规定需要镶嵌砖砌体部分，已包括在相应项目内，不另计算。

(14) 空心砌块结构上铺钢丝网抹水泥砂浆按实抹面积计算。

(15) 零星砌体按实砌体积以 m^3 计算。

(16) 散水按设计图示尺寸以 m^2 计算，应扣除穿过散水的踏步、花台面积。

(17) 台阶基层(包括踏步及最上一层踏步沿 300 mm)按水平投影面积计算。

(18) 明沟按设计图示尺寸以延长米计算。但净空断面面积在 $0.2 m^2$ 以上的沟道，应分别按相应项目计算。

(19) 沟箅子按设计图示尺寸以延长米计算。成品箅子宽度不同时人工不作调整；钢筋箅子设计与项目含量不同时，可按钢材用量调整项目含量。

(20) 石砌墙体按图示尺寸以 m^3 计算，如有砌砖门窗口立边、窗台虎头砖、钢筋砖过梁等按实砌体积另列项目计算。挡土墙墙身与基础合并，按挡土墙项目计算。

三、套定额计算人工费、材料费和机械费(表4-27)

表 4-27 单位工程预算表 元

定额编号	项目名称	单位	工程量	单价	其中			合价	其中		
					人工费	材料费	机械费		人工费	材料费	机械费
A3—1	砖基础	10 m³	1.766	2 918.52	584.4	2 293.77	40.35	5 154.11	1 032.05	4 050.80	71.26
A3—2	一砖内砖墙	10 m³		3 467.25	985.2	2 447.91	34.14				
A3—3	一砖砖墙	10 m³	2.459	3 204.01	798.6	2 366.1	39.31	7 878.66	1 963.76	5 818.24	96.66
A3—4	一砖以上	10 m³		3 214.17	775.2	2 397.59	41.38				
A3—18	轻集料砌块	10 m³	8.887	2 573.01	641.4	1 915.06	16.55	22 866.34	5 700.12	17 019.14	147.08

续表

定额编号	项目名称	单位	工程量	单价	其中			合价	其中		
					人工费	材料费	机械费		人工费	材料费	机械费
A3—24	钢筋砖过梁	10 m³	0.048	4 682.95	1 297.2	3 338.16	47.59	224.78	62.27	160.23	2.28
A3—25	地下室墙、基础	10 m³		3 234.7	848.4	2 354.23	32.07				
A3—30	砌体内加固筋	t		6 185.74	1 669.2	4 479.0	37.54				
A3—33	台阶	100 m²		16 143.1	6 670.8	9 319.6	152.7				

注：砖基使用 M5 水泥砂浆，砖墙使用 M5 水泥石灰砂浆，当图纸不同时必须换算。

项目六　屋面及防水工程计量计价

屋面结构图如图 4-56 所示。

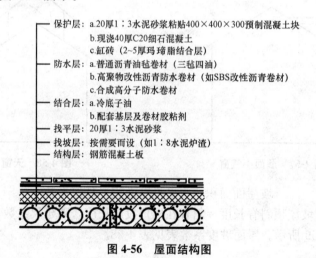

图 4-56　屋面结构图

一、屋面及防水工程定额相关说明

(1) 水泥瓦、黏土瓦、小青瓦、油毡瓦的实际使用规格与项目不同时，瓦的数量可以换算，其他不变。

(2) 卷材防水、防潮项目不包括附加层的消耗量。

(3) 卷材及防水涂料屋面，均已包括基层表面刷冷底子油或处理剂一遍。油毡收头的材料包括在其他材料费内。

(4) 卷材屋面坡度在 15°以下者为平屋面，超过 15°按卷材屋面人工增加表增加人工。

(5) 屋面水泥砂浆找平层按"B.1 楼地面工程"的相应项目计算。

(6) 屋面保温按"防腐、隔热、保温工程"的相应项目计算。

(7) 墙、地面防水、防潮项目适用于楼地面、墙基、墙身、构筑物、水池、水塔、室内厕所、浴室以及±0.000以下的防水、防潮工程。

(8)地下室防水按墙、地面防水相应项目基价乘以系数1.10计算。

(9)变形缝填缝，建筑油膏聚氯乙烯断面取定为3 cm×2 cm；油浸木丝板取定为2.5 cm×1.5 cm；氯丁橡胶宽为30 cm；涂刷式氯丁胶贴玻璃纤维止水片宽为35 cm；其他填料取定为15 cm×3 cm。如设计断面不同，用料可以换算，人工不变。

(10)预埋止水带项目中的连接件、固定件，可按钢筋铁件相应项目计算。

(11)水泥基渗透结晶型防水涂料用在桩头防水时，执行涂膜相应项目，人工乘以系数2.00。

二、屋面及防水工程工程量计算规则

(1)瓦屋面按图示尺寸的水平投影面积乘以屋面延尺系数以 m² 计算，扣除房上烟囱、风帽底座、风道、屋面小气窗和斜沟等所占面积，而屋面小气窗(图4-57)出檐与屋面重叠部分的面积亦不增加，但天窗(图4-58)出檐部分重叠的面积应并入相应屋面工程量内计算。琉璃瓦檐口线及瓦脊以延长米计算。

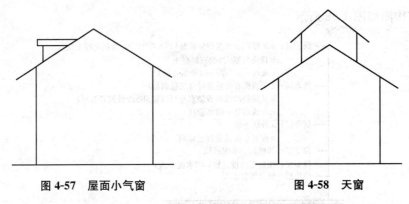

图4-57 屋面小气窗　　　　　　　　图4-58 天窗

坡屋面面积＝水平投影面积×延尺系数

坡屋顶斜脊长度＝斜脊在檐口投影长度×隅延尺系数

坡屋面如图4-59所示。屋面坡度系数表见表4-28。

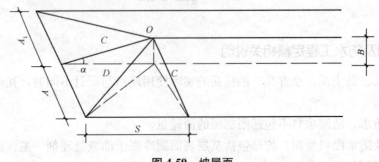

图4-59 坡屋面

注：①$A=A'$且$S=0$时，为等两坡屋面；$A=A'=S$时，为等四坡屋面；
②屋面斜铺面积＝屋面水平投影面积×C；
③四坡屋面斜脊长度＝$A×D$。

表 4-28 屋面坡度系数表

坡度			延尺系数 C	隅延尺系数 D	坡度			延尺系数 C	隅延尺系数 D
坡度 B/A	高跨比 $B/2A$	角度 θ			坡度 B/A	高跨比 $B/2A$	角度 θ		
1.000	1/2	45°	1.414 2	1.732 1	0.400	1/5	21°48′	1.077 0	1.469 7
0.750		36°52′	1.250 0	1.600 8	0.350		19°17′	1.059 4	1.456 9
0.700		35°	1.220 7	1.577 9	0.300		16°42′	1.044 0	1.445 7
0.667	1/3	33°41′	1.201 5	1.562 0	0.250	1/8	14°02′	1.030 8	1.436 2
0.650		33°01′	1.192 6	1.556 4	0.200	1/10	11°19′	1.019 6	1.428 3
0.600		30°58′	1.662 0	1.536 2	0.150		8°32′	1.011 2	1.422 1
0.577		30°	1.154 7	1.527 1	0.125	1/16	7°08′	1.007 8	1.419 1
0.550		28°49′	1.143 1	1.517 0	0.100	1/20	5°42′	1.005 0	1.417 7
0.500	1/4	26°34′	1.118 0	1.500 0	0.083	1/24	4°45′	1.003 5	1.416 6
0.450		24°14′	1.096 6	1.483 9	0.067	1/30	3°49′	1.002 2	1.415 7

【例 4-11】 某四坡瓦屋面平面如图 4-60 所示,设计屋面坡度为 0.5,计算斜面积、斜脊长、正脊长。

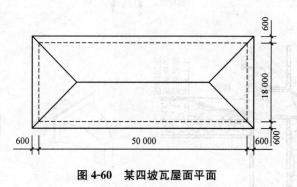

图 4-60 某四坡瓦屋面平面

解:屋面坡度 $=B/A=0.5$,查屋面坡度系数表得 $C=1.118$。

屋面斜面积 $=(50+0.6\times2)\times(18+0.6\times2)\times1.118=1\,099.04(\text{m}^2)$

查屋面坡度系数表得 $D=1.5$,单面斜脊长 $=A\times D=9.6\times1.5=14.4(\text{m})$

斜脊总长 $=4\times14.4=57.6(\text{m})$

正脊长度 $=(50+0.6\times2)-9.6\times2=32(\text{m})$

(2)卷材及防水涂料屋面按图示尺寸的水平投影面积乘以屋面延尺系数以 m^2 计算,不扣除房上烟囱、风帽底座、风道、斜沟等所占面积。平屋面的女儿墙(图 4-61)、天沟和天窗等处弯起部分和天窗出檐部分重叠的面积应按图示尺寸,并入相应屋面工程量内计算。如图纸无规定,伸缩缝、女儿墙的弯起部分可按 25 cm 计算,天窗弯起部分可按 50 cm 计算。

(3)水落管(图 4-62)按延长米计算。落水口、水斗(图 4-63)按个计算。

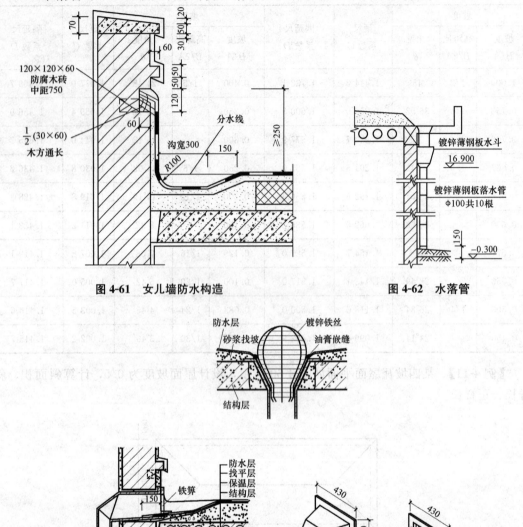

图 4-61 女儿墙防水构造　　图 4-62 水落管

图 4-63 水落口

【例 4-12】 某办公楼屋面为 240 mm 厚，女儿墙轴线尺寸为 12 m×50 m，平屋面构造如图 4-64 所示，试计算屋面工程量。

解：屋面坡度系数为

$$k=\sqrt{1+0.02^2}=1.000\,2$$

屋面水平投影面积：

$$S=(50-0.24)\times(12-0.24)=49.76\times 11.76=585.18(m^2)$$

(1)20 厚 1∶3 水泥砂浆找平层：

$$S=585.18\ m^2$$

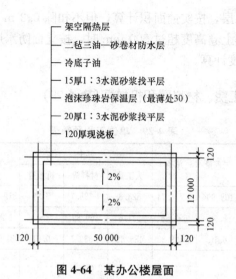

图 4-64 某办公楼屋面

(2)泡沫珍珠岩保温层：
$$V=585.15\times(0.03+2\%\times11.76\div2\div2)=51.96(m^3)$$

(3)15 厚 1：3 水泥砂浆找平层：
$$S=585.18\times1.0002=585.29\ m^2$$

(4)二毡三油一砂卷材屋面：
$$S=585.29+(49.76+11.76)\times2\times0.25=616.05(m^2)$$

(5)架空隔热层：
$$S=(49.76-0.24\times2)\times(11.76-0.24\times2)=555.88(m^2)$$

(4)型材屋面按图示尺寸的水平投影面积乘以屋面延尺系数以 m^2 计算，不扣除房上烟囱、风帽底座、风道斜沟等所占面积。

1)平、瓦垄镀锌薄钢板屋面檐口处用的丁字铁未包括在项目内，如设计需要，可按实际计算，但人工、机械不另增加。

2)镀锌薄钢板压型屋面板、墙板，其所需的零配件、连接件和密封件均已包括在项目内，不再另计。

3)玻璃钢采光罩按个计量，如单个水平投影面积超过 $1.5\ m^2$ 者，仍按该项目计算。

(5)滴水线按设计规定计算。设计无规定，瓦屋面可加 5 cm 计算；镀锌薄钢板屋面有滴水线时，应另加 7 cm 计算。

(6)彩钢板墙板按设计图示尺寸实际铺设面积以 m^2 扣除门窗洞口的面积计算，不扣除单个面积在 $0.3\ m^2$ 以内的孔洞所占面积，包角、包边、窗台泛水等不另增加。

(7)墙、地面防水、防潮按以下规定计算：

1)建筑物地面防潮层，按主墙间净空面积计算，扣除凸出地面的构筑物、设备基础等所占的面积，不扣除柱、垛、间壁墙、烟囱及 $0.3\ m^2$ 以内孔洞所占面积。与墙面连接处高度在 500 mm 以内者按展开面积计算，并入平面工程量内，超过 500 mm 时，按立面防水层计算。

2)建筑物墙基防水、防潮层，外墙按中心线长度、内墙按净长线乘以墙基的宽度以 m^2 计算。

3)建筑物地下室防水层,按实铺面积计算,但不扣除 0.3 m² 以内的孔洞面积。平面与立面交接处的防水层,其上卷高度超过 500 mm 时,按立面防水层计算。

(8)变形缝按缝的长度计算。

三、套定额计算人工费、材料费和机械费(表 4-29)

表 4-29 单位工程预算表

定额编号	项目名称	单位	工程量	单价	其中			合价	其中		
					人工费	材料费	机械费		人工费	材料费	机械费
A7-8	琉璃瓦屋面	10 m²	109.904	4 726.74	523.8	4 195.7	7.24	519 487.6	57 567.72	461 124.2	795.7
A7-10	瓦脊	10 m	8.96	693.56	321.6	369.89	2.07	6 214.3	2 881.54	3 314.21	18.55
A7-41	两毡三油防水层	100 m²	6.16	5 128.83	488.82	4 639.7	0.31	31 593.6	3 011.13	28 580.55	1.91
A7-33	石油沥青隔汽层	100 m²		2 741.13	255.6	2 485.53					
A7-52	SBS 防水层一层	100 m²		2 208.56	263.76	1 944.8					
A7-53	每增一层	100 m²		1 946.9	235.62	1 711.28					
A7-97	水落管 110	100 m		4 225.65	1 325.4	2 900.25					
A7-99	落水口 110	10 个		295.79	206.4	89.39					
A7-101	水斗 110	10 个		432.13	177.0	255.13					
A7-152	地面防潮 SBS 平面	100 m²		2 207.13	277.26	1 929.87					
A7-153	地面防潮 SBS 立面	100 m²		2 495.03	549.78	1 945.25					

项目七 保温防腐工程计量计价

一、保温防腐工程定额相关说明

(1)本项目适用于中温、低温及恒温的工业厂(库)房隔热工程及一般保温工程,保温层的各种配比强度可按设计规定换算。

(2)本项目只包括保温隔热材料的铺贴,不包括隔气防潮、保护层或衬墙等。

(3)本项目的隔热层铺贴,除松散稻壳、玻璃棉及矿渣棉为散装外,其他保温板材均以石油沥青或砂浆作粘结材料。

(4)各部位聚苯板、挤塑板保温项目中保温板材厚度不同时,按以下方法调整:

1)厚度在 150 mm 以内时,材料单价调整,其他不变。

2)厚度在 150 mm 以上时,材料单价调整,人工、机械乘以系数 1.20。

(5)首层外墙阳角需加设金属护角的,可按设计要求用量增加相应费用。

(6)粘贴聚苯板、挤塑板等其他保温材料需界面处理时,套本项目界面处理项目。

(7)保温板带凹槽时,对应的抗裂砂浆或现浇混凝土量相应调整:

1)抗裂砂浆除每增减1 mm子目外,人工、材料、机械乘以系数1.50。
2)聚合物抗裂砂浆每增减1 mm子目外,人工、材料、机械乘以系数2.00。
3)现浇混凝土项目,人工、材料、机械乘以系数1.025。
(8)腰线上做保温(包括空调板、阳台板等构件),其对应的保温项目、界面砂浆项目,执行墙体相应的保温项目,其人工乘以系数1.50,材料、机械乘以系数1.10。
(9)耐碱玻纤网格布、镀锌钢丝网铺设均包括接缝、附加层、翻包的人工及材料,不再另行计算。
(10)屋面坡度15°以内的执行本定额项目,15°以上时按相应项目人工乘以系数1.27。
(11)零星隔热工程:
1)池壁、池底隔热分别套用墙体隔热及地面隔热的相应项目。
2)门口周围的隔热部分,按图示部位,分别套用墙体或地面隔热的相应项目。

二、保温防腐工程工程量计算规则

1. 保温隔热

(1)屋面保温。

1)屋面保温隔热层(图4-65)应区别不同保温隔热材料,均按设计实铺厚度以 m³ 为计量单位计算,另有规定者除外。

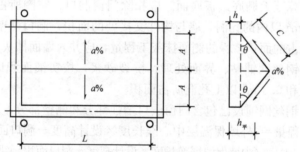

图4-65 屋面保温隔热层

$$h_\text{平}=h+a\%\times A\div 2$$
$$V=L\times 2A\times h_\text{平}$$

屋面保温隔热层的净厚度,即

$$平均厚度=最薄处厚度+L/2\times i/2$$

式中 L——屋面坡宽;

i——屋面坡度(%),屋面垂直高度和水平长度之比。

2)聚苯板、挤塑板、硬泡聚氨酯、自调温相变保温材料,均按设计面积以 m² 为计量单位计算。

3)水泥砂浆找平层掺聚丙烯、棉纶-6纤维设计面积以 m² 为计量单位计算。

4)架空隔热层混凝土板保温(图4-66)按设计面积以 m² 为计量单位计算。

通常架空隔热层的实铺面积只有当屋面施工完毕后才能知道,因此在预算时,一般可按女儿墙内墙内

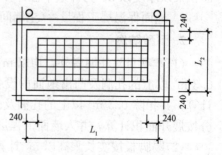

图4-66 架空隔热层混凝土板保温

退 240 mm 计算估计面积。架空隔热层工程量为 $S=(L_1-0.24\times2)\times(L_2-0.24\times2)$。

5)聚合物抗裂砂浆区分不同厚度,按设计面积以 m^2 为计量单位计算。

(2)天棚保温。

1)天棚保温、吸声层按实铺面积以 m^2 计算。天棚保温砂浆抹灰面积,按主墙间的净空面积计算。有坡度及拱形的天棚,按展开面积计算;带有钢筋混凝土梁的天棚,梁的侧面抹灰面积,并入天棚抹灰工程量内计算。计算天棚抹灰面积时,不扣除间壁墙、垛、柱、附墙烟囱通风道、检查孔、管道及灰线等所占的面积;带密肋的小梁及井字梁的天棚抹灰,以展开面积计算,按混凝土天棚保温砂浆抹灰项目计算,每 $100\ m^2$ 增加 4.14 工日。

2)软木、泡沫塑料板沥青铺贴在混凝土板下,按图示长、宽、厚的乘积,以 m^3 为计量单位计算。

(3)墙体保温。

1)聚苯板、挤塑板、单面钢丝网架夹心聚苯板、硬泡聚氨酯、自调温相变材料、胶粉聚苯颗粒墙体保温,均按设计保温面积以 m^2 计算,应扣除门窗洞口、防火隔离带和 $0.3\ m^2$ 以上的孔洞面积,门窗洞口和 $0.3\ m^2$ 以上的洞口侧壁面积展开计算。

2)其他保温隔热层,均按墙中心线长乘以图示尺寸高度及厚度以 m^3 计算。应扣除门窗洞口和 $0.3\ m^2$ 以上洞口所占体积,门窗洞口和 $0.3\ m^2$ 以上的洞口侧壁体积展开计算。

3)内墙保温砂浆抹灰面积按主墙间的图示净长尺寸乘以内墙抹灰高度计算,其高度为自室内地坪或楼地面算至天棚底或板底面。应扣除门窗洞口、空圈所占的面积,不扣除踢脚板、挂镜线、$0.3\ m^2$ 以内的孔洞、墙与构件交接处的面积,洞口侧壁和顶面面积亦不增加,不扣除间壁墙所占的面积。垛的侧面抹灰工程量,应并入墙面抹灰工程量内计算。

4)纤维网格布与钢丝网铺贴、界面处理、抗裂砂浆,按实铺面积以 m^2 为计量单位计算,应扣除门窗洞口和 $0.3\ m^2$ 以上孔洞所占面积。

5)纤维网格布、钢丝网铺设已包含门窗洞口增强部分和侧壁部分,不另计算。

墙体保温层工程量=(外墙保温层中心线长度×设计高度-洞口面积)×厚度+
(内墙保温层净长度×设计高度-洞口面积)×厚度+洞口侧壁体积

(4)柱子保温。软木、泡沫塑料板、沥青稻壳板包柱子,其工程量按隔热材料展开长度的中心线乘以图示高度及厚度,以 m^3 计算。

柱保温层工程量=保温层中心线展开长度×设计高度×厚度

(5)楼地面保温。

1)楼地面干铺聚苯板、挤塑板保温,按实铺面积以 m^2 为计量单位计算。

2)楼地面沥青贴软木。沥青贴聚苯乙烯泡沫塑料板、沥青铺加气混凝土块,按照设计面积乘以厚度以 m^3 为计量单位计算。

地面保温层工程量=(主墙间净长度×主墙间净宽度-应扣面积)×设计厚度

2. 耐酸防腐

(1)本项目除注明者外,均以 m^2 计算。工程量按图示尺寸长乘以宽(或高)计算,扣除 $0.3\ m^2$ 以上的孔洞及凸出地面的设备基础等所占的面积。混凝土工程量按图示尺寸以 m^3 计算,并扣除 $0.3\ m^2$ 以上的孔洞及凸出地面的设备基础等所占的体积。砖垛等凸出墙面部分按展开面积计算,并入墙面工程量内。

(2)踢脚板按实长乘高以 m^2 计算,除门、洞口所占的长度外,侧壁的长度相应增加。

(3)平面砌双层耐酸块料,按相应项目加倍计算。

(4)金属面刷过氯乙烯防腐漆,计算规则按"B.5 油漆、涂料、裱糊工程"中相应规则计算。

三、套定额计算人工费、材料费和机械费(表 4-30)

表 4-30 单位工程预算表   元

定额编号	项目名称	单位	工程量	单价	其中			合价	其中		
					人工费	材料费	机械费		人工费	材料费	机械费
A8—211	屋面聚苯板保温	100 m²		4 452.26	732.6	3 719.66					
A8—223	聚合物抗裂砂浆	100 m²		1 224.93	512.28	711.47	1.18				
A8—230	1:6 水泥炉渣	10 m³	5.196	2 550.76	389.16	2 086.05	75.55	13 253.75	2 022.08	10 839.12	392.56
A8—239	水泥蛭石块	10 m³		1 974.97	258.97	1 716.0					
A8—240	架空隔热层	100 m²	5.56	1 359.48	1 035.6	317.67	6.21	7 558.71	5 757.94	1 766.25	34.53
A8—249	天棚贴软木	10 m³		30 459.8	3 169.2	27 290.6					
A8—234	现浇水泥蛭石	10 m³		1 847.49	331.82	1 440.12	75.55				

项目八 金属结构工程计量计价

一、金属结构工程定额相关说明

(1)金属构件制作均是按焊接考虑的。

(2)构件制作包括分段制作和整体预装配等全部操作过程所使用的人工、材料及机械台班用量。整体预装配用的螺栓及锚固杆件用的螺栓已包括在项目内。

(3)金属结构构件制作项目内包括钢材损耗,并包括刷一遍防锈漆的工料。

(4)本项目未包括加工点至安装点的构件运输,实际发生时应按"A.9 构件运输及安装工程"相应项目计算。

(5)设计要求无损探伤的构件,其制作人工乘以系数 1.05。

(6)钢栏杆制作仅适用于工业厂房中平台、操作台的钢栏杆,民用建筑中铁栏杆按《全国统一建筑装饰装修工程消耗量定额河北省消耗量定额》中相应项目计算。

(7)金属结构构件焊接焊缝无损探伤应按规范要求套用相应项目。焊缝质量检测级别见表 4-31。

表 4-31 焊缝质量检测级别

级别	检测项目	检查数量
1	外观检查	全部
	超声波检验	全部
	X 射线检验	抽查焊缝长度的 2%,至少应有一张底片

续表

级别	检测项目	检查数量
2	外观检查	全部
	超声波检验	抽查焊缝长度的20%
3	外观检查	全部

二、金属结构工程工程量计算规则

(1)金属结构构件制作按设计图示钢材尺寸以 t 计算，不扣除孔眼、切边的质量，焊条、铆钉、螺栓等质量已包括在项目内不另计算。在计算不规则或多边形钢板(图 4-67)质量时，按其最小外接矩形面积计算。

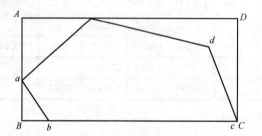

图 4-67　不规则钢板

以其长边为基线的外接矩形面积计算，即按最大对角线乘以最大宽度的面积计算。

$$S=AB\times AD$$

多边形钢板质量＝最大对角线长度×最大宽度×面密度(kg/m²)

不规则或多边形钢板按矩形计算，如图 4-68 所示。

$$S=A\times B$$

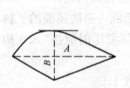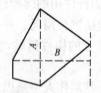

图 4-68　不规则或多边形钢板

(2)实腹柱(图 4-69)、吊车梁、H 型钢按图示尺寸计算。其中，腹板及翼板宽度按每边增加 10 mm 计算。

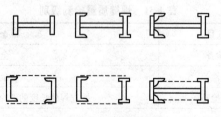

图 4-69　实腹柱、格构柱

(3)计算钢柱制作工程量时,依附于柱上的牛腿及悬臂梁的质量应并入柱身的质量内。

(4)计算吊车梁制作工程量时,依附于吊车梁的连接钢板质量并入吊车梁质量内,但依附于吊车梁上的钢轨、车挡、制动梁的质量,应另列项目计算。

(5)单梁悬挂起重机轨道工字钢含量及垃圾斗、出垃圾门的钢材含量,项目规定与设计不同时,可按设计规定调整,其他不变。

(6)计算钢屋架制作的工程量时,依附于屋架上的檩托、角钢质量并入钢屋架质量内。

(7)计算钢托架制作工程量时,依附于托架上的牛腿或悬臂梁的质量应并入钢托架质量内。

(8)计算钢墙架制作工程量时,墙架柱、墙架梁及连系拉杆重量并入钢墙架重量内。

(9)计算天窗挡风架制作工程量时,柱侧挡风板及挡雨板支架质量并入天窗挡风架质量内,天窗架应另列项目计算,天窗架上的横挡支爪、檩条爪应并入天窗架质量计算。

(10)钢支撑制作项目包括柱间、屋架间水平及垂直支撑以 t 为单位计算。

(11)计算钢平台制作工程量时,平台柱、平台梁、平台板(花纹钢板或箅式)、平台斜撑、钢扶梯及平台栏杆等的质量,应并入钢平台质量内。

(12)钢制动梁的制作工程量包括制动梁、制动桁架、制动板质量。

(13)钢漏斗制作工程量,矩形按图示分片,圆形按图示展开尺寸,并依钢板宽度分段计算,依附漏斗的型钢并入漏斗质量内计算。

(14)球节点钢网架制作工程量按钢网架整个质量计算,即钢杆件、球节点、支座等质量之和,不扣除球节点开孔所占质量。

项目九 施工技术措施项目计量计价

一、脚手架工程

1. 定额相关说明

(1)本项目脚手架仅适用于主体结构工程,不含装修装饰工程施工脚手架。

(2)建筑物脚手架是按建筑物外墙高度和脚手架类别分别编制的。建筑物外墙高度以设计室外地坪作为计算起点,高度按以下规定计算:

1)平屋顶带挑檐的,算至挑檐栏板结构顶标高。

2)平屋顶带女儿墙的,算至女儿墙顶。

3)坡屋面或其他曲面屋面顶算至墙中心线与屋面板交点的高度,山墙按山墙平均高度计算。

4)屋顶装饰架与外墙同立面(含水平距外墙 2 m 以内范围),并与外墙同时施工,算至装饰架顶标高。

上述多种情况同时存在时,按最大值计取。

(3)本项目脚手架管、扣件、底座、爬升装置及架体是按租赁、合理的施工方法、合理的工期编制的。租赁材料往返运输所需要的人工和机械台班已包括在相应的项目内。

(4)墙体高度超过 1.2 m 时,应计算脚手架费用。

(5)外脚手架项目中已包括卸料平台。

(6)附着式升降脚手架吊点数量可据实调整。

(7)钢结构工程彩钢板墙板安装脚手架按相应高度双排外脚手架乘以系数0.25。

(8)建筑物最高檐高在20 m以内计算依附斜道,依附斜道的搭设高度按建筑物最高檐高计算。独立斜道套用依附斜道定额项目乘以系数1.80。

(9)地下建筑的脚手架及依附斜道套用相应高度外双排脚手架及依附斜道项目。高度系指垫层底标高至设计室外地坪的高度。

2. 工程量计算规则

(1)多层(跨)建筑物高度不同或同一建筑物各墙面的高度不同,应分别计算工程量。

(2)单排、双排外墙脚手架的工程量按墙外围长度(含外墙保温)乘以外墙的高度以 m^2 计算。凸出墙外在24 cm以内的墙垛、附墙烟囱等,其脚手架已包括在外墙脚手架内,不再另计。

凸出墙外超24 cm时按图示尺寸展开计算,并入外墙脚手架工程内。型钢悬挑脚手架、附着式升降脚手架按其搭设范围墙体外围面积计算。

(3)外墙脚手架。

1)砖混结构高度在15 m以内时,按单排脚手架计算;但符合下列条件之一者按双排脚手架计算:

①外墙门窗洞口面积超过整个建筑物外墙面积40%以上者。

②毛石外墙、空心砖外墙、填充墙。

③外墙裙以上的外墙面抹灰面积占整个建筑物(包括门窗洞口面积在内)25%以上者。

2)砖混结构外墙高度在15 m以上及其他结构的建筑物按双排脚手架或型钢悬挑脚手架或附着式升降脚手架计算。

(4)计算脚手架时,不扣除门窗洞口及穿过建筑物的通道的空洞面积。

(5)砌筑高度超过1.2 m的砖基础脚手架,按砖基础的长度乘以砖基础的砌筑高度以 m^2 计算。内墙、地下室内外墙砌筑脚手架,外墙按砌体中心线、内墙按砌体净长乘以高度以 m^2 计算,高度从室内地面或楼面算至板下。高度(同一面墙高度变化时,按平均高度)在3.6 m以内时,按3.6 m以内里脚手架计算;高度超过3.6 m时,按相应高度的单排外脚手架项目乘以系数0.60计算。

(6)砌筑高度超过1.2 m的室内管沟墙脚手架按墙的长度乘以高度以 m^2 计算。高度在3.6 m以内时,按3.6 m以内里脚手架计算;高度超过3.6 m时,按相应高度的单排外脚手架项目乘以系数0.60计算。

(7)独立砖、石柱脚手架,按柱的周长加3.6 m乘以柱高以 m^2 计算。独立砖柱高度在3.6 m以内时,按3.6 m以内里脚手架计算;高度超过3.6 m时,按相应高度的单排外脚手架项目乘以系数0.60计算;独立石柱套用相应高度的双排脚手架项目乘以系数0.40。

$$独立柱脚手架工程量=(柱图示结构外围周长+3.6)×设计柱高$$

式中,设计柱高为基础上表面或楼板上表面至上层楼板上表面或屋面板上表面的高度。

(8)现浇混凝土满堂基础、独立基础、设备基础、构筑物基础底面面积在 $4~m^2$ 以上或施工高度在1.5 m以上、现浇带形基础宽度在2 m以上时,按基础底面面积套用《全国统一建筑装饰装修工程消耗量定额河北省消耗量定额》中的满堂脚手架基本层项目乘以系数0.50。

(9)砖石围墙、挡土墙砌筑脚手架,按墙中心线长度乘以高度(不含基础埋深)以 m² 计算。砖砌围墙、挡土墙高度在 3.6 m 以内时,按 3.6 m 以内里脚手架计算;高度超过 3.6 m 时,按相应高度的单排外脚手架项目乘以系数 0.6 计算。石砌围墙、挡土墙高度在 3.6 m 以内时,按 3.6 m 以内里脚手架计算;高度超过 3.6 m 时,按相应高度的双排外脚手架项目乘以系数 0.6 计算。

(10)地下室、卫生间等墙面防水处理所需要的脚手架按以下方法计算:

内墙面按《全国统一建筑装饰装修工程消耗量定额河北省消耗量定额》中的相应项目计算,防水高度在 3.6 m 以内时,按墙面简易脚手架计算;防水高度超过 3.6 m 时,套用相应高度的内墙面装饰脚手架乘以系数 0.40。

地下室外墙面防水套用相应高度的外墙双排脚手架项目乘以系数 0.20。

(11)电梯井脚手架,区别不同高度,按单孔以座计算。

(12)依附斜道按建筑物外围长度每 150 m 为一座计算,其余超过 60 m 增加一座,60 m 以内不计。

【例 4-13】 计算图 4-70 所示的脚手架工程量。

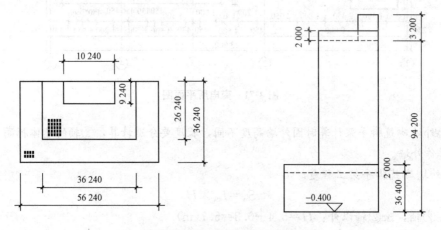

图 4-70 脚手架平面、立面图

解:(1)高层(25 层)部分外脚手架工程量:

$36.24 \times (94.20 + 2.00) = 3493.54 (m^2)$

$(36.24 + 26.24 \times 2) \times (94.20 - 36.40 + 2.00) = 5305.43 (m^2)$

$10.24 \times (3.20 - 2.00) = 12.29 (m^2)$

工程量 $= 3493.54 + 5305.43 + 12.29 = 8811.26 (m^3)$。

(2)低层(8 层)部分脚手架工程量:

$[(36.24 + 56.24) \times 2 - 36.24] \times (36.40 + 2.00) = 5710.85 (m^2)$

(3)电梯间、水箱间部分(假定为砖砌外墙)脚手架

工程量 $= (10.24 + 9.24 \times 2) \times 3.20 = 91.90 (m^2)$

【例 4-14】 图 4-71 所示为一砖混结构变电所平面图。假如①~②轴屋面板顶标高为 4.800 m,女儿墙顶面标高为 5.400 m;②~⑤轴屋面板顶标高为 3.900 m,女儿墙顶面标高为 4.500 m。设计室外地坪为 -0.300 m,屋面板厚度为 0.1 m。试计算:外墙砌筑脚手架工程量;内墙砌筑里脚手架工程量。

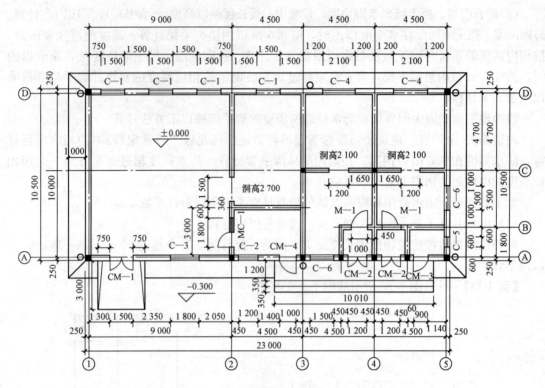

图 4-71 变电所平面图

解： 外墙砌筑脚手架计算时因外墙高度不同，长度要分别计算，②轴的墙体标高 3.900 m 以上应算作外墙。

(1) 外墙砌筑脚手架工程量。

$$S_w = L_w \times H$$

①～②轴，除②轴以外：$H = 5.4 + 0.3 = 5.7(m)$
$$L_w = 10.5 + (9 + 0.25 + 0.12) \times 2 = 29.24(m)$$
$$S_w = L_w \times H = 5.7 \times 29.24 = 166.67(m^2)$$

②轴：$H = 5.4 - 3.9 = 1.5(m)$
$$L_w = 10.5 \text{ m}$$
$$S_w = L_w \times H = 10.5 \times 1.5 = 15.75(m^2)$$

①～②轴外墙脚手架小计 182.42 m^2。

②～⑤轴：$H = 4.5 + 0.3 = 4.8(m)$
$$L_w = (4.5 \times 3 - 0.12 + 0.25) \times 2 + 10.5 = 37.76(m)$$
$$S_w = L_w \times H = 4.8 \times 37.76 = 181.25(m^2)$$

②～⑤轴外墙脚手架小计 181.25 m^2。

外墙砌筑脚手架工程量合计 363.67 m^2。

(2) 内墙砌筑脚手架工程量。

$H = 3.9 - 0.1 = 3.8(m)$
$L = (10 - 0.24) \times 3 + (4.5 - 0.24) \times 4 + (2.1 - 0.24) + (1.8 - 0.24) \times 2 = 51.3(m)$
$S_内 = 3.8 \times 51.3 = 194.94(m^2)$

3. 套定额计算人工费、材料费和机械费(表 4-32)

表 4-32 单位工程预算表 元

定额编号	项目名称	单位	工程量	单价	其中 人工费	其中 材料费	其中 机械费	合价	其中 人工费	其中 材料费	其中 机械费
A11-1	外墙5 m以内	100 m²	2.02	791.16	184.8	539.71	66.65	1 598.14	373.3	1 090.21	134.63
A11-3	外墙9 m以内	100 m²	3.64	948.46	327.6	558.97	61.89	3 452.39	1 193.46	2 034.65	225.28
A11-8	外墙50 m以内	100 m²	57.11	2 480.68	730.2	1 669.55	80.93	141 671.6	41 701.72	95 348.0	4 621.91
A11-9	外墙70 m以内	100 m²	53.05	3 239.62	915.6	2 238.33	85.69	171 861.8	48 572.58	118 743.4	4 545.85
A11-11	外墙110 m以内	100 m²	34.94	5 161.46	2 158.2	2 912.81	90.45	180 341.4	75 407.5	101 773.6	3 160.32
A11-20	3.6 m以内里脚手架	100 m²		257.78	199.8	48.46	9.52				
A11-21	电梯24 m以内	座		3 308.22	2 066.4	1 194.22	47.6				
A11-31	依附斜道5 m内	座		884.86	138.6	703.42	42.84				

注:外墙5 m以内工程量=12.29+72.7+194.94×0.6=201.95(m²)。

二、模板工程

1. 定额相关说明

(1)本项目中模板是分别按本省施工中常用的组合钢模板、大钢模板、定型钢模板、复合木模板、木模板、混凝土地胎模、砖地胎模编制的。组合钢模板及卡具、支撑钢管及扣件、大钢模板按租赁编制,租赁材料往返运输所需要的人工和机械台班已包括在相应的项目内;复合木模板、木模板、定型钢模板等按摊销考虑。

(2)复合木模板适用于竹胶合模板、木胶合模板、复合纤维模板。

(3)现浇混凝土梁、板、柱、墙是按支模高度3.6 m编制的,3.6 m以上6 m以下,每超过1 m(不足1 m者按1 m计),超过部分工程量另按超高的项目计算,6 m以上按批准的施工方案计算。

(4)拱形、弧形构件是按木模考虑的,如实际使用钢模,套用直形构件项目,人工乘以系数1.20。混凝土基础构件实际使用砖模,套用砌筑相应项目。

(5)构造柱模板套用矩形柱项目。

(6)斜梁(板)是按坡度30°以内综合取定的。坡度在45°以内,按相应项目人工乘以系数1.05;坡度在60°以内,按相应项目人工乘以系数1.10。

(7)现浇空心楼板执行平板项目。

(8)电梯井壁的混凝土支模楼层层高超过3.6 m时,超过部分工程量另按墙超高项目乘以0.50计算。

(9)2层以内且建筑面积在2 000 m²以内的建筑物,梁、柱施工使用复合木模板的,复合木模板消耗量乘以系数1.40。

(10)散水、坡道模板按垫层模板套用。

(11)明沟垫层按垫层模板套用,立壁套用直形墙模板乘以系数0.40。

(12)混凝土构件模板已综合考虑模板支撑和脚手架操作系统,不另行计算,混凝土构筑物及符合"A.11 脚手架工程"工程量计算规则第一条第8款条件的除外。

2. 工程量计算规则

(1)现浇混凝土模板工程量,除另有规定者外,均按混凝土与模板的接触面的面积以 m^2 计算,不扣除后浇带所占面积。二次浇捣的后浇带模板按后浇带体积以 m^3 计算。

(2)现浇钢筋混凝土墙、板上单孔面积在 $0.3 m^2$ 以内的孔洞,不予扣除,洞侧壁模板亦不增加;单孔面积在 $0.3 m^2$ 以上时,孔洞所占面积应予扣除,洞侧壁模板面积并入墙、板模板工程量之内计算。

(3)混凝土护壁按混凝土实体积以 m^3 计算。

(4)现浇钢筋混凝土框架的模板工程量分别按柱、梁、板、墙计算,不凸出墙面的柱并入墙的模板工程量内计算。混凝土墙大钢模板在消耗量内已综合考虑门窗洞口及侧壁处模板面积。

(5)叠合板的模板按板四周的长度乘以板厚按接触面计算,套用平板项目。叠合梁按叠合部分两侧模板接触面计算。

(6)构造柱外露面(图4-72)应按图示外露部分计算模板面积,马牙槎的模板面积按马牙槎宽度乘以柱高计算。

一字形,$S=(d_1+0.12)×2×H$ L形,$S=(d_1+0.06+d_2+0.06)×H+0.06×2×H$

图 4-72 构造柱外露模板

(7)现浇钢筋混凝土悬挑的雨篷、阳台,伸出墙外的梁及板边模板不另计算。如伸出墙外超过 1.50时,梁、板分别计算,套用相应项目。

(8)挑檐天沟与板(包括屋面板、楼板)连接时,以外墙身外边缘为分界线;当与圈梁(包括其他梁)连接时,以梁外边线为分界线。外墙外边缘以外或梁外边线以外为挑檐天沟。挑檐天沟壁高度在 40 cm 以内时,套用挑檐项目;挑檐天沟壁高度超过 40 cm 时,按全高套用栏板项目计算。混凝土飘窗板、空调板执行挑檐项目,如单体 $0.05 m^3$ 以内执行零星构件项目。

(9)混凝土台阶按图示台阶尺寸(包括踏步及最上一层踏步沿 300 mm)计算,台阶端头模板并入台阶工程量内,梯带另行计算。

(10)零星构件适用于现浇混凝土扶手、柱式栏杆及其他未列项目且单件体积在 $0.05 m^3$ 以内的小型构件。

(11)对拉螺栓。高度≥500 mm 的梁、宽度≥600 mm 的柱及混凝土墙模板使用对拉螺栓时,按照下列规定以 t 为单位计算,并扣除相应子目的铁件消耗量:

1)对拉螺栓的长度按混凝土厚度每侧增加 270 mm,直径按 14 mm 计算。

2)对拉螺栓间距按下列规定计算:

①复合木模板中对拉螺栓间距 400 mm。
②组合钢模板中对拉螺栓间距 800 mm。
经批准的施工方案的对拉螺栓长度、直径、间距与上述不同时，可以调整。

【**例 4-15**】 某工程墙体如图 4-73 所示，构造柱与砖墙咬口宽 60 mm；现浇混凝土圈梁断面为 240 mm×240 mm，满铺。计算工具钢模板工程量，确定定额项目。

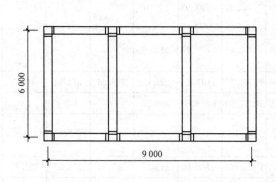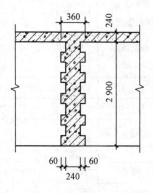

图 4-73 某工程墙体

解：现浇混凝土构造柱钢模板工程量=(0.36×6+0.3×8+0.06×2×8)×2.90=17.33(m²)

现浇混凝土圈梁钢模板工程量=[(9.00+6.00)×2+(6.00-0.24)]×0.24×2=17.16(m²)

【**例 4-16**】 某屋面挑檐的平面及剖面图如图 4-74 所示。试计算挑檐模板工程量。

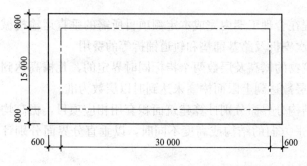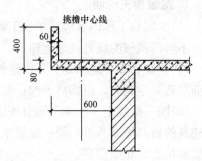

图 4-74 某屋面挑檐的平面及剖面图

解：
(1)挑檐板底。
挑檐宽度×挑檐板底的中心线长=0.6×(30+0.6+15+0.6)×2=55.44(m²)
(2)挑檐立板。
立板外侧：挑檐立板外侧高度×挑檐立板外侧周长=0.4×(30+0.6×2+15+0.6×2)×2
=37.92(m²)
立板内侧：挑檐立板内侧高度×挑檐立板内侧周长=(0.4-0.08)×[30+(0.6-0.06)×2+15+(0.6-0.06)×2]×2=0.32×94.32=30.18(m²)
S=55.44+37.92+30.18=123.54(m²)

3. 套定额计算人工费、材料费和机械费(表 4-33)

表 4-33 单位工程预算表 元

定额编号	项目名称	单位	工程量	单价	其中			合价	其中		
					人工费	材料费	机械费		人工费	材料费	机械费
A12—3	带形基础(有梁式)	100 m²		3 892.69	1 443.60	2 192.93	256.16				
A12—8	满堂基础(无梁)	100 m²		3 321.89	1 709.40	1 497.47	115.02				
A12—17	矩形柱	100 m²	0.173 3	4 401.96	2 161.20	2 012.11	228.65	762.86	374.54	348.7	39.63
A12—18	异形柱	100 m²		5 336.28	3 232.80	1 874.83	228.65				
A15—19	支撑超 3.6 m 每增加 1 m	100 m²		277.33	182.40	84.98	9.95				
A12—22	圈梁	100 m²	0.171 6	3 469.33	1 830.000	1 526.06	113.27	595.34	314.03	261.87	19.44
A12—41	挑檐天沟	100 m²	1.235 4	6 361.28	3 609.30	2 251.39	500.59	7 858.72	4 458.93	2 781.37	618.43
A12—16	混凝土桩护壁	10 m³		2 240.00	2 053.80	182.15	4.05				

注：本表只选取部分定型组合钢模板的单价。

三、垂直运输工程

1. 定额相关说明

(1)本项目工作内容包括单位工程在合理工期内完成本定额项目所需的垂直运输机械台班，不包括机械的场外往返运输、一次安拆及路基铺垫和轨道铺拆等的费用。

(2)建筑物垂直运输划分是以建筑物的檐高及层数两个指标同时界定的，凡檐高达到上限而层数未达到时，以檐高为准；如层数达到上限而檐高未达到时以层数为准。

(3)同一建筑上下结构不同时按结构分界面分别计算建筑面积套用相应项目，檐高均以该建筑的最高檐高为准；同一建筑水平方向的结构或高度不同时，以垂直分界面分别计算建筑面积套用相应项目。

(4)建筑物檐高以设计室外地坪标高作为计算起点，建筑物檐高按下列方法计算，突出屋面的电梯间、水箱间、亭台楼阁等均不计入檐高内：

1)平屋顶带挑檐的，算至挑檐板结构下皮标高。

2)平屋顶带女儿墙的，算至屋顶结构板上皮标高。

3)坡屋面或其他曲面屋面顶算至外墙(非山墙)中心线与屋面板交点的高度。

4)上述多种情况同时存在时，按最大值计取。

(5)建筑物的垂直运输执行以下规定：

1)带地下室的建筑物以±0.000 为界分别套用±0.000 以下及以上的相应项目。

2)无地下室的建筑物套用±0.000 以上相应项目；当基础深度(基础底标高至±0.000)超过 3.6 m 时，基础的垂直运输费按±0.000 处外围(含外墙保温板)水平投影面积套用±0.000 以下一层子目乘以系数 0.70。

3)设备管道夹层按其外围(含外墙保温板)水平投影面积乘以系数 1.50 并入建筑物垂直

运输工程量内,设备管道夹层不计算层数。

4)接层工程的垂直运输费按接层的建筑面积套用相应项目乘以系数 1.50,高度按接层后的檐高计算。

(6)檐高 3.6 m 以内的单层建筑不计算垂直运输机械费。

(7)结构类型适用范围见表 4-34。

表 4-34 结构类型适用范围

现浇框架结构适用范围	其他结构适用范围
现浇框架、框架-剪力墙、剪力墙结构	除砖混结构、现浇框架、框-剪力墙、剪力墙、滑模结构及预制排架结构以外的结构类型

(8)未列项目的构筑物垂直运输费根据合理的施工组织设计按实计算。

(9)本项目是按混凝土全部泵送编制的。不全部使用泵送混凝土的工程,其垂直运输机械费应按以下方法增加:按非泵送混凝土数量占现浇混凝土总量的百分比乘以 7%,再乘以按项目计算的整个工程的垂直运输费。

2. 工程量计算规则

建筑物垂直运输费区分不同建筑物的结构类型及檐高(层数)按建筑物面积以 m^2 计算,建筑物以±0.000 为界分别计算建筑面积套用相应项目。

檐高是指设计室外地坪至檐口滴水线的高度,凸出主体建筑屋顶的电梯间、水箱间等不计入檐口高度之内。

建筑面积按《建筑工程建筑面积计算规范》(GB/T 50353—2013)的规定计算,其中设备管道夹层垂直运输按本项目有关规定计算。

3. 套定额计算人工费、材料费和机械费(表 4-35)

表 4-35 单位工程预算表　　　　　　　　　　　　　　　　　　元

定额编号	项目名称	单位	工程量	单价	其中			合价	其中		
					人工费	材料费	机械费		人工费	材料费	机械费
A13—1	±0.000 以下一层	100 m²		3 222.33			3 222.33				
A13—6	±0.000 以上,20 m 以下砖混	100 m²		1 958.16			1 958.16				
A13—7	±0.000 以上,20 m 以下框架	100 m²		2 489.33			2 489.33				

四、建筑物超高费

1. 定额相关说明

(1)本项目适用于建筑物檐高 20 m 以上的工程。

(2)建筑物檐高以设计室外地坪标高作为起点,建筑物檐高按下列方法计算,突出屋面的电梯间、水箱间、亭台楼阁等不计入檐高之内:

1)平屋顶带挑檐的,算至挑檐板结构下皮标高。
2)平屋顶带女儿墙的,算至屋顶结构板上皮标高。
3)坡屋面或其他曲面屋面顶均算至外墙(非山墙)中心线与屋面板交点的高度。
4)上述多种情况同时存在时,按最大值计取。

(3)同一建筑物高度不同时,按不同檐高分别计算超高费。同一屋面的前后檐高不同时,以高檐为准。

(4)超高建筑增加费综合了由于超高施工人工、其他机械(扣除垂直运输、吊装机械、各类构件的水平运输机械以外的机械)降效以及加压水泵等费用。垂直运输、吊装机械的超高降效已综合在相应项目中。

2. 工程量计算规则

(1)建筑物自设计室外地坪至檐高超过 20 m 的建筑面积(以下简称超高建筑面积)计算超高增加费,其增加费均按与建筑物相应的檐高标准计算。20 m 所对应楼层的建筑面积并入建筑物超高费工程量,20 m 所对应的楼层按下列规定套用定额:

1)20 m 以上到本层顶板高度在本层层高 50% 以内时,按相应超高项目乘以系数 0.50 套用定额。
2)20 m 以上到本层顶板高度在本层层高 50% 以上时,按相应超高项目套用定额。

(2)超高建筑面积按《建筑工程建筑面积计算规范》(GB/T 50353—2013)的规定计算。

(3)超过 20 m 以上的设备管道夹层(含外墙保温板)水平投影面积乘以系数 0.50 并入建筑物超高费工程量内,并按第(1)条规定套用定额。

(4)建筑物若 20 m 以上部分的层高超过 3.6 m 时,每增高 1 m(包括 1 m 以内),按相应超高项目提高 25%。

3. 套定额计算人工费、材料费和机械费(表 4-36)

表 4-36 单位工程预算表   元

定额编号	项目名称	单位	工程量	单价	其中			合价	其中		
					人工费	材料费	机械费		人工费	材料费	机械费
A14—1	檐高 30 m 以内	100 m²		1 235.13	794.88		440.25				
A14—2	檐高 40 m 以内	100 m²		2 016.49	1 427.46		589.03				
A14—3	檐高 50 m 以内	100 m²		2 657.67	2 060.04		597.63				

五、其他可竞争措施项目

工程量＝(实体项目＋技术措施项目)中的(人工费＋机械费)

1. 一般土建工程(表 4-37)

表 4-37　其他可竞争措施项目(一般土建工程)

定额编号		A15-59	A15-60	A15-61	A15-62	A15-63	A15-64
项目名称		冬期施工增加费	雨期施工增加费	夜间施工增加费	生产工具用具使用费	检验试验配合费	工程定位复测场地清理费
基价/%		0.64	1.48	0.75	1.41	0.57	0.65
其中	人工费/%	0.13	0.30	0.45	0.42	0.16	0.32
	材料费/%	0.38	0.88	0.15	0.71	0.31	0.23
	机械费/%	0.13	0.30	0.15	0.28	0.10	0.10

定额编号		A15-65	A15-66	A15-67	A15-68	A15-69
项目名称		成品保护费	二次搬运费	临时停水停电费	土建施工与生产同时进行增加费用	在有害身体健康的环境中施工降效增加费
基价/%		0.72	1.20	0.44	2.14	2.14
其中	人工费/%	0.36	0.37	0.22	2.14	2.14
	材料费/%	0.29	—	—	—	—
	机械费/%	0.07	0.83	0.22	—	—

2. 桩基础工程(表 4-38)

表 4-38　其他可竞争措施项目(桩基础工程)

定额编号		A15-70	A15-71	A15-72	A15-73	A15-74	A15-75
项目名称		冬期施工增加费	雨期施工增加费	夜间施工增加费	生产工具用具使用费	检验试验配合费	工程定位复测场地清理费
基价/%		0.50	1.15	0.60	1.11	0.44	0.51
其中	人工费/%	0.10	0.23	0.36	0.33	0.12	0.26
	材料费/%	0.30	0.69	0.12	0.56	0.24	0.18
	机械费/%	0.10	0.23	0.12	0.22	0.08	0.07

定额编号		A15-76	A15-77	A15-78	A15-79	A15-80
项目名称		成品保护费	二次搬运费	临时停水停电费	土建施工与生产同时进行增加费用	在有害身体健康的环境中施工降效增加费
基价/%		0.55	0.94	0.32	1.68	1.68
其中	人工费/%	0.28	0.29	0.16	1.68	1.68
	材料费/%	0.22	—	—	—	—
	机械费/%	0.05	0.65	0.16	—	—

六、不可竞争措施项目

工程量＝实体项目费＋措施项目费＋企业管理费＋规费＋利润＋价款调整

1. 一般土建工程(表 4-39)

表 4-39 不可竞争措施项目(一般土建工程)

定额编号		A16—1	A16—2
项目名称		安全生产、文明施工费	
		基本费	增加费
基价/%		3.55	0～0.70
其中	人工费/%	—	—
	材料费/%	—	—
	机械费/%	—	—

2. 桩基础工程(表 4-40)

表 4-40 不可竞争措施项目(桩基础工程)

定额编号		A16—3	A16—4
项目名称		安全生产、文明施工费	
		基本费	增加费
基价/%		2.85	0～0.50
其中	人工费/%	—	—
	材料费/%	—	—
	机械费/%	—	—

项目十　施工图预算书编制实例

一、工程概况

该工程为一层砖混结构小平房，建筑面积为 47.69 m²，层高为 3.3 m。按构造要求设置 C20 混凝土构造柱和圈梁，构造柱尺寸为 240 mm×240 mm，钢筋为 4Φ18，箍筋为 Φ6@150；圈梁截面尺寸为 180 mm×240 mm，钢筋为 4Φ12，箍筋为 6@150；门窗过梁为现场预制，M—1 过梁尺寸为 240 mm×240 mm，其余门窗过梁截面尺寸均为 240 mm×180 mm，钢筋均为 4Φ14，箍筋为 Φ6@150。屋面板采用 120 mm 厚 C30 混凝土现浇板，双向 Φ6@150。

二、房间做法

(1)地面做法：3∶7 灰土垫层，60 mm 厚 C15 混凝土垫层，20 mm 厚水泥砂浆抹面。

(2)踢脚线做法：150 mm 高水泥砂浆踢脚线。

(3)内、外墙面做法：内墙砖墙面抹灰(14＋6)mm 水泥砂浆，106 涂料两遍；外墙砖墙面抹灰(14＋6)mm 水泥砂浆。

(4)天棚做法：天棚混合砂浆抹灰面，106 涂料两遍。

(5)散水做法：60 mm 厚，1 m 宽 C15 素混凝土。

(6)台阶做法：C15 素混凝土，宽度为 350 mm。

(7)屋面做法：SBS 改性沥青油毡 3 mm 厚热熔法，屋面保温加气混凝土。

三、门窗统计表

门窗统计表见表 4-41。

表 4-41　门窗统计表

编号	尺寸(宽×高)/(mm×mm)	数量/樘	备注
M—1	1 800×2 400	1	塑钢门(全板)不带亮
M—2	800×2 100	3	胶合板门(带亮)
C—1	1 200×1 500	4	单框双玻塑钢窗

四、施工图

工程施工图如图 4-75、图 4-76 所示。

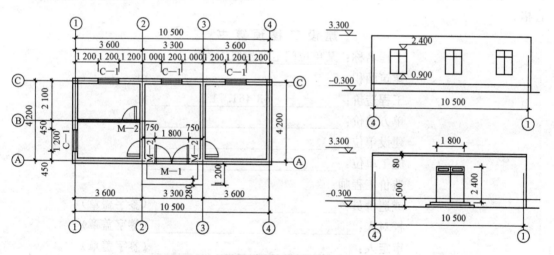

图 4-75　施工图(一)

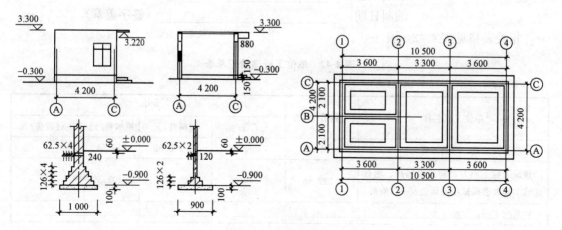

图 4-76　施工图(二)

五、施工图预算

工程预算书封面

工程名称　<u>某单位门卫建筑工程</u>　　　　　　　工程地点　<u>河北省承德市</u>

单方造价　<u>　　　　　</u>元/m²（建筑、装饰）　　建筑面积　<u>47.69 m²</u>

建设单位　　　　　　　　　　　　　　　　　　　施工单位：

审　　核　　　　　　　　　　　　　　　　　　　编　　制：

2016 年 3 月 10 日

施工图预算编制说明

1. 编制依据

(1)某单位门卫施工图及有关设计说明。

(2)现行的《河北省建设工程消耗量定额》《河北省建设工程消耗量定额基价》《河北省建筑安装工程费用项目组成及计算规则》。

(3)现场施工条件、实际情况。

2. 工程概况

一层砖混结构，建筑面积为 47.69 m²，层高为 3.3 m，工期为 2 个月，质量标准为合格。

建 设 工 程 预 算 书

工程名称：<u>某单位门卫房建筑工程　　　　　</u>

建筑面积：<u>　　　　　　　　　　　　</u>m²

工程造价：<u>　　　　63 461.71　　　　</u>元

单方造价：<u>　　　　　　　　　　　　</u>元/m²

建设单位：<u>　　　　　　　　　　　　</u>

施工单位：<u>　　　　　　　　　　　　</u>

造价工程师

或造价员：<u>　　　　　　　　　　　　</u>（签字盖章）

校对人：<u>　　　　　　　　　　　　　</u>（签字盖章）

审定人：<u>　　　　　　　　　　　　　</u>（签字盖章）

编制单位：<u>　　　　　　　　　　　　</u>（签字盖章）

编制日期：<u>　　　　　　　　　　　　</u>（签字盖章）

相关表格见表 4-42～表 4-46。

表 4-42　单位工程造价汇总表

工程名称：某单位门卫房建筑工程

单位工程名称	工程造价/元	其中：			
		人工费/元	材料费/元	机械费/元	主材设备/元
一般建筑工程，三类工程	39 141.50	7 890.52	22 308.88	713.63	
建筑工程土石方、建筑物超高、垂直运输、特大型机械场外运输及一次安拆	3 329.66	1 094.66		1 402.59	
桩基础工程，二类工程					

续表

单位工程名称	工程造价/元	其中：			
		人工费/元	材料费/元	机械费/元	主材设备/元
装饰装修工程	20 990.55	6 947.16	8 091.57	270.09	
合　计	63 461.71	15 932.34	30 400.45	2 386.31	

表 4-43　单位工程费汇总表

工程名称：某单位门卫房建筑工程

序号	编码	项目名称	计算基础	费率/%	费用金额/元
			一般建筑工程．三类工程		
1	ZJF	直接及技术措施性成本	RGF+CLF+JXF+WCF	100.000	30 913.03
2	RGF	其中：人工费	STRGF+CSRGF	100.000	7 890.52
3	CLF	其中：材料费	STCLF+CSCLF	100.000	22 308.88
4	JXF	其中：机械费	STJXF+CSJXF	100.000	713.63
5	WCF	其中：未计价材料费	STWCF+CSWCF	100.000	
6	QTF	施工组织措施费	(STRGF+STJXF)+(CSRGF+CSJXF)	7.860	676.29
7	QTFR	其中：人工费	(STRGF+STJXF)+(CSRGF+CSJXF)	2.730	234.89
8	QTFJ	其中：机械费	(STRGF+STJXF)+(CSRGF+CSJXF)	2.180	187.57
9	QFJS	取费基数	(RGF+JXF)+(QTFR+QTFJ)	100.000	9 026.61
10	GLF	企业管理费	QFJS	17.000	1 534.52
11	LR	利润	QFJS	10.000	902.66
12	GF	规费	QFJS	25.000	2 256.65
13	JKTZ	价款调整	JC+DLF	100.000	
14	JC	其中：价差	STJC+CSJC+STJGJC+CSJGJC	100.000	
15	DLF	其中：独立费	DLFHJ	100.000	
16	AQWM	安全生产、文明施工费	AQWMJB+AQWMZJ	100.000	1 542.03
17	AQWMJB	其中：基本费	ZJF+QTF+GLF+LR+GF+JKTZ	3.550	1 288.05
18	AQWMZJ	其中：增加费	ZJF+QTF+GLF+LR+GF+JKTZ	0.700	253.98
19	SJ	税金	ZJF+QTF+GLF+LR+GF+JKTZ+AQWM	3.480	1 316.32
20	HJ	工程造价	ZJF+QTF+GLF+LR+GF+JKTZ+AQWM+SJ	100.000	39 141.50
			建筑工程土石方、建筑物超高、垂直运输、特大型机械场外运输及一次安拆		
1	ZJF	直接及技术措施性成本	RGF+CLF+JXF+WCF	100.000	2 497.25
2	RGF	其中：人工费	STRGF+CSRGF	100.000	1 094.66
3	CLF	其中：材料费	STCLF+CSCLF	100.000	
4	JXF	其中：机械费	STJXF+CSJXF	100.000	1 402.59
5	WCF	其中：未计价材料费	STWCF+CSWCF	100.000	

续表

序号	编码	项目名称	计算基础	费率/%	费用金额/元
6	QTF	施工组织措施费	(STRGF+STJXF)+(CSRGF+CSJXF)	7.860	196.28
7	QTFR	其中：人工费	(STRGF+STJXF)+(CSRGF+CSJXF)	2.730	68.17
8	QTFJ	其中：机械费	(STRGF+STJXF)+(CSRGF+CSJXF)	2.180	54.44
9	QFJS	取费基数	(RGF+JXF)+(QTFR+QTFJ)	100.000	2 619.86
10	GLF	企业管理费	QFJS	4.000	104.79
11	LR	利润	QFJS	4.000	104.79
12	GF	规费	QFJS	7.000	183.39
13	JKTZ	价款调整	JC+DLF	100.000	
14	JC	其中：价差	STJC+CSJC+STJGJC+CSJGJC	100.000	
15	DLF	其中：独立费	DLFHJ	100.000	
16	AQWM	安全生产、文明施工费	AQWMJB+AQWMZJ	100.000	131.18
17	AQWMJB	其中：基本费	ZJF+QTF+GLF+LR+GF+JKTZ	3.550	109.57
18	AQWMZJ	其中：增加费	ZJF+QTF+GLF+LR+GF+JKTZ	0.700	21.61
19	SJ	税金	ZJF+QTF+GLF+LR+GF+JKTZ+AQWM	3.480	111.98
20	HJ	工程造价	ZJF+QTF+GLF+LR+GF+JKTZ+AQWM+SJ	100.000	3 329.66
		装饰装修工程			
1	ZJF	直接及技术措施性成本	RGF+CLF+JXF+WCF	100.000	15 308.82
2	RGF	其中：人工费	STRGF+CSRGF	100.000	6 947.16
3	CLF	其中：材料费	STCLF+CSCLF	100.000	8 091.57
4	JXF	其中：机械费	STJXF+CSJXF	100.000	270.09
5	WCF	其中：未计价材料费	STWCF+CSWCF	100.000	
6	QTF	施工组织措施费	(STRGF+STJXF)+(CSRGF+CSJXF)	6.700	483.56
7	QTFR	其中：人工费	(STRGF+STJXF)+(CSRGF+CSJXF)	3.350	241.78
8	QTFJ	其中：机械费	(STRGF+STJXF)+(CSRGF+CSJXF)	0.060	4.33
9	QFJS	取费基数	(RGF+JXF)+(QTFR+QTFJ)	100.000	7 463.36
10	GLF	企业管理费	QFJS	18.000	1 343.40
11	LR	利润	QFJS	13.000	970.24
12	GF	规费	QFJS	20.000	1 492.67
13	JKTZ	价款调整	JC+DLF	100.000	
14	JC	其中：价差	STJC+CSJC+STJGJC+CSJGJC	100.000	
15	DLF	其中：独立费	DLFHJ	100.000	
16	AQWM	安全生产、文明施工费	AQWMJB+AQWMZJ	100.000	685.95
17	AQWMJB	其中：基本费	ZJF+QTF+GLF+LR+GF+JKTZ	3.000	587.96
18	AQWMZJ	其中：增加费	ZJF+QTF+GLF+LR+GF+JKTZ	0.500	97.99
19	SJ	税金	ZJF+QTF+GLF+LR+GF+JKTZ+AQWM	3.480	705.91
20	HJ	工程造价	ZJF+QTF+GLF+LR+GF+JKTZ+AQWM+SJ	100.000	20 990.55

表 4-44 单位工程预算表

工程名称：某单位门卫房建筑工程 金额单位：元

序号	定额编号	项目名称	单位	数量	单价	合价	其中		
							人工费	材料费	机械费
1	A1—39	人工平整场地	100 m²	0.480	142.88	68.58	68.58		
2	A1—4	人工挖土方三类土（深度2 m以内）	100 m³	0.371	1 620.09	601.05	601.05		
3	A1—153	装载机倒、运土方（斗容量1 m³）运距20 m以内	1 000 m³	0.014	3 122.68	43.72	3.80		39.92
4	A1—163	自卸汽车运土（载重8 t）运距1 km以内	1 000 m³	0.014	7 901.43	110.62			110.62
5	A1—164	自卸汽车运土（载重8 t）运距20 km以内 每增加1 km	1 000 m³	0.029	2 103.76	61.01			61.01
6	A1—41	人工回填土，夯填	100 m³	0.226	1 582.46	357.63	301.13		56.50
7	A3—1换	砖基础［水泥砂浆 M7.5（中砂）］	10 m³	1.065	2 944.08	3 135.45	622.39	2 470.09	42.97
8	A3—2	砖砌内外墙（墙厚一砖以内）［水泥石灰砂浆 M5（中砂）］	10 m³	0.098	3 467.25	339.80	96.55	239.90	3.35
9	A3—3	砖砌内外墙（墙厚一砖）［水泥石灰砂浆 M5（中砂）］	10 m³	2.147	3 204.01	6 879.01	1 714.59	5 080.02	84.40
10	A4—18	现浇钢筋混凝土构造柱异形柱［现浇混凝土（中砂碎石）C20—40，水泥砂浆 1∶2（中砂）］	10 m³	0.250	3 649.62	912.41	374.85	509.06	28.50
11	A4—23	现浇钢筋混凝土圈梁 弧形圈梁［现浇混凝土（中砂碎石）C20—40］	10 m³	0.129	3 498.43	451.30	180.50	261.88	8.92
12	A4—35	现浇钢筋混凝土平板［现浇混凝土（中砂碎石）C20—20］	10 m³	0.487	3 039.03	1 480.01	382.20	1 041.88	55.93
13	A4—50	现浇钢筋混凝土挑檐天沟［现浇混凝土（中砂碎石）C20—20］	10 m³	0.076	3 770.01	286.52	102.37	172.54	11.61
14	A4—66	现浇台阶，混凝土基层［现浇混凝土（中砂碎石）C15—40，灰土 3∶7，普通沥青砂浆 1∶2∶7（中砂）］	100 m² 水平投影面积	0.024	9 201.58	193.23	84.76	104.58	3.89
		主材：黏土	m³	0.804					

续表

序号	定额编号	项目名称	单位	数量	单价	合价	其中		
							人工费	材料费	机械费
15	A4-61	现浇散水,混凝土一次抹光水泥砂浆[现浇混凝土(中砂碎石)C15-40,水泥砂浆1:1(中砂),灰土3:7,普通沥青砂浆1:2:7(中砂)]	100 m²	0.311	6 924.90	2 153.64	1 071.27	1 050.53	31.84
		主材:黏土	m³	5.880					
16	A4-74	预制钢筋混凝土过梁[预制混凝土(中砂碎石)C30-40]	10 m³	0.057	3 253.63	185.45	44.80	122.42	18.23
17	A4-330	钢筋制作、安装,现浇构件(钢筋直径10 mm以内)	t	0.815	5 299.97	4 319.48	651.89	3 622.18	45.41
18	A4-331	钢筋制作、安装,现浇构件(钢筋直径20 mm以内)	t	0.562	5 357.47	3 010.90	271.78	2 657.14	81.98
19	A7-52	SBS改性沥青防水卷材防水层,热熔一层	100 m²	0.383	2 208.56	845.88	101.02	744.86	
20	A8-229	屋面保温,加气混凝土碎块	10 m³	1.150	1 659.71	1 908.67	266.47	1 642.20	
21	A11-1	单排外墙脚手架(外墙高度在5 m以内)	100 m²	1.093	791.16	864.74	201.99	589.90	72.85
22	A11-20	内墙砌筑脚手架3.6 m以内	100 m²	0.380	257.78	97.95	75.92	18.41	3.62
23	A12-17	现浇矩形柱组合式钢模板	100 m²	0.210	4 401.96	924.41	453.85	422.54	48.02
24	A12-22	现浇圈梁(直形)组合式钢模板[水泥砂浆1:2(中砂)]	100 m²	0.067	3 469.33	232.45	122.61	102.25	7.59
25	A12-32	现浇平板组合式钢模板[水泥砂浆1:2(中砂)]	100 m²	0.387	4 612.40	1 785.00	604.42	1 076.66	103.92
26	A12-41	现浇挑檐天沟组合式钢模板	100 m²	0.095	6 361.28	604.32	342.88	213.88	47.56
27	A12-111	预制混凝土木模板过梁[水泥砂浆1:2(中砂)]	100 m²	0.047	1 304.85	61.33	24.83	36.40	0.10
28	A12-1	现浇毛石混凝土带形基础组合式钢模板[水泥砂浆1:2(中砂)]	100 m²	0.071	3 395.43	241.08	98.58	129.56	12.94
29	[52]B1-38	水泥砂浆楼地面20 mm[水泥砂浆1:2(中砂),素水泥浆]	100 m²	0.383	1 432.75	548.74	318.04	220.80	9.90

续表

序号	定额编号	项目名称	单位	数量	单价	合价	其中		
							人工费	材料费	机械费
30	[52]B1-199	水泥砂浆踢脚线[水泥砂浆1:2(中砂),水泥砂浆1:3(中砂)]	100 m²	0.066	2 616.30	172.68	129.85	40.44	2.39
31	[52]B1-2	灰土垫层[灰土3:7]	10 m³	1.005	1 115.37	1 120.95	349.54	740.23	31.18
		主材:黏土	m³	11.876					
32	[52]B1-24	混凝土垫层[现浇混凝土(中砂碎石)C15-40]	10 m³	1.531	2 624.85	4 018.65	1 183.16	2 724.14	111.35
33	[52]B2-9	标准砖墙面水泥砂浆抹灰[水泥砂浆1:2(中砂),水泥砂浆1:3(中砂)]	100 m²	2.355	1 741.26	4 100.67	2 822.23	1 205.34	73.10
34	[52]B3-7	天棚抹灰,混合砂浆,混凝土[水泥石灰砂浆1:1:4(中砂),水泥石灰砂浆1:0.5:3(中砂)]	100 m²	0.383	1 645.34	630.16	500.27	121.97	7.92
35	[52]B5-33	单层木门底油一遍、刮腻子、调和漆两遍、磁漆一遍	100 m²	0.050	2 668.92	133.45	77.00	56.45	
36	[52]B5-296	乳胶漆两遍	100 m²	0.383	780.80	299.05	214.86	84.19	
37	[52]B5-296	乳胶漆两遍	100 m²	1.368	780.80	1 068.13	767.42	300.71	
38	[52]B4-3	胶合板门扇(带玻璃)制作	100 m² 扇面积	0.050	11 479.09	573.95	90.63	467.17	16.15
39	[52]B4-4	胶合板门扇(带玻璃)安装	100 m² 扇面积	0.050	1 186.80	59.34	48.84	10.50	
40	[52]B4-111	铝合金双扇平开门(无上亮)制作安装	100 m²	0.043	23 949.09	1 029.81	245.20	775.90	8.71
41	[52]B4-258	塑钢窗(带纱扇,推拉)安装	100 m²	0.072	20 781.12	1 496.24	186.62	1 300.23	9.39
42	[52]B4-300	门窗扇铁角安装	10 个	0.300	14.60	4.38	2.88	1.50	
43	[52]B4-299	暗插销(铝合金)安装	10 个	0.300	175.40	52.62	10.62	42.00	
44	A13-15	±0.000以上,20 m(6层)以上,砖混结构30 m以内(7~10层)垂直运输	100 m²	0.480	2 613.83	1 254.64	120.10		1 134.54
		合计				48 719.10	15 932.34	30 400.45	2 386.31

表 4-45　工程量计算书

工程名称：某单位门卫房建筑、装饰装修工程

序号	构件名称/构件位置	工程量计算式
	土石方工程	
	场地平整	
1	PZCD-1	首层建筑面积 47.69 m²
	人工挖土方	37.071 m³
1	TJ-1-JC	土方体积=34.068 m³
1.1	(1，B)，(4，B)	土方体积=[14.07(顶面面积)+14.07(底面面积)]×0.7(深度)/2=9.849(m³)
1.2	(4，B)，(4，A)	土方体积=[5.628(顶面面积)+5.628(底面面积)]×0.7(深度)/2=3.94(m³)
1.3	(4，A)，(1，A)	土方体积=[14.07(顶面面积)+14.07(底面面积)]×0.7(深度)/2=9.849(m³)
1.4	(1，A)，(1，B)	土方体积=[5.628(顶面面积)+5.628(底面面积)]×0.7(深度)/2=3.94(m³)
1.5	(2，B)，(2，A)	土方体积=[5.628(顶面面积)+5.628(底面面积)]×0.7(深度)/2-0.694(基槽)=3.245(m³)
1.6	(3，B)，(3，A)	土方体积=[5.628(顶面面积)+5.628(底面面积)]×0.7(深度)/2-0.694(基槽)=3.245(m³)
2	TJ-2-JC	土方体积=3.003 m³
3	运余土体积	37.071-22.605=14.466(m³)
4	回填土体积	37.071-10.65-3.81=22.605(m³)
	基础工程	
	条形基础	10.392+0.26=10.65(m³)
	垫层	3.58+0.234=3.81(m³)
1.1	1-1	体积=10.392 m³
1.1.1	(1，B)，(4，B)	体积=0.278(截面面积)×10.5(长度)=2.942(m³)
1.1.2	(4，B)，(4，A)	体积=0.278(截面面积)×4.2(长度)=1.17(m³)
1.1.3	(4，A)，(1，A)	体积=0.278(截面面积)×10.5(长度)=2.942(m³)
1.1.4	(1，A)，(1，B)	体积=0.278(截面面积)×4.2(长度)=1.17(m³)
1.1.5	(2，B)，(2，A)	体积=0.278(截面面积)×4.2(长度)-0.067(扣条基体积)=1.103(m³)
1.1.6	(3，B)，(3，A)	体积=0.278(截面面积)×4.2(长度)-0.067(扣条基体积)=1.103(m³)
1.2	1-2	体积=3.58 m³
1.2.1	(1，B)，(4，B)	体积=0.1(截面面积)×10.5(长度)=1.05(m³)
1.2.2	(4，B)，(4，A)	体积=0.1(截面面积)×4.2(长度)=0.42(m³)
1.2.3	(4，A)，(1，A)	体积=0.1(截面面积)×10.5(长度)=1.05(m³)
1.2.4	(1，A)，(1，B)	体积=0.1(截面面积)×4.2(长度)=0.42(m³)
1.2.5	(2，B)，(2，A)	体积=0.1(截面面积)×4.2(长度)-0.1(扣条基体积)=0.32(m³)
1.2.6	(3，B)，(3，A)	体积=0.1(截面面积)×4.2(长度)-0.1(扣条基体积)=0.32(m³)
2.1	2-1	体积=0.26 m³
2.1.1	(1，B-2 100)，(2，B-2 100)	体积=0.077(截面面积)×3.6(长度)-0.019(扣条基体积)=0.26(m³)

续表

序号	构件名称/构件位置	工程量计算式
2.2	2—2	体积=0.234 m³
2.2.1	(1,B—2 100),(2,B—2 100)	体积=0.09(截面面积)×3.6(长度)-0.09(扣条基体积)=0.234(m³)
	砌筑工程	37.071-10.65-3.81=22.605(m³)
1	240墙	体积=21.468 m³
1.1	(1,B),(2,B)	体积=[3.6(长度)×3.3(高度)-1.8(C—1)]×0.24(厚度)-0.073(GL—1)-0.095×2(GZ—1)-0.024×2(GZ—1)-0.145(QL—1)=1.963(m³)
1.2	(4,B),(4,A)	体积=4.2(长度)×3.3(高度)×0.24(厚度)-0.095×2(GZ—1)-0.024×2(GZ—1)-0.171(QL—1)=2.918(m³)
1.3	(4,A),(3,A)	体积=3.6(长度)×3.3(高度)×0.24(厚度)-0.095×2(GZ—1)-0.024×2(GZ—1)-0.145(QL—1)=2.468(m³)
1.4	(1,A),(1,B—2 100)	体积=[2.1(长度)×3.3(高度)-1.8(C—1)]×0.24(厚度)-0.073(GL—1)-0.095×2(GZ—1)-0.024×2(GZ—1)-0.08(QL—1)=0.84(m³)
1.5	(2,B),(2,A)	体积=[3.96(长度)×3.3(高度)-1.68(M—2)]×0.24(厚度)-0.056(GL—1)-0.095×2(GZ—1)-0.024×4(GZ—1)-0.08×2(QL—1)=2.231(m³)
1.6	(3,B),(3,A)	体积=[3.96(长度)×3.3(高度)-1.68(M—2)]×0.24(厚度)-0.056(GL—1)-0.024×2(GZ—1)-0.171(QL—1)=2.458(m³)
1.1.5	(2,B),(2,A)	体积=0.278(截面面积)×4.2(长度)-0.067(扣条基体积)=1.103(m³)
1.1.6	(3,B),(3,A)	体积=0.278(截面面积)×4.2(长度)-0.067(扣条基体积)=1.103(m³)
1.2	1—2	体积=3.58 m³
1.2.1	(1,B),(4,B)	体积=0.1(截面面积)×10.5(长度)=1.05(m³)
1.2.2	(4,B),(4,A)	体积=0.1(截面面积)×4.2(长度)=0.42(m³)
1.2.3	(4,A),(1,A)	体积=0.1(截面面积)×10.5(长度)=1.05(m³)
1.2.4	(1,A),(1,B)	体积=0.1(截面面积)×4.2(长度)=0.42(m³)
1.2.5	(2,B),(2,A)	体积=0.1(截面面积)×4.2(长度)-0.1(扣条基体积)=0.32(m³)
1.2.6	(3,B),(3,A)	体积=0.1(截面面积)×4.2(长度)-0.1(扣条基体积)=0.32(m³)
2.1	2—1	体积=0.26 m³
2.1.1	(1,B—2 100),(2,B—2 100)	体积=0.077(截面面积)×3.6(长度)-0.019(扣条基体积)=0.26(m³)
2.2	2—2	体积=0.234 m³
2.2.1	(1,B—2 100),(2,B—2 100)	体积=0.09(截面面积)×3.6(长度)-0.09(扣条基体积)=0.234(m³)
	砌筑工程	37.071-10.65-3.81=22.605(m³)
1	240墙	体积=21.468 m³
1.1	(1,B),(2,B)	体积=[3.6(长度)×3.3(高度)-1.8(C—1)]×0.24(厚度)-0.073(GL—1)-0.095×2(GZ—1)-0.024×2(GZ—1)-0.145(QL—1)=1.963(m³)
1.2	(4,B),(4,A)	体积=4.2(长度)×3.3(高度)×0.24(厚度)-0.095×2(GZ—1)-0.024×2(GZ—1)-0.171(QL—1)=2.918(m³)

续表

序号	构件名称/构件位置	工程量计算式
1.3	(4，A)，(3，A)	体积＝3.6(长度)×3.3(高度)×0.24(厚度)－0.095×2(GZ－1)－0.024×2(GZ－1)－0.145(QL－1)＝2.468(m^3)
1.4	(1，A)，(1，B－2 100)	体积＝[2.1(长度)×3.3(高度)－1.8(C－1)]×0.24(厚度)－0.073(GL－1)－0.095×2(GZ－1)－0.024×2(GZ－1)－0.08(QL－1)＝0.84(m^3)
1.5	(2，B)，(2，A)	体积＝[3.96(长度)×3.3(高度)－1.68(M－2)]×0.24(厚度)－0.056(GL－1)－0.095×2(GZ－1)－0.024×4(GZ－1)－0.08×2(QL－1)＝2.231(m^3)
1.6	(3，B)，(3，A)	体积＝[3.96(长度)×3.3(高度)－1.68(M－2)]×0.24(厚度)－0.056(GL－1)－0.024×2(GZ－1)－0.171(QL－1)＝2.458(m^3)
1.7	(1，B－2 100)，(1，B)	体积＝2.1(长度)×3.3(高度)×0.24(厚度)－0.095×2(GZ－1)－0.024×2(GZ－1)－0.08(QL－1)＝1.345(m^3)
1.8	(2，A)，(1，A)	体积＝3.6(长度)×3.3(高度)×0.24(厚度)－0.095×2(GZ－1)－0.024×2(GZ－1)－0.145(QL－1)＝2.468(m^3)
1.9	(3，A)，(2，A)	体积＝[3.3(长度)×3.3(高度)－4.32(M－1)]×0.24(厚度)－0.132(GL－1)－0.095×2(GZ－1)－0.024×2(GZ－1)－0.132×(QL－1)＝1.075(m^3)
1.10	(3，B)，(2，B)	体积＝[3.6(长度)×3.3(高度)－1.8(C－1)]×0.24(厚度)－0.073(GL－1)－0.095×2(GZ－1)－0.024×2(GZ－1)－0.145×(QL－1)＝1.963(m^3)
1.11	(2，B)，(3，B)	体积＝[3.3(长度)×3.3(高度)－1.8(C－1)]×0.24(厚度)－0.073(GL－1)－0.095×2(GZ－1)－0.024×2(GZ－1)－0.132×(QL－1)＝1.738(m^3)
2	120 墙	体积＝0.982(m^3)
2.1	(1，B－2 100)，(2，B－2 100)	体积＝[3.36(长度)×3.3(高度)－1.68(M－2)]×0.24(厚度)－0.073(GL－1)－0.095×2(GZ－1)－0.024×2(GZ－1)－0.048×(QL－1)＝1.738(m^3)
	门窗工程	
	门	
1	M－1	洞口面积＝4.32 m^2
1.1	M－1[39]/(2+1605，A)	洞口面积＝4.32 m^2
2	M－2	洞口面积＝5.04 m^2
2.1	M－2[40]/(2－785，B－2100)	洞口面积＝1.68 m^2
2.2	M－2[41]/(2，A+666)	洞口面积＝1.68 m^2
2.3	M－2[42]/(3，A+734)	洞口面积＝1.68 m^2
	窗	
1	C－1	洞口面积＝7.2 m^2
1.1	C－1[43]/(2－1 151，B)	洞口面积＝1.8 m^2
1.2	C－1[44]/(3－1 397，B)	洞口面积＝1.8 m^2
1.3	C－1[45]/(4－1 799，B)	洞口面积＝1.8 m^2
1.4	C－1[46]/(1，A+1 181)	洞口面积＝1.8 m^2
	混凝土工程	

续表

序号	构件名称/构件位置	工程量计算式
	构造柱	
1	GZ-1	体积=2.495 m³
1.1	GZ-1[16]/(1, B)	体积=0.24(截面宽度)×0.24(截面高度)×3.3(高度)+0.048(加马牙槎体积)=0.238(m³)
1.2	GZ-1[17]/(2, B)	体积=0.24(截面宽度)×0.24(截面高度)×3.3(高度)+0.071(加马牙槎体积)=0.261(m³)
1.3	GZ-1[18]/(3, B)	体积=0.24(截面宽度)×0.24(截面高度)×3.3(高度)+0.071(加马牙槎体积)=0.261(m³)
1.4	GZ-1[19]/(4, B)	体积=0.24(截面宽度)×0.24(截面高度)×3.3(高度)+0.048(加马牙槎体积)=0.238(m³)
1.5	GZ-1[20]/(3, A)	体积=0.24(截面宽度)×0.24(截面高度)×3.3(高度)+0.071(加马牙槎体积)=0.261(m³)
1.6	GZ-1[21]/(4, A)	体积=0.24(截面宽度)×0.24(截面高度)×3.3(高度)+0.048(加马牙槎体积)=0.238(m³)
1.7	GZ-1[22]/(2, A)	体积=0.24(截面宽度)×0.24(截面高度)×3.3(高度)+0.071(加马牙槎体积)=0.261(m³)
1.8	GZ-1[23]/(1, A)	体积=0.24(截面宽度)×0.24(截面高度)×3.3(高度)+0.048(加马牙槎体积)=0.238(m³)
1.9	GZ-1[24]/(1, B-2 100)	体积=0.24(截面宽度)×0.24(截面高度)×3.3(高度)+0.059(加马牙槎体积)=0.249(m³)
1.10	GZ-1[25]/(2, B-2 100)	体积=0.24(截面宽度)×0.24(截面高度)×3.3(高度)+0.059(加马牙槎体积)=0.249(m³)
	梁	
	圈梁	
1	QL-1	体积=1.287 m³
1.1	(1, B), (4, B)	体积=0.24(宽度)×0.18(高度)×10.5(长度)-[0.005×6(GZ-1)]=0.422(m³)
1.2	(4, B), (4, A)	体积=0.24(宽度)×0.18(高度)×4.2(长度)-[0.005×2(GZ-1)]=0.171(m³)
1.3	(4, A), (1, A)	体积=0.24(宽度)×0.18(高度)×10.5(长度)-[0.005×6(GZ-1)]=0.422(m³)
1.4	(1, A), (1, B)	体积=0.24(宽度)×0.18(高度)×4.2(长度)-[0.005×2(GZ-1)+0.01(GZ-1)]=0.161(m³)
1.5	(2, B), (2, A)	体积=0.24(宽度)×0.18(高度)×3.96(长度)-0.01(GZ-1)-0.107(B-1)=0.054(m³)
1.6	(3, B), (3, A)	体积=0.24(宽度)×0.18(高度)×3.96(长度)-0.114(B-1)=0.057(m³)
	过梁	
1	GL-1	体积=0.434 m³
1.1	GL-1[47]/(2-1151, B)	体积=0.24(宽度)×0.18(高度)×1.7(长度)=0.073(m³)

续表

序号	构件名称/构件位置	工程量计算式
1.2	GL—1[48]/ (3—1397, B)	体积=0.24(宽度)×0.18(高度)×1.7(长度)=0.073(m^3)
1.3	GL—1[49]/ (4—1799, B)	体积=0.24(宽度)×0.18(高度)×1.7(长度)=0.073(m^3)
1.4	GL—1[51]/ (3, A+734)	体积=0.24(宽度)×0.18(高度)×1.3(长度)=0.056(m^3)
1.5	GL—1[52]/ (2, A+666)	体积=0.24(宽度)×0.18(高度)×1.3(长度)=0.056(m^3)
1.6	GL—1[53]/ (2—785, B—2100)	体积=0.12(宽度)×0.18(高度)×1.7(长度)=0.028(m^3)
1.7	GL—1[54]/ (1, A+1181)	体积=0.24(宽度)×0.18(高度)×1.7(长度)=0.073(m^3)
2	GL—2	体积=0.132 m^3
2.1	GL—2[50]/ (2+1 650, A)	体积=0.24(宽度)×0.24(高度)×2.3(长度)=0.132(m^3)
	板	
1	B—1	体积=4.869 m^3
1.1	B—1[55]/ (2+1650, A—500)	体积=44.1(原始面积)×0.12(厚度)—0.416(梁)—0.007(构造柱)=4.869(m^3)
	挑檐	
1	TY—1	体积=0.756 m^3
1.1	TY—1[115]/ (2+1 650, A—500)	体积=9.451(面积)×0.08(厚度)=0.756(m^3)
	模板、脚手架工程	
	模板	
	垫层模板	
1	1—2	模板面积=6.58 m^2
1.2	(1, B), (4, B)	模板面积=2.1(侧模面积)+0.2(端模面积)—0.4(扣条基模板面积)=1.9(m^2)
1.3	(4, B), (4, A)	模板面积=0.84(侧模面积)+0.2(端模面积)—0.2(扣条基模板面积)=0.84(m^2)
1.4	(4, A), (1, A)	模板面积=2.1(侧模面积)+0.2(端模面积)—0.4(扣条基模板面积)=1.9(m^2)
1.5	(1, A), (1, B)	模板面积=0.84(侧模面积)+0.2(端模面积)—0.29(扣条基模板面积)=0.75(m^2)
1.6	(2, B), (2, A)	模板面积=0.84(侧模面积)+0.2(端模面积)—0.49(扣条基模板面积)=0.55(m^2)
1.7	(3, B), (3, A)	模板面积=0.84(侧模面积)+0.2(端模面积)—0.4(扣条基模板面积)=0.64(m^2)
1.2	(1, B), (4, B)	模板面积=2.1(侧模面积)+0.2(端模面积)—0.4(扣条基模板面积)=1.9(m^2)
2	2—2	模板面积=0.52 m^2
2.1	(1, B—2100), (2, B—2100)	模板面积=0.72(侧模面积)+0.18(端模面积)—0.38(扣条基模板面积) =0.52(m^2)

续表

序号	构件名称/构件位置	工程量计算式
	构造柱模板	
1	GZ—1	模板面积＝20.966 m²
1.1	GZ—1[16]/(1, B)	模板面积＝0.96(周长)×3.3(高度)－0.115(扣板模板面积)－0.058(扣圈梁模板面积)－1.498(扣墙模板面积)＋0.749(加马牙槎模板面积)＝2.246(m²)
1.2	GZ—1[17]/(2, B)	模板面积＝0.96(周长)×3.3(高度)－0.115(扣板模板面积)－0.058(扣圈梁模板面积)－2.246(扣墙模板面积)＋0.749(加马牙槎模板面积)＝1.872(m²)
1.3	GZ—1[18]/(3, B)	模板面积＝0.96(周长)×3.3(高度)－0.115(扣板模板面积)－0.058(扣圈梁模板面积)－2.246(扣墙模板面积)＋0.749(加马牙槎模板面积)＝1.872(m²)
1.4	GZ—1[19]/(4, B)	模板面积＝0.96(周长)×3.3(高度)－0.115(扣板模板面积)－0.058(扣圈梁模板面积)－1.498(扣墙模板面积)＋0.749(加马牙槎模板面积)＝2.246(m²)
1.5	GZ—1[20]/(3, A)	模板面积＝0.96(周长)×3.3(高度)－0.115(扣板模板面积)－0.058(扣圈梁模板面积)－2.246(扣墙模板面积)＋0.749(加马牙槎模板面积)＝1.872(m²)
1.6	GZ—1[21]/(4, A)	模板面积＝0.96(周长)×3.3(高度)－0.115(扣板模板面积)－0.058(扣圈梁模板面积)－1.498(扣墙模板面积)＋0.749(加马牙槎模板面积)＝2.246(m²)
1.7	GZ—1[22]/(2, A)	模板面积＝0.96(周长)×3.3(高度)－0.115(扣板模板面积)－0.058(扣圈梁模板面积)－2.246(扣墙模板面积)＋0.749(加马牙槎模板面积)＝1.872(m²)
1.8	GZ—1[23]/(1, A)	模板面积＝0.96(周长)×3.3(高度)－0.115(扣板模板面积)－0.058(扣圈梁模板面积)－1.498(扣墙模板面积)＋0.749(加马牙槎模板面积)＝2.246(m²)
1.9	GZ—1[24]/(1, B—2 100)	模板面积＝0.96(周长)×3.3(高度)－0.115(扣板模板面积)－0.058(扣圈梁模板面积)－1.498(扣墙模板面积)＋0.749(加马牙槎模板面积)＝2.246(m²)
1.10	GZ—1[25]/(2, B—2 100)	模板面积＝0.96(周长)×3.3(高度)－0.115(扣板模板面积)－0.058(扣圈梁模板面积)－1.498(扣墙模板面积)＋0.749(加马牙槎模板面积)＝2.246(m²)
	圈梁模板	
1	QL—1	模板面积＝6.677 m²
1.1	(1, B), (4, B)	模板面积＝[10.74(左长度)＋10.26(右长度)]×0.18(高度)－[0.043×6(GZ—1)]－[0.403×2(B—1)＋0.367(B—1)]＝2.346(m²)
1.2	(4, B), (4, A)	模板面积＝[4.44(左长度)＋3.96(右长度)]×0.18(高度)－[0.043×2(GZ—1)]－0.475×(B—1)＝0.95(m²)
1.3	(4, A), (1, A)	模板面积＝[10.74(左长度)＋10.26(右长度)]×0.18(高度)－[0.043×6(GZ—1)]－0.783(挑檐)－[0.403×2(B—1)＋0.367(B—1)]＝1.566(m²)
1.4	(1, A), (1, B)	模板面积＝[4.44(左长度)＋3.96(右长度)]×0.18(高度)－[0.043×6(GZ—1)＋0.086(GZ—1)]－0.446(B—1)＝0.893(m²)
1.5	(2, B), (2, A)	模板面积＝[3.96(左长度)＋3.96(右长度)]×0.18(高度)－0.086(GZ—1)－0.893(B—1)＝0.446(m²)
1.6	(3, B), (3, A)	模板面积＝[3.96(左长度)＋3.96(右长度)]×0.18(高度)－0.95(B—1)＝0.475(m²)
	过梁模板	

续表

序号	构件名称/构件位置	工程量计算式
1	GL—1	模板面积=5.484 m²
1.1	GL—1[47]/ (2—1151,B)	模板面积=0.612(侧面面积)+0.288(底部外露面积)=0.9(m²)
1.2	GL—1[48]/ (3—1397,B)	模板面积=0.612(侧面面积)+0.288(底部外露面积)=0.9(m²)
1.3	GL—1[49]/ (4—1799,B)	模板面积=0.612(侧面面积)+0.288(底部外露面积)=0.9(m²)
1.4	GL—1[51]/ (3,A+734)	模板面积=0.468(侧面面积)+0.192(底部外露面积)=0.66(m²)
1.5	GL—1[52]/ (2,A+666)	模板面积=0.468(侧面面积)+0.192(底部外露面积)=0.66(m²)
1.6	GL—1[53]/ (2—785,B—2100)	模板面积=0.468(侧面面积)+0.096(底部外露面积)=0.564(m²)
1.7	GL—1[54]/ (1,A+1181)	模板面积=0.612(侧面面积)+0.288(底部外露面积)=0.9(m²)
2	GL—2	模板面积=1.536 m²
2.1	GL—2[50]/ (2+1605,A)	模板面积=1.104(侧面面积)+0.432(底部外露面积)=1.536(m²)
	板模板	
1	B—1	模板面积=38.729 m²
1.1	B—1[55]/ (2+1650,B—2100)	模板面积=44.1(原始面积)—5.371(梁)=38.729(m²)
	挑檐模板	
1	TY—1	面积=9.451 m²
	脚手架	158.7
1	脚手架	112.11+46.59
	楼地面工程	
1	水泥砂浆地面、天棚抹灰	38.326 m²
1.1		3.36×1.092×2+3.36×3.96+3.06×3.96=38.326(m²)
2	水泥砂浆踢脚线	6.633 m²
2.1	(1+1800,B—1050) (1+1800,A+1050) (2+1650,B—2100) (3+1800,B—2100)	墙面抹灰面积=[10.56(内墙皮长度)×0.15(踢脚高度)—0.12(M—2)+0.009(M—2)]+{10.56(内墙皮长度)×0.15(踢脚高度)—0.12×2(M—2)+[0.009(M—2)+0.027(M—2)]}+{14.04(内墙皮长度)×0.15(踢脚高度)—[0.27(M—1)+0.12×2(M—2)]+[0.027(M—1)+0.027×2(M—2)]}+[14.64(内墙皮长度)×0.15(踢脚高度)—0.12(M—2)+0.027(M—2)]=6.633(m²)
	墙柱面	
1	内墙面抹灰、涂料	136.764 m²

续表

序号	构件名称/构件位置	工程量计算式
1.1	(1+1800，B−1050) (1+1800，A+1050) (2+1650，B−2100) (3+1800，B−2100)	墙面抹灰面积={10.56(长度)×3.18(高度)−0.12(M−2)−[1.56(M−2)+1.8(C−1)]}+{10.56(长度)×3.18(长度)−0.12×2(M−2)−[1.56×2(M−2)+1.8(C−1)]}+{14.04(长度)×3.18(高度)−[0.27(M−1)+0.12×2(M−2)]+[4.05(M−1)+1.56×2(M−2)+1.8(C−1)]}+{14.64(长度)×3.18(高度)−0.12(M−2)−[1.56(M−2)+1.8(C−1)]}=136.764(m^2)
2	外墙面抹灰	97.78 m^2
2.1	外墙面抹灰	(10.74×4.44)×3.6−11.56=97.78(m^2)
	台阶	
1		体积=3.3×(1.2−0.12)−(3.3−0.28×4)×(1.2−0.12−0.28×2) =3.564−1.134=2.43(m^2)
	散水	
1		面积=(30.06−3.3)×1+1×4−3=31.06(m^2)

表4-46 钢筋计算汇总表

楼层名称				钢筋总质量：1 376.489 kg				
筋号	级别	直径/mm	钢筋图形	计算公式	根数	总根数	单长/m	总长/m	总质量/kg
构件名称：B−1[1]				构件数量：1			本构件钢筋质量：570.762 kg	
构件位置：(1，B−1055)，(4，B−1055)；(2+1183，A)，(2+1183，B)；(2+365，B)；(1，B−1584)，(4，B−1584)								
SLJ−1[1].1	HPB300	10	⌐10 500⌐	10 260+max(240/2，5×d)+max(240/2，5×d)+12.5×d+290	21	21	10.9	229.22	141.32
SLJ−1[2].1	HPB300	10	⌐4 200⌐	3 960+max(240/2，5×d)+max(240/2，5×d)+12.5 d	52	4.33	224.9	138.66
SLJ−2[3].1	HPB300	10	15⌐4 410⌐15	3 960+24×d+24×d+12.5×d	52	52	4.57	237.38	146.354
SLJ−2[4].1	HPB300	10	15⌐10 710⌐15	10 260+24×d+24×d+12.5×d+290	21	21	11.2	234.26	144.428
构件名称：TYB−2[2]				构件数量：1			本构件钢筋质量：34.295 kg	
构件位置：(1−120，A−330)，(4+120，A−330)								
SLJ−1[5].1	HPB300	10	⌐10 710⌐	10 740−15−15+12.5×d+290	5	5	11.1	55.63	34.295
构件名称：FJ−1				构件数量：1			本构件钢筋质量：91.538 kg	

续表

楼层名称				钢筋总质量：1 376.489 kg				
筋号	级别	直径/mm	钢筋图形	计算公式	根数	总根数	单长/m	总长/m	总质量/kg

筋号	级别	直径/mm	钢筋图形	计算公式	根数	总根数	单长/m	总长/m	总质量/kg
构件位置：(4+120, A), (1−120, A)									
FJ−1[1].1	HPB300	10	50 ⌐ 1 000 ⌐ 50	1 000+50+50	2	2	1.1	2.2	1.356
FJ−1[1].2	HPB300	10	50 ⌐ 1 105 ⌐ 15	880+50+24×d+6.25×d	106	106	1.23	130.7	80.581
FJ−1[1].1	HPB300	6	10 640	10 640+174	4	4	10.8	43.26	9.601
构件名称：GZ−1[1]			构件数量：10				本构件钢筋质量：41.077 kg		
构件位置：(1, B); (2, B); (3, B); (4, B); (3, A); (4, A); (2, A); (1, A); (1, B−2 100); (2, B−2 100)									
全部纵筋.1	HRB335	18	507 ⌐ 2 785	3 300−500−120+34×d	4	40	3.29	131.68	263.043
插筋.1	HRB335	18	1 112	500+34×d	4	40	1.11	44.48	88.853
箍筋.1	HPB300	6	210 ⌐ 210	2×[(240−2×15)+(240−2×15)]+2×(75+1.9×d)	25	250	1.012	253.0	56.166
构件名称：GL−1[1]			构件数量：4				本构件钢筋质量：10.787 kg		
构件位置：(2−1 151, B); (3−1 397, B); (4−1 799, B); (1, A+1 181)									
过梁全部纵筋.1	HRB335	14	1 670	1 200+250−15+250−15	4	4	2.27	9.08	10.972
过梁箍筋.1	HPB300	6	150 ⌐ 210	2×[(240−2×15)+(240−2×15)]+2×(75+1.9×d)	17	17	0.893	15.181	3.370
构件名称：GL−1[5]			构件数量：2				本构件钢筋质量：8.227 kg		
构件位置：(3, A+734), (2, A+666)									
过梁全部纵筋.1	HRB335	14	1 270	800+250−15+250−15	4	8	1.27	10.16	12.278
过梁箍筋.1	HPB300	6	150 ⌐ 210	2×[(240−2×15)+(180−2×15)]+2×(75+1.9×d)	10	20	0.893	17.86	3.965
构件名称：GL−1[7]			构件数量：1				本构件钢筋质量：7.695 kg		

续表

楼层名称				钢筋总质量：1 376.489 kg					
筋号	级别	直径/mm	钢筋图形	计算公式	根数	总根数	单长/m	总长/m	总质量/kg
构件位置：(2−785，B−2 100)									
过梁全部纵筋.1	HRB335	14	1 270	800+250−15+250−15	4	4	1.27	5.08	6.139
过梁箍筋.1	HPB300	6	150 ⌐90	2×[(120−2×15)+(180−2×15)]+2×(75+1.9×d)	10	10	0.65	6.50	1.44
构件名称：GL−1[4]			构件数量：1				本构件钢筋质量：14.976 kg		
构件位置：(2+1 605，A)									
过梁全部纵筋.1	HRB335	14	2 270	1 800+250−15+250−15	4	4	2.27	9.08	10.972
过梁箍筋.1	HPB300	6	210 ⌐210	2×[(240−2×15)+(180−2×15)]+2×(75+1.9×d)	17	17	1.012	17.204	3.819
构件名称：QL−1[1]			构件数量：2				本构件钢筋质量：51.59 kg		
构件位置：(1，B)，(4，B)；(4，A)，(1，A)									
上部钢筋.1	HRB335	12	10 710	10 740−15−15+576	1	2	11.3	22.57	20.04
上部钢筋.2	HRB335	12	183⌐10 710⌐183	10 260+34×d+34×d+576	1	2	11.7	23.3	20.69
下部钢筋.1	HRB335	12	10 710	10 740−15−15+576	1	2	11.3	22.57	20.04
下部钢筋.2	HRB335	12	183⌐10 710⌐183	10 260+34×d+34×d+576	1	2	11.7	23.3	20.69
箍筋.1	HPB300	6	150 ⌐210	2×[(240−2×15)+(180−2×15)]+2×(75+1.9×d)	52	104	0.893	92.87	20.62
构件名称：QL−1[2]			构件数量：1				本构件钢筋质量：20.697 kg		
构件位置：(4，B)，(4，A)									
上部钢筋.1	HRB335	12	4 410	4 440−15−15	1	1	4.41	4.41	3.915
上部钢筋.2	HRB335	12	183⌐4 410⌐183	3 960+34×d+34×d	1	1	4.78	4.78	4.24

续表

楼层名称				钢筋总质量：1 376.489 kg					
筋号	级别	直径/mm	钢筋图形	计算公式	根数	总根数	单长/m	总长/m	总质量/kg
下部钢筋.1	HRB335	12	4 410	4 440−15−15	1	1	4.41	4.41	3.915
下部钢筋.2	HRB335	12	183 ⌐ 4 410 ⌐ 183	3 960+34×d+34×d	1	1	4.78	4.78	4.24
箍筋.1	HPB300	6	150 210	2×[(240−2×15)+(180−2×15)]+2×(75+1.9×d)	21	21	0.893	18.75	4.16
构件名称：QL−1[4]				构件数量：1			本构件钢筋质量：20.488 kg		
构件位置：(1, B), (1, A)									
上部钢筋.1	HRB335	12	4 410	4 440−15−15	1	1	4.41	4.41	3.915
上部钢筋.2	HRB335	12	183 ⌐ 4 410 ⌐ 183	3 960+34×d+34×d	1	1	4.78	4.78	4.24
下部钢筋.1	HRB335	12	4 410	4 440−15−15	1	1	4.41	4.41	3.915
下部钢筋.2	HRB335	12	183 ⌐ 4 410 ⌐ 183	3 960+34×d+34×d	1	1	4.78	4.78	4.24
箍筋.1	HPB300	6	150 210	2×[(240−2×15)+(180−2×15)]+2×(75+1.9×d)	20	20	0.893	17.86	3.90
构件名称：QL−1[5]				构件数量：1			本构件钢筋质量：21.138 kg		
构件位置：(2, B), (2, A)									
上部钢筋.1	HRB335	12	183 ⌐ 4 410 ⌐ 183	3 960+34×d+34×d	2	2	4.78	9.55	8.48
下部钢筋.1	HRB335	12	183 ⌐ 4 410 ⌐ 183	3 960+34×d+34×d	2	2	4.78	9.55	8.48
箍筋.1	HPB300	6	150 210	2×[(240−2×15)+(180−2×15)]+2×(75+1.9×d)	20	20	0.893	17.86	3.96
构件名称：QL−1[6]				构件数量：1			本构件钢筋质量：21.347 kg		
构件位置：(3, B), (3, A)									
上部钢筋.1	HRB335	12	183 ⌐ 4 410 ⌐ 183	3 960+34×d+34×d	2	2	4.78	9.55	8.48

续表

楼层名称				钢筋总质量：1 376.489 kg					
筋号	级别	直径/mm	钢筋图形	计算公式	根数	总根数	单长/m	总长/m	总质量/kg
下部钢筋.1	HRB335	12	183 ⌐——4 410——⌐ 183	$3\,960+34\times d+34\times d$	2	2	4.78	9.55	8.48
箍筋.1	HPB300	6	150 210	$2\times[(240-2\times15)+(180-2\times15)]+2\times(75+1.9\times d)$	21	21	0.893	18.75	4.16

▶ 模块小结

本模块全面讲述了定额计价模式下，土石方工程、桩与地基基础工程、砌筑工程、混凝土及钢筋混凝土工程、厂库房大门及木结构工程、金属结构工程、屋面及防水工程、防腐保温及隔热工程及各措施项目中各分项工程量的计算规则和计算方法，以及各分项的定额套取方法。工程量直接关系着人工费、材料费和机械费的计算，为了准确计算各分项工程量，首先需要掌握各分项工程量计算规则和计算方法，其次是要具备熟练识读施工图的能力，能准确取定施工图中的尺寸数据，通过准确应用工程量计算规则，以准确计算各分项工程工程量。

▶ 思考与练习

1. 地槽计算长度时，内墙工程量应按_____计算。
2. 已知某建筑物外边线长为 20 m，宽为 15 m，根据定额，其平整场地工程量为_____。
3. 机械土方作业均以天然湿度土壤为准，定额中已包括含水率在_____以内的土方所需增加的人工和机械；如含水率超过此标准，定额乘系数 1.15；如含水率超过 40%，另行处理。
4. 墙与基础使用不同材料砌筑时，基础与墙的分界线是_____。
5. 一砖厚砖基础，有一层大放脚，其折加高度为_____ m。
6. 计算有挑檐的平屋面内墙高度应算至_____。
7. 按定额规定，计算墙身工程量时不扣除_____。
8. 编制施工图预算的依据资料有哪些？
9. 简述单位工程施工图预算书的编制步骤。
10. 如图 1 所示的门卫室，内、外墙厚 240 mm，M5.0 砂浆砌筑煤矸石砖，−1.8 m 以上为普通土，以下为坚土，人工挖土方，计算场地平整工程量、挖土方工程量、回填土工程量，计算基础、墙身的工程量并套定额计算定额直接费。

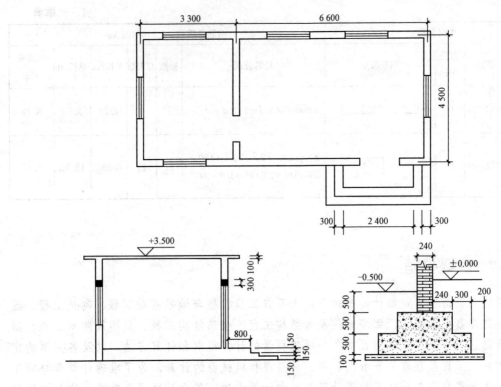

图1 门卫室平面图、剖面图、基础图

11. 某工程桩基础是泥浆护壁成孔灌注桩，如图2所示，C25混凝土现场搅拌，自然地面标高−0.45 m，桩顶标高−3.0 m，设计桩长12.30 m，桩进入岩层1 m，桩直径600 mm，计100根，泥浆外运5 km，计算钻孔灌注桩的各项工程量。

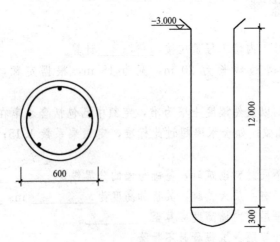

图2 某工程桩基础

12. 某工程结构平面如图3所示，采用C25商品混凝土浇筑，组合钢模，层高为4.8 m，柱截面均为400 mm×400 mm，KL1为300 mm×700 mm，KL2为300 mm×600 mm，现浇板厚12 mm，试计算梁、柱、板混凝土工程量并进行计价。

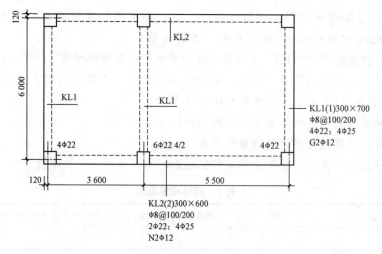

图 3 某工程结构平面

13. 某工程现浇钢筋混凝土无梁板，尺寸如图 4 所示。板顶标高为 5.4 m，混凝土强度等级为 C25，商品混凝土。计算现浇钢筋混凝土无梁板工程量，并进行计价。

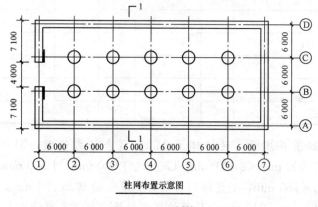

柱网布置示意图

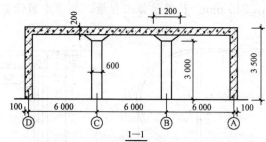

图 4 某工程现浇钢筋混凝土无梁板

14. 某三跨框架连续梁平法标注配筋图，如图 5 所示，试分析该梁的钢筋用量。

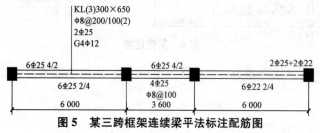

图 5 某三跨框架连续梁平法标注配筋图

注：(1)抗震等级为二级，环境类别为一类，采用强度等级为C30混凝土，柱的截面尺寸为600 mm×600 mm，轴线居中，普通钢筋。

(2)构件保护层按图集G101—1中最小保护层执行；不考虑搭接。

(3)梁中进入支座的钢筋若为弯锚，认为其锚入支座平直段进入支座尽头(即平直段长度为柱宽—保护层)，其他锚固长度按G101—1执行。

(4)题中未提及的钢筋构造要求均按照G101—1执行。

(5)要求写出计算过程并填写钢筋用量表(表1)。

(6)钢筋单根长度值、总长度值保留两位小数，总质量保留三位小数。

表1 钢筋用量表

钢筋名称	级别	直径	单根长度/m	根数	总长/m	理论质量/(kg·m^{-1})	总质量/kg
1. 上部通长钢筋							
2. 一跨左支座负筋(第一排)							
3. 一跨左支座负筋(第二排)							
4. 一跨下部钢筋							
5. 一跨箍筋							
6. 二跨下部钢筋							
7. 三跨右支座负筋(第一排)							
8. 三跨下部钢筋							
9. 二跨箍筋							
10. 梁侧构造钢筋							

15. 某传达室如图6所示，砖墙体用M2.5混合砂浆砌筑，M—1为1 000 mm×2 400 mm，M—2为900 mm×2 400 mm，C—1为1 500 mm×1 500 mm，门窗上部均设过梁，断面为240 mm×180 mm，长度按门窗洞口宽度每边增加250 mm，外墙均设圈梁(内墙不设)，断面为240 mm×240 mm。计算墙体工程量，并套定额计算人工费、材料费和机械费。

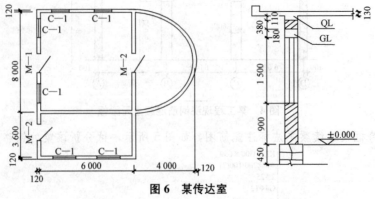

图6 某传达室

16. 如图7所示为保温平屋面，试确定定额项目，计算工程量，并套定额计算人工费、材料费和机械费。

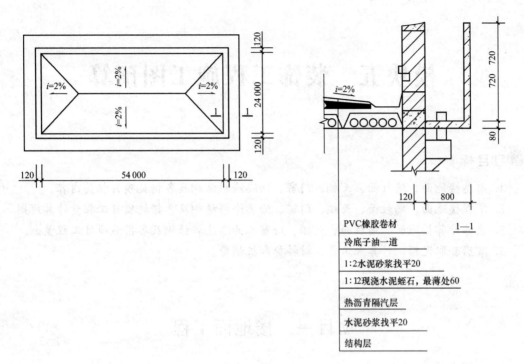

图 7 保温平屋面

17. 某冷库室内设软木保温层，厚度为 100 mm，层高为 3.4 m，板厚为 100 mm，如图 8 所示，试对其保温层列项并计算工程量，并套定额计算人工费、材料费和机械费。

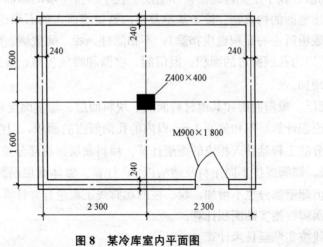

图 8 某冷库室内平面图

模块五 装饰工程施工图预算

> **学习目标**
> 1. 熟悉楼地面、墙柱面、天棚、门窗、油漆涂料裱糊及各措施项目相关内容。
> 2. 掌握楼地面、墙柱面、天棚、门窗、油漆涂料裱糊及各措施项目工程量计算规则。
> 3. 熟练计算楼地面、墙柱面、天棚、门窗、油漆涂料裱糊及各措施项目工程量。
> 4. 准确套取定额,计算人工费、材料费和机械费。

项目一 楼地面工程

一、楼地面工程工程量计算规则

(1)地面垫层。地面垫层按设计规定厚度乘以楼地面面积以 m^3 计算。

(2)整体面层、找平层。楼地面整体面层、找平层按主墙间净面积计算,应扣除凸出地面的构筑物、设备基础及室内铁道等所占的面积(不需作面层的地沟盖板所占的面积也应扣除),不扣除柱、垛、间壁墙、附墙烟囱及 $0.3\ m^2$ 以内孔洞所占的面积,但门洞、空圈和暖气包槽、壁龛的开口部分也不增加。

楼地面的构造

(3)块料面层、橡塑面层和其他材料面层。块料面层、橡塑面层和其他材料面层按设计图示尺寸以净面积计算,不扣除 $0.1\ m^2$ 以内的孔洞所占的面积,门洞、空圈、暖气包槽和壁龛的开口部分的工程量并入相应的面层计算。块料面层拼花部分按实贴面积计算。

(4)踢脚线。踢脚线按不同用料及做法以 m^2 计算。整体面层踢脚线不扣除门洞口及空圈处的长度,但侧壁部分也不增加,垛、柱的踢脚线工程量合并计算。

其他面层踢脚线按实贴面积计算。

成品踢脚线按实贴延长米计算。

(5)楼梯面层。阶梯教室整体面层地面,按展开面积计算,套用相应的地面面层项目,人工乘以系数 1.08。

整体楼梯面层以楼梯水平投影面积计算(包括踏步和休息平台)。楼梯与楼面分界以楼梯梁外边缘为界,无楼梯梁时,算至最上一层踏步边沿加 300 mm,不扣除宽度小于 500 mm 的楼梯井面积。

楼梯防滑条按设计规定长度计算,如设计无规定者,按踏步长度两边共减 15 cm 计算。

(6)楼梯栏杆、栏板、扶手。栏杆、栏板、扶手、成品栏杆(带扶手)均按其中心线长度以延长米计算。如设计无规定,按全部投影长度乘以系数 1.15 计算。

计算扶手时不扣除弯头所占长度,弯头按个另计(一个拐弯计算 2 个弯头,顶层计算 1 个)。

楼梯弯头 $= 4 \times n - 1$

式中　n——楼梯层数。

(7)台阶。台阶面层(包括踏步及最上一层踏步沿 300 mm)按水平投影面积计算。

【例 5-1】　某建筑平面如图 5-1 所示,门窗表见表 5-1。墙厚为 240 mm,室内铺设 500 mm×500 mm 中国红大理石,试计算大理石地面的工程量。

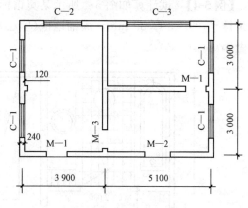

图 5-1　某建筑平面图

表 5-1　门窗表

编号	尺寸(宽×高)/(mm×mm)
M—1	1 000×2 000
M—2	1 200×2 000
M—3	900×2 400
C—1	1 500×1 500
C—2	1 800×1 500
C—3	3 000×1 500

解: 工程量 $=(3.9-0.24)\times(3+3-0.24)+(5.1-0.24)\times(3-0.24)\times 2 +(1\times 2+1.2+0.9)\times 0.24= 48.89$ (m²)

踢脚线长度 $=(3.9-0.24+3\times 2-0.24)\times 2+(5.1-0.24+3-0.24)\times 2\times 2-(0.9+1)\times 2-(1.2+1)+0.12\times 2=44.52$ (m)

踢脚线工程量 $=44.52\times 0.15=6.74$ (m²)

【例 5-2】　某建筑物内一楼梯如图 5-2 所示,同走廊连接,采用直线双跑形式,墙厚为 240 mm,梯井宽为 300 mm,楼梯满铺芝麻白大理石,试计算其工程量。

解: 楼梯工程量 $=(3.3-0.24)\times(0.20+2.7+1.43)=13.25$ (m²)

【例 5-3】　某学院办公楼入口台阶如图 5-3 所示,花岗石贴面,试计算其台阶工程量。

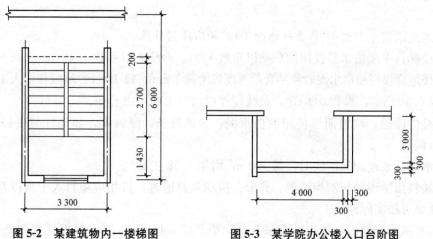

图 5-2　某建筑物内一楼梯图　　图 5-3　某学院办公楼入口台阶图

解：工程量＝(4＋0.3×2)×(0.3×2＋0.3)＋(3.0－0.3)×(0.3×2＋0.3)＝6.57(m²)

【例 5-4】 试计算如图 5-4 所示某宾馆标准间地毯工程量。地毯做法：过道、房间水泥砂浆抹平，1∶3 厚 20 mm，满铺地毯(单层)。走道橱柜同时装修，底部不铺地毯，侧面不再做墙裙。

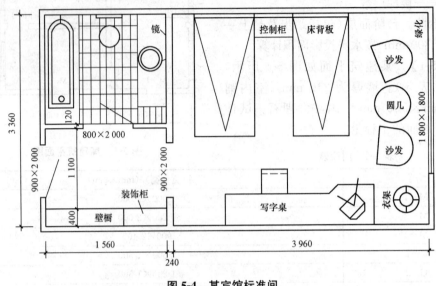

图 5-4 某宾馆标准间

解：根据工程量计算规则，楼地面装饰面积按饰面的净面积计算，门洞开口部分的工程量并入相应的面层内计算，则

地毯工程量＝3.36×3.96＋1.56×1.10＋0.8×0.12＋0.9×0.24×2＝15.55(m²)

二、楼地面工程定额相关说明

(1)砂浆、石子浆的厚度、强度等级，混凝土的强度等级，设计与定额取定不同时，可以进行换算。

(2)垫层项目如用于基础垫层，人工、机械乘以系数 1.20(不含满堂基础)。

(3)地板采暖房间垫层，按不同材料套用相应定额，人工乘以系数 1.80，材料乘以系数 0.98。

(4)地面刷素水泥浆按"B.2 柱墙面工程"相应项目计算。

(5)楼梯找平层按水平投影面积乘以系数 1.37，台阶乘以系数 1.48。

(6)楼地面块料面层水泥砂浆结合层厚度每增减 1 mm，每 100 m² 增减相应人工 0.276 工日，砂浆 0.102 m³，水 0.012 m³，灰浆搅拌机(200 L)0.012 台班。

(7)整体面层、块料面层使用的白水泥、金属嵌条、颜料等，如设计与项目取定不同时，可以调整。

(8)水泥砂浆地面如压线时，每 100 m² 增加 1.58 工日。

(9)块料面层现场切割为弧形、异形、拼花及斜铺时，按相应项目人工乘以系数 1.50，块料损耗率可按实际调整。

(10)平铺陶瓷地砖，如设计有波打线，周长≤2 400 mm 时，其损耗率调整为 2.5%；

周长＞2 400 mm 时，损耗率调整为 4％，波打线执行零星项目。

(11)本项目石材楼地面干粉型胶粘剂厚度取定 4 mm，陶瓷地砖楼地面干粉型胶粘剂厚度取定 2.5 mm。干粉型胶粘剂厚度与定额取定不同时，每增减 1 mm 厚度，每 100 m² 增减干粉型胶粘剂 169 kg，水增减 0.042 m³，其他不变。

(12)同一铺贴面采用不同种类、材质的材料，应分别按相应项目计算。

(13)大理石、花岗岩楼地面拼花是按成品考虑的，镶拼面积小于 0.015 m² 的石材，执行点缀定额项目。

(14)楼地面块料面层、整体面层（现浇水磨石楼地面除外）均未包括找平层，如设计要求时，另行计算。

(15)块料楼地面面层均不包括酸洗、打蜡，发生时可按相应项目计算。

(16)整体面层、块料面层的楼地面项目和楼梯面层（除水泥砂浆及水磨石楼梯外），均不包括踢脚线工料。楼梯踢脚线按相应踢脚线项目乘以系数 1.15 计算。

(17)楼梯不包括板底及侧面抹灰。板底抹灰执行"B.3 天棚工程"相应项目，侧面抹灰按"B.2 墙柱面工程"相应项目计算。

(18)楼地面块料零星项目适用于楼梯侧面、台阶侧面、小便池、蹲台、池槽以及每个平面面积在 1 m² 以内定额未列出项目的工程。

(19)金刚砂耐磨地面基层混凝土厚度调整执行混凝土地面每增减 5 mm 项目。

(20)木地板填充材料，可按有关项目计算。

(21)设计规定龙骨的间距、规格和型号如与定额取定不同，可按设计调整，但人工、机械不变。

(22)防静电活动地板子目中已包括各种附件、配件。

(23)楼梯基层板按水平投影面积套用相应地面基础板乘以系数 1.37。

(24)扶手、栏板、栏杆的主要材料用量，其设计与定额不同时，可以调整，但人工、机械不变。

三、套定额计算人工费、材料费和机械费(表 5-2)

表 5-2 单位工程预算表　　　　　　　　　　　　　　　元

定额编号	项目名称	单位	工程量	单价	其中			合价	其中		
					人工费	材料费	机械费		人工费	材料费	机械费
B1-1	素土垫层	10 m³		243.12	202.1	10.00	31.02				
B1-24	混凝土垫层	10 m³		2 624.85	772.80	1 779.32	72.73				
B1-27	水泥砂浆找平层(平面)20 mm	100 m²		936.71	459.60	451.25	25.86				
B1-28	水泥砂浆找平层(立面)20 mm	100 m²		1 089.92	612.6	451.46	25.86				
B1-30	每增减 5 mm	100 m²		88.78	82.80	99.77	6.21				
B1-53	混凝土地面 40 mm 厚	100 m²		1 925.64	952.8	927.42	45.42				
B1-54	每增减 5 mm	100 m²		136.3	27.0	103.83	5.47				

续表

定额编号	项目名称	单位	工程量	单价	其中			合价	其中		
					人工费	材料费	机械费		人工费	材料费	机械费
B1-70	大理石地面(周长 3 200 mm以内)	100 m²	0.488 9	15 148.85	2 221.80	12 816.0	111.05	7 406.27	1 086.24	6 265.74	54.29
B1-151	地毯(不固定)	100 m²	0.155 5	5 452.24	686.0	4 766.24		847.82	106.67	741.15	
B1-199	水泥砂浆踢脚线	100 m²		2 616.3	1 967.4	612.69	36.21				
B1-202	大理石踢脚线	100 m²	0.067 4	16 100.08	3 161.90	12 837.48	100.7	1 085 015	213.12	865.25	6.79
B1-368	花岗岩台阶	100 m²	0.065 7	22 561.07	3 955.70	18 134.71	470.66	1 482.26	259.89	1 191.45	3.09
B1-243	大理石楼梯	100 m²	0.132 5	22 626.05	4 239.90	18 052.33	333.83	2 997.95	561.79	2 391.93	44.23

项目二 墙柱面工程

【引例】 如图 5-5 所示，内墙面为 1∶2 水泥砂浆，外墙面为水刷石，门窗尺寸分别为：M-1：900 mm×2 000 mm；M-2：1 200 mm×2 000 mm；M-3：1 000 mm×2 000 mm；C-1：1 500 mm×1 500 mm；C-2：1 800 mm×1 500 mm；C-3：3 000 mm×1 500 mm。试计算内、外墙面抹灰工程量。

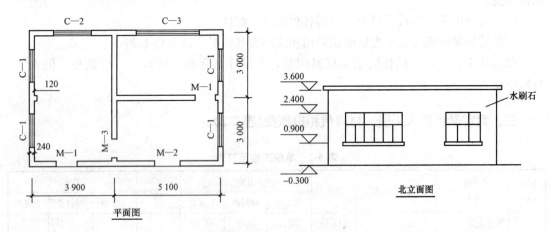

图 5-5 某工程平面、立面图

一、一般抹灰工程量计算规则

1. 内墙抹灰

（1）内墙面抹灰面积按主墙间的图示净长尺寸乘以内墙抹灰高度计算。内墙抹灰高度：有墙裙时，自墙裙顶算至天棚底或板底面；无墙裙时，其高度自室内地坪或楼地面算至天棚底或板底面。应扣除门窗洞口、空圈所占的面积，不扣除踢脚线、挂镜线、墙与构件交接处及 0.3 m² 以内的孔洞面积，洞口侧壁和顶面面积也不增加。不扣除间壁墙所占的面积。垛的侧面抹灰工程量应并入墙面抹灰工程量内计算。

(2)天棚有吊顶者,内墙抹灰高度算至吊顶下表面另加 10 cm 计算。

2. 外墙抹灰

(1)外墙面、墙裙(是指高度在 1.5 m 以下)抹灰,按 m² 计算,应扣除门窗洞口、腰线、挑檐、门窗套、遮阳板和大于 0.3 m² 孔洞所占面积。附墙柱的侧壁应展开计算,并入相应墙面抹灰工程量内。

不增加:洞口侧壁和顶面面积。

注意:栏板、栏杆、窗台线、门窗套、扶手、压顶、挑檐、遮阳板、凸出墙外的腰线等,另按相应规定计算。

(2)外墙抹灰分格、嵌缝按相应抹灰面积计算。

(3)女儿墙顶及内侧、暖气沟、化粪池的抹灰,以展开面积按墙面抹灰相应项目计算,凸出墙面的女儿墙压顶,其压顶部分以展开面积,按普通腰线计算。

(4)内外窗台板抹灰工程量,如图纸无规定,按窗外围宽度共加 20 cm 乘以展开宽度计算。

引例解: 外墙抹灰工程量=墙面工程量-门洞口工程量=$(3.9+5.1+0.24+3\times2+0.24)\times2\times(3.6+0.3)-(1.5\times1.5\times4+1.8\times1.5+3\times1.5+0.9\times2+1.2\times2)=100.34(m^2)$

内墙抹灰工程量=$[(3.9-0.24+6.0-0.24)\times2+(5.1-0.24+3.0-0.24)\times2\times2+2\times0.12]\times3.6-3\times0.9\times2.0-1.2\times2.0-2\times1.0\times2.0-4\times1.5\times1.2-1.8\times1.2-3\times1.5=150.42(m^2)$

3. 独立柱抹灰

独立柱、单梁的抹灰,应另列项目按展开面积计算,柱与梁或梁与梁的接头面积不予扣除。

【例 5-5】 某建筑平面图如图 5-6 所示,墙厚为 240 mm,室内净高为 3.9 m,独立柱尺寸为 400 mm×400 mm,试计算独立柱抹灰工程量。

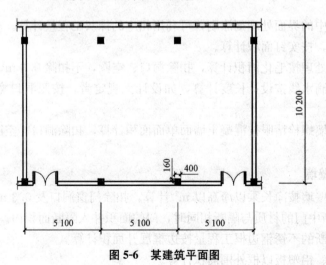

图 5-6 某建筑平面图

解: 独立柱抹灰工程量=$0.4\times0.4\times3.9\times2=1.25(m^2)$

【例 5-6】 某建筑物钢筋混凝土柱的构造如图 5-7 所示,柱面挂贴花岗岩面层,试计算柱面挂贴花岗岩的工程量。

解：工程量＝柱身工程量＋柱帽工程量

柱身工程量＝$0.64 \times 4 \times 3.75 = 9.6 (m^2)$

柱帽工程量＝$1.38 \times 0.158 \times 2 = 0.44 (m^2)$

柱面挂贴花岗岩的工程量＝$7.5 + 0.44 = 7.94 (m^2)$

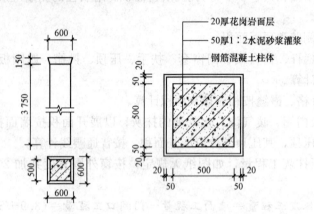

图 5-7 某建筑物钢筋混凝土柱的构造

4. 块料面层

墙面贴块料面层工程量均按图示尺寸以实贴面积计算。

注意：因块料面层工程量为实贴面积，则门洞下、门窗洞口侧壁面积也应计算。洞口侧壁宽度取法为

$$洞口侧壁宽度 = \frac{墙厚 - 门窗框料宽度}{2}$$

门窗分部工程按相关规定执行。

5. 其他

(1)抹灰项目中的界面处理剂涂刷，可利用相应的抹灰工程量计算。

(2)钉钢丝网，按实钉面积计算。

(3)墙面毛化处理按毛化面积计算，扣除洞口、空圈，不扣除 $0.3\ m^2$ 以内的空洞面积。

(4)窗口塑料滴水线按设计长度计算，如设计无规定者，按照洞口宽度两边共减 7 cm 计算。

(5)大模板穿墙螺栓堵眼按混凝土墙面单面面积计算，扣除洞口、空圈，不扣除 $0.3\ m^2$ 以内的空洞面积。

6. 隔断、间壁墙

(1)隔断、间壁墙按净长乘以净高以 m^2 计算，扣除门窗洞口及 $0.3\ m^2$ 以上的孔洞所占的面积。浴厕隔断中门的材质与隔断相同时，门的面积并入隔断面积内。

(2)全玻璃隔断的不锈钢边框工程量按边框展开面积计算。

(3)玻璃幕墙、铝塑板以框外围面积计算。

【例 5-7】某厕所平面、立面图如图 5-8 所示，隔断及门采用某品牌 80 系列塑钢门窗材料制作。试计算厕所塑钢隔断工程量。

解：厕所隔间隔断工程量＝$(1.35+0.15+0.12) \times (0.3 \times 2 + 0.15 \times 2 + 1.2 \times 3) = 7.29 (m^2)$

厕所隔间门的工程量＝1.35×0.7×3＝2.835(m²)
厕所隔断工程量＝厕所隔间隔断工程量＋厕所隔间门的工程量
　　　　　　　＝7.29＋2.835＝10.13(m²)

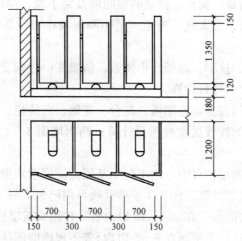

图 5-8　某厕所平面、立面图

二、墙柱面工程定额相关说明

(1)石灰砂浆抹灰分普通、中级、高级，其标准如下：

1)普通抹灰：一遍底层，一遍面层。
2)中级抹灰：一遍底层，一遍中层，一遍面层。
3)高级抹灰：一遍底层，一遍中层，两遍面层。

石灰砂浆抹灰定额项目按中级抹灰标准取定，如设计不同，普通抹灰按相应项目人工乘以系数 0.8，高级抹灰人工乘以系数 1.25，其他不变。

(2)项目中的抹灰砂浆种类、配合比及厚度是根据现行规范、标准设计图集及常规采用的施工做法综合取定的，抹灰砂浆厚度取定见抹灰砂浆厚度取定表。如设计的抹灰砂浆厚度与定额项目取定不同时，可按抹灰砂浆厚度调整表(表 5-3)调整。

表 5-3　墙面抹灰砂浆厚度调整表　　　　　　　　　　　　　　100 m²

项目	每增减 1 mm 厚度消耗量				
	人工/工日	机械/台班	砂浆/m³	干混砂浆/t	水/m³
石灰砂浆	0.35	0.014	0.11	—	0.01
水泥砂浆	0.38	0.015	0.12	—	0.01
混合砂浆	0.52	0.015	0.12	—	0.01
石膏砂浆	0.43	0.014	0.11	—	0.01
预拌砂浆	0.32	0.015	—	0.23	0.04

(3)石灰砂浆、混合砂浆墙柱面抹灰项目内均已包括水泥砂浆护角线的工料，工程计价时不另增加。

(4)梁面、柱面抹灰项目，是指独立梁、独立柱。

(5)普通腰线是凸出墙面1～2道棱角线,复杂腰线是指凸出墙面3～4道棱角线(每凸出墙面一个阳角为一道棱角线)。

(6)天沟、泛水、楼梯或阳台栏板、内外窗台板、飘窗板、空调板、压顶、楼梯侧面和挡水沿、厕所蹲台、水槽腿、锅台、独立的窗间墙及窗下墙、讲台侧面、烟囱帽、烟囱根、烟囱眼、垃圾箱、通风口、上人孔、碗柜、吊柜隔板及小型设备基座等项的抹灰,按普通腰线项目计算。

(7)楼梯或阳台栏杆、扶手、池槽、小便池、假梁头、柱帽及柱脚、方(圆)窨井圈、花饰等项的抹灰,按复杂腰线项目计算。

(8)挑檐、砖出檐、门窗套、遮阳板、花台、花池、宣传栏、雨篷、阳台等的抹灰,凡突出墙面1～2道棱角线的按普通腰线项目计算;凸出墙面3～4道棱角线的按复杂腰线项目计算。

(9)抹灰及镶贴块料面层项目中,均不包括基层面涂刷素水泥浆或界面处理剂。设计有要求时,应按设计另列项目计算。抹TG胶砂浆项目内已包括刷TG胶浆一道,不再另计。

(10)墙面贴块料、饰面高度在300 mm以内者,按踢脚板项目计算。

(11)圆弧形、锯齿形(每个平面在6 m² 以内)等不规则墙面抹灰、镶贴块料面层按相应项目人工乘以系数1.15,材料乘以系数1.05。

(12)除已列有柱(梁)面层项目外,未列项目的柱(梁)面层执行墙面相应项目,人工、机械乘以系数1.05。

(13)设计的墙柱(梁)面轻钢龙骨、铝合金龙骨和型钢龙骨型号、规格和间距与定额项目取定不同时,其材料用量可以调整,人工、机械不变,材料弯弧费另行计算。

(14)幕墙。

1)玻璃幕墙中的玻璃按成品考虑,幕墙中的避雷装置、防火隔离层项目中已综合,但幕墙的封边、封顶的费用另行计算。

2)弧形幕墙人工乘以系数1.1,材料弯弧费另行计算。

三、套定额计算人工费、材料费和机械费(表5-4)

表5-4 单位工程预算表   元

定额编号	项目名称	单位	工程量	单价	其中			合价	其中		
					人工费	材料费	机械费		人工费	材料费	机械费
B2-9	水泥砂浆墙面	100 m²	1.504	1 741.26	1 198.40	511.82	31.04	2 618.86	1 802.39	769.78	46.68
B2-29	水刷石墙面	100 m²	1.003	3 965.44	2 940.7	987.5	37.24	3 977.34	2 949.52	990.46	37.35
B2-141	内墙瓷砖200 mm	100 m²		7 491.08	2 943.5	4 468.05	79.53				
B2-154	外墙面砖周长600 mm以内	100 m²		7 468.48	3 549.7	3 836.14	82.64				
B2-201	挂贴花岗岩	100 m²	0.079 4	21 848.02	7 121.8	14 197.71	528.51	1 734.73	565.47	1 127.3	41.96
B2-631	浴厕轻质隔断	100 m²	0.101 3	14 764.21	960.4	13 803.81		1 495.61	97.29	1 398.33	

项目三 天棚工程计量计价

一、抹灰天棚工程量计算规则

(1)抹灰天棚。天棚抹灰工程量,按主墙(墙厚≥120 mm)间的净面积计算,带梁天棚,梁两侧抹灰面积,并入天棚抹灰工程量内计算。

不扣除:间壁墙、垛、柱附墙烟囱、检查口和管道的面积。

【例 5-8】 某建筑平面图如图 5-9 所示,墙厚为 240 mm,天棚基层类型为混凝土现浇板,方柱尺寸为 400 mm×400 mm。试计算天棚抹灰工程量。

吊顶天棚的构造

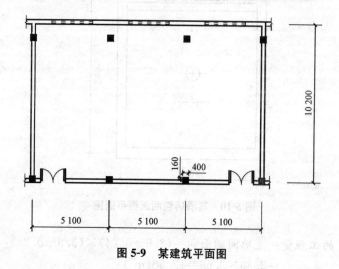

图 5-9 某建筑平面图

解: 天棚抹灰工程量=(5.1×3−0.24)×(10.2−0.2)=150.00(m²)

(2)密肋梁、井字梁天棚按展开面积计算。

注意:带密肋小梁和每个井内面积在 5 m² 以内的井字梁天棚抹灰,按每 100 m² 增加 4.14 工日计算。

(3)檐口天棚的抹灰面积,并入相同做法的天棚抹灰工程量内计算。

(4)楼梯底面抹灰并入相应的天棚抹灰工程量内计算。楼梯(包括休息平台)底面面积的工程量按其水平投影面积计算,平板式乘以系数 1.3,踏步式乘以系数 1.8。

(5)抹灰项目中的界面处理剂涂刷,可利用相应的抹灰工程量计算。

二、吊顶天棚工程量计算规则

(1)吊顶天棚龙骨。各种吊顶天棚龙骨工程量按主墙间净空面积计算。

不扣除:间壁墙、检查口、附墙烟囱、柱、垛和管道面积

注意:天棚中的折线、迭落等圆弧形,高低吊灯槽等面积不展开计算。

(2)天棚基层工程量按展开面积计算。

(3)天棚面层工程量按主墙间实铺面积以 m² 计算。

不扣除：间壁墙、检查口、附墙烟囱、附墙垛和管道所占的面积。

应扣除：$0.3 m^2$ 以上的孔洞、独立柱、灯槽及与天棚相连的窗帘盒所占的面积。

（4）灯槽、灯带按其延长米计算。

（5）格栅吊顶、吊筒吊顶、藤条造型悬挂吊顶、织物软雕吊顶、网架（装饰）吊顶工程量按设计图示吊顶尺寸以水平投影面积计算。

（6）龙骨、基层、面层合并子目按主墙间净空面积计算。

（7）嵌缝工程量按 m^2 计算。

【例 5-9】 某酒店包厢天棚平面图如图 5-10 所示，设计轻钢龙骨石膏板吊顶（龙骨间距为 450 mm×450 mm，不上人），面涂白色乳胶漆，暗窗帘盒，宽为 200 mm，墙厚为 240 mm，试计算天棚的工程量。

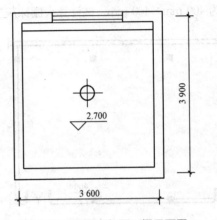

图 5-10 某酒店包厢天棚平面图

解：轻钢龙骨的工程量＝主墙间的面积＝(3.6－0.24)×(3.9－0.24)
　　　　　　　　　　　　　＝3.36×3.66＝12.30(m^2)

石膏板面层的工程量＝主墙间的面积－窗帘盒的工程量＝11.63(m^2)

白色乳胶漆的工程量＝11.63(m^2)

【例 5-10】 某客厅天棚尺寸如图 5-11 所示，为不上人型轻钢龙骨石膏板吊顶，试计算天棚的清单工程量。

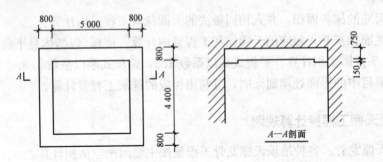

图 5-11 某客厅天棚尺寸

解：龙骨的工程量＝(0.8×2＋5)×(0.8×2＋4.4)＝39.6(m^2)

石膏板基层的工程量＝(0.8×2＋5)×(0.8×2＋4.4)＋(4.4＋5)×2×0.15＝42.42(m^2)

三、天棚工程定额相关说明

(1)抹灰天棚按手工操作,施工方法不同时,不作调整。

(2)天棚抹灰石灰砂浆项目按中级抹灰标准取定,抹灰标准见"B.2 墙柱面工程"说明第1条,普通抹灰按相应项目人工乘以系数0.8,高级抹灰人工乘以系数1.25,其他不变。

(3)项目中的抹灰砂浆种类、配合比及厚度是根据现行规范、标准设计图集及常规采用的施工做法综合取定的,天棚抹灰砂浆厚度按表5-5取定。

表5-5 天棚抹灰砂浆厚度取定表 mm

序号	项目		底层		中层		面层		总厚度
			砂浆种类	厚度	砂浆种类	厚度	砂浆种类	厚度	
1	石灰砂浆	混凝土	水泥石灰砂浆1:1:4	10	—	—	纸筋石灰浆	2	112
2		钢板(丝网)	水泥石灰麻刀素浆1:6	8	石灰砂浆1:2.5	7	纸筋石灰浆	2	117
3		装饰线三道以内	水泥石灰麻刀素浆1:1	13	—	—	纸筋石灰浆	2	115
4		装饰线五道以内	水泥石灰麻刀素浆1:1	18	—	—	纸筋石灰浆	2	220
5	水泥砂浆	混凝土	水泥砂浆1:3	7	水泥砂浆1:2.5	5	—	—	112
6		钢板(丝网)	水泥砂浆1:2	10	水泥砂浆1:2.5	7	水泥砂浆1:2	6	223
7	混合砂浆	混凝土	水泥石灰砂浆1:0.5:3	5	水泥石灰砂浆1:1:4	7	—	—	112
8		钢板(丝网)	水泥石灰砂浆1:1:4	10	水泥石灰砂浆1:0.5:5	5	—	—	115
9	其他抹灰	混凝土	石膏砂浆1:1	10	—	—	素石膏浆	2	112
10		石灰拉毛	水泥石灰砂浆1:1:6	12	—	—	石灰麻刀浆	6	118
11		水泥拉毛	水泥石灰砂浆1:1:6	12	—	—	水泥石灰砂浆1:1:2	6	118

(4)设计的抹灰砂浆厚度与定额取定不同时,可按表5-6调整。

表5-6 天棚抹灰砂浆厚度调整表 100 m²

项目		每增减1mm厚度消耗量				
		人工/工日	机械/台班	砂浆/m³	干混砂浆/t	水/m³
现场搅拌砂浆	石灰砂浆	0.35	0.014	0.11	—	0.01
	水泥砂浆	0.38	0.015	0.12	—	0.01
	混合砂浆	0.52	0.015	0.12	—	0.01
	石膏砂浆	0.43	0.014	0.11	—	0.01
预拌砂浆	干混砂浆	0.32	0.015	—	0.23	0.04

(5)天棚抹灰项目中已包括小圆角(天棚灰线)的工料,如有凸凹线者,另按凸出的线条道数以装饰线计算。

(6)装饰线是指凸出抹灰面所起的线脚,每凸出一个棱角为一道灰线,檐口滴水槽不作为凸出抹灰面线脚。

(7)井字梁天棚是指每个井内面积在 5 m² 以内者。

(8)阳台、雨篷、挑檐下抹灰按天棚抹灰计算规则计算。

(9)项目内已包括天棚基层面浇水湿润的工料,不包括基层面涂刷素水泥浆或界面处理剂。设计有要求时,按"B.2 墙柱面工程"相应项目套用。

(10)除部分项目为龙骨、基层、面层合并列项外,其余均按天棚龙骨、基层、面层分别列项编制。

(11)天棚面层在同一标高者为平面天棚,天棚面层不在同一标高者为跌级天棚,跌级天棚面层按相应项目人工乘以系数 1.1。

(12)轻钢龙骨、铝合金龙骨项目中为双层结构(即中、小龙骨紧贴大龙骨底面吊挂),如为单层结构(大、中龙骨底面在同一水平上),人工乘以系数 0.85。

(13)平面天棚和跌级天棚项目中不包括灯光槽的制作安装,灯光槽制作安装应按相应子目套用。艺术造型天棚项目中包括灯光槽的制作安装。

(14)天棚吊筋安装按混凝土板下钻眼挂筋编制,如在砖墙上打洞搁置骨架者,按相应项目每 100 m² 减少人工 1.97 工日。

(15)龙骨、基层、面层的防火处理按"B.5 油漆、涂料、裱糊工程"相应项目套用。

(16)天棚检查孔的工料已包括在项目内,面层材料不同时,另增加材料费,其他不变。

四、套定额计算人工费、材料费和机械费(表5-7)

表 5-7 单位工程预算表　　　　　　　　　　　　　　　　　元

定额编号	项目名称	单位	工程量	单价	其中			合价	其中		
					人工费	材料费	机械费		人工费	材料费	机械费
B3—1	天棚抹石灰砂浆	100 m²	1.50	1 456.28	1 041.6	391.92	22.76	2 184.42	1 562.4	587.88	34.14
B3—41	轻钢龙骨(300×300)平面	100 m²	0.123	7 433.72	1 732.5	5 652.12	49.10	914.34	213.1	695.21	6.04
B3—42	轻钢龙骨(300×300)跌级	100 m²	0.396	8 610.34	1 798.30	6 762.94	49.1	3 409.69	712.13	2 678.12	19.44
B3—115	石膏板面层(安龙骨上)	100 m²	0.540 5	2 080.78	788.90	1 291.88		1 124.66	426.4	698.26	

项目四 门窗工程计量计价

一、门窗工程工程量计算规则

(1)普通门窗。

1)普通木门窗框及工业窗框,分制作和安装项目,以设计框长每 100 m 为计算单位,分别按单、双裁口项目计算。余长和伸入墙内部分及安装用木砖已包括在项目内,不另计算。若设计框料断面与附注规定不同时,项目中烘干木材含量,应按比例换算,其他不变。换算时以立边断面为准。例如,普通木窗为带亮三开扇,每樘框外围尺寸为宽 1.48 m,高 1.98 m(当中有中立槛及中横槛),边框为双裁口,毛料断面为 64 cm^2,项目规定断面为 45.6 cm^2,烘干木材为 0.553 m^3/100 m。则:

每樘框料总长为:(1.48+1.98)×3=10.38(m)

断面换算比例为:64/45.6×100%=140.35%

烘干木材换算为:0.553/100 m×140.35%=0.776/100(m)

2)普通木门窗扇、工业窗扇等有关项目分制作及安装,以 100 m^2 扇面积为计算单位。如设计扇料边梃断面与附注规定不同,项目中烘干木材含量,应按比例换算,其他不变。

3)普通木门窗、工业木窗,如设计规定为部分框上安装玻璃者,扇的制作、安装与框上安玻璃的工程量应分别列项计算,框上安玻璃的工程量应以安装玻璃部分的框外围面积计算。

4)木百叶窗制作、安装按框外围面积计算,项目中已包括窗框的工、料。

5)门连窗的窗扇和门扇制作、安装应分别列项计算,但门窗相连的框可并入木门框工程量内,按普通木门框制作、安装项目执行。

6)窗台板按实铺面积计算。如图纸未注明窗台板长度和宽度,可按窗框的外围宽度两边共加 10 cm 计算,凸出墙面的宽度按抹灰面外加 5 cm 计算。

7)钢门窗安装按框外围面积计算。

(2)装饰门窗。

1)铝合金门窗制作、安装,成品铝合金门窗、彩板门窗、塑钢门窗安装均按洞口面积以 m^2 计算。纱扇制作、安装按纱扇外围面积计算。

$$门窗工程量=洞口宽×洞口高$$

2)卷闸门安装按其安装高度乘以门的实际宽度以 m^2 计算。安装高度按洞口高度增加 600 mm 计算。带卷筒罩的按展开面积增加。电动装置安装以套计算,小门安装以个计算,若卷闸门带小门,小门面积不扣除。不锈钢、镀锌板网卷帘门执行铝合金卷帘门子目,主材换算调整,其他不变。

$$卷闸门安装工程量=卷闸门宽×(洞口高度+0.6)$$

3)防盗门、防盗窗、百叶窗、对讲门、钛镁合金推拉门、无框全玻门、带框全玻门、不锈钢格栅门按框外围面积以 m^2 计算。

4)成品防火门以框外围面积计算,防火卷帘门从地(楼)面算至端板顶点乘以设计宽度。

5)实木门框制作、安装以延长米计算。实木门扇制作、安装及装饰门扇制作按扇外围面积计算。装饰门扇及成品门扇安装按扇计算。

6)木门扇皮制隔声面层和装饰板隔声面层,按单面面积计算。

7)成品门窗套按洞口内净尺寸分别按不同宽度以延长米计算。

8)不锈钢板包门框、门窗套、花岗岩门套、门窗筒子板按展开面积计算。

9)门窗贴脸按门窗框的外围长度以 m 计算。双面钉贴脸者应加倍计算。

10)窗帘盒和窗帘轨道按图示尺寸以 m 计算。如设计无规定,可按窗框的外围宽度两边共加 30 cm 计算。

11)电子感应自动门、全玻转门及不锈钢电动伸缩门以樘为单位计算。

12)门扇铝合金踢脚板安装以踢脚板净面积计算。

13)窗帘按设计图示尺寸以 m^2 计算。

【例 5-11】 某住宅用带纱镶木板门 45 樘,洞口尺寸如图 5-12 所示,刷底油一遍,计算镶木板门制作、安装、门锁及附件工程量。

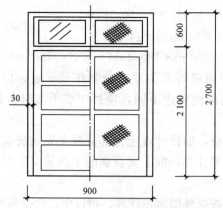

图 5-12 某住宅用带纱镶木板门

解:镶木板门框制作、安装工程量=$(0.9+2.7×2)×45=283.5(m)$

门扇制作安装工程量=$(0.90-0.06)×(2.70-0.03)×45=100.93(m^2)$

纱扇制作安装工程量=$100.93\ m^2$

镶木板门普通门锁安装工程量=45 把

镶木板门五金配件工程量=45 樘

二、门窗工程定额相关说明

(1)普通门窗。

1)本项目木材断面或厚度均以毛料为准。如设计注明断面或厚度为净料,应增加刨光损耗:板方材一面刨光加 3 mm,两面刨光加 5 mm,圆木刨光按每 1 m^3 木材增加 0.05 m^3 计算。

2)门窗玻璃厚度和品种与设计规定不同时,应按设计规定换算,其他不变。

3)木百叶窗制作、安装适用于矩形或多角形,但不适用于圆形或半圆形。

4)普通木门扇制作、安装,其名称区分如下:

①全部用冒头结构,全镶板者,称"全镶板门扇"。

②全部用冒头结构，每扇2~3个中冒头，镶一块玻璃两块木板或镶一块玻璃三块木板者，称"玻璃镶板门扇"。

③全部用冒头结构，全部钉企口木板，板面起三角槽或门扇带木斜撑者，称"全拼板门扇"。

④全部用冒头结构，每扇2~3个中冒头或带木斜撑，上部装一块玻璃，下部钉2~3块企口木板，板面起三角槽者，称"玻璃拼板门扇"。

⑤全部用冒头结构，每扇一个中冒头，中冒头以上装玻璃，以下装木板者，称"半截玻璃门扇"。

5)门窗扇安装项目中未包括装配单、双弹簧合页或地弹簧、暗插销、大型拉手、金属踢、推板及铁三角等用工。计算工程量时应另列项目按门窗扇五金安装相应项目计算。

6)普通成品木门窗需安装时，按相应制安项目中安装子目计算，成品门窗价格按实计入，其他不变。

7)各种木门窗框、扇制作安装项目，不包括从加工厂的成品堆放场至现场堆放场的场外运输。如实际发生，按"A.9构件运输及安装工程"相应项目计算。

(2)装饰门窗。

1)铝合金门窗制作、安装项目不分现场或施工企业附属加工厂制作，均使用本项目。

2)铝合金地弹门制作型材(框料)按101.6 mm×44.5 mm、厚1.5 mm方管取定，单扇平开门、双扇平开窗按38系列取定，推拉门窗按90系列(厚1.5 mm)取定，如实际采用的型材断面及厚度与项目取定规格不符，可按图示尺寸乘以线密度加6%的施工损耗计算型材质量。

3)装饰板门扇制作安装按木骨架、基层、饰面板面层分别计算。

4)成品门窗安装项目中，门窗附件按包含在成品门窗单价内考虑；铝合金门窗制作、安装项目中未含五金配件，五金配件按规定选用。

三、套定额计算人工费、材料费和机械费(表5-8)

表5-8 单位工程预算表　　　　　　　　　　　　　　　　　　元

定额编号	项目名称	单位	工程量	单价	其中			合价	其中		
					人工费	材料费	机械费		人工费	材料费	机械费
B4-9	全镶板门扇制作	100 m²	1.009 3	16 100.37	1 884.00	13 848.49	367.88	16 250.1	1 901.52	13 977.28	371.3
B4-10	全镶板门扇安装	100 m²	1.009 3	796.20	796.2			803.6			
B4-55	木门框制作(单裁口)	100 m	2.835	2 032.96	145.8	1 853.04	34.12	5 763.44	413.34	5 253.37	96.73
B4-56	木门框安装(单裁口)	100 m	2.835	536.68	343.8	191.94	0.94	1 521.49	974.67	544.15	2.66
B4-117	门纱扇制作安装	100 m²	1.009 3	8 625.31	2 259.4	6 330.5	35.81	8 705.53	2 280.0	6 389.37	36.14
B4-257	塑钢窗安装(平开)	100 m²		22 781.72	2 217.6	20 433.73	130.39				

项目五 油漆、涂料、裱糊工程计量计价

一、油漆、涂料、裱糊工程工程量计算规则

(1)木材面油漆：分别不同刷油部位，按表5-9和表5-10中所列各类工程量系数以 m² 或延长米计算。

1)按单层木窗项目计算工程量的系数(即多面涂刷按单面面积计算工程量)计算，见表5-9。

表5-9 系数表(一)

序号	项目	系数	计算方法
1	单层木窗或部分带框上安玻璃	1.00	框外围面积
2	单层木窗带纱扇	1.40	
3	单层木窗部分带纱扇	1.28	
4	单层木窗部分带纱扇、部分带框上安玻璃	1.14	
5	木百叶窗	1.46	
6	双层木窗或部分带框上安玻璃(双裁口)	1.60	
7	双层框扇(单裁口)木窗	2.00	
8	双层框三层(两玻一纱)木窗	2.60	
9	单层木组合窗	0.83	
10	双层木组合窗	1.13	

2)按单层木门项目计算工程量的系数(即多面涂刷按单面面积计算工程量)计算，见表5-10。

表5-10 系数表(二)

序号	项目	系数	计算方法
1	单层木板门或单层玻璃镶板门	1.00	框外围面积
2	单层全玻璃门、玻璃间壁、橱窗	0.83	
3	单层半截玻璃门	0.95	
4	纱门扇及纱亮子	0.83	
5	半截百叶门	1.53	

续表

序号	项目	系数	计算方法
6	全百叶门	1.66	框外围面积
7	厂库房大门	1.10	
8	特种门(包括冷藏门)	1.00	
9	双层(单裁口)木门	2.00	
10	双层(一玻一纱)木门	1.36	

(2)金属面油漆:分别不同刷油部位,按表 5-11 和表 5-12 中所列的工程量系数以 m^2 或 t 计算。

1)按单层钢门窗项目计算工程量的系数(即多面涂刷按单面面积计算工程量),见表 5-11。

表 5-11 系数表(三)

序号	项目	系数	计算方法
1	普通单层钢门窗	1.00	框外围面积
2	普通单层钢门窗带纱扇或双层钢门窗	1.48	
3	普通单层钢窗部分带纱扇	1.30	
4	钢平开、推拉大门、钢折叠门、射线防护门	1.70	
5	钢半截百叶门	1.53	
6	钢百叶门窗	1.66	
7	钢板(丝)网大门	0.80	
8	间壁	1.60	长×宽

注:普通钢门窗包括空腹及实腹钢门窗。

2)按其他金属面油漆项目计算工程量系数,见表 5-12。

表 5-12 系数表(四)

序号	项目	系数	计算方法
1	钢屋架、天窗架、挡风架、托架梁、支撑、檩条	1.00	以质量计算
2	钢墙架	0.70	
3	钢柱、吊车架、花式梁、柱	0.60	
4	钢操作台、走台、制动梁、车挡	0.70	

续表

序号	项目	系数	计算方法
5	钢栅栏门、栏杆、窗栅	1.70	以质量计算
6	钢爬梯及踏步式钢扶梯	1.20	
7	轻型钢屋架	1.40	
8	零星铁件	1.30	

(3)抹灰面油漆、涂料，喷刷可按相应的抹灰工程量计算。

(4)项目中的隔墙、护壁、柱、天棚木龙骨及木地板中木龙骨带毛地板，刷防火涂料工程量计算规则如下：

1)隔墙、护壁木龙骨按其面层正立面投影面积计算。

2)柱木龙骨按其面层外围面积计算。

3)天棚木龙骨、金属龙骨按其面层水平投影面积计算。

4)木地板中木龙骨及木龙骨带毛地板按地板面积计算。

(5)隔墙、护壁、柱、天棚面层及木地板刷防火涂料，使用其他木材面刷防火涂料相应子目。

(6)木楼梯(不包括底面)油漆，按水平投影面积乘以系数2.3，使用木地板相应子目。

(7)贴墙纸按实贴面积以 m^2 计算。

(8)织物面喷阻燃剂按实际喷刷面积以 m^2 计算。

二、油漆、涂料、裱糊工程定额相关说明

(1)本定额涂刷油漆、涂料均采用手工操作；喷塑、喷涂采用机械操作。操作方法不同时，不作调整。

(2)油漆浅、中、深各种颜色已综合在项目内，颜色不同，不另调整。

(3)本项目在同一平面上的分色及门窗内外分色已综合考虑。如需做美术图案者，另行计算。

(4)项目内规定的喷、涂、刷遍数与设计要求不同时，可按每增加一遍项目进行调整。

(5)门窗贴脸、披水条、盖口条的油漆已综合在相应项目中，不另行计算。

(6)喷塑(一塑三油)、底油、装饰漆、面油，其规格划分如下：

1)大压花：喷点压平、点面积在 $1.2\ cm^2$ 以上。

2)中压花：喷点压平、点面积为 $1\sim1.2\ cm^2$。

3)喷中点、幼点：喷点面积在 $0.9\ cm^2$ 以下。

(7)项目中的单层木门窗刷油按双面刷油考虑的，如采用单面刷油，其项目含量乘以系数0.49计算。

项目六 装饰装修措施项目

一、脚手架工程

(一)工程量计算规则

(1)装饰装修外脚手架,按外墙的外边线长乘以墙高以 m^2 计算,不扣除门窗洞口的面积。同一建筑物各外墙的高度不同,应分别计算工程量。

(2)独立柱按柱周长增加 3.6 m 乘以柱高套用装饰装修外脚手架相应高度的子目。

(3)室内地坪或楼面至装饰天棚高度在 3.6 m 以内的抹灰天棚、钉板天棚、吊顶天棚的脚手架按天棚简易脚手架计算,室内地坪或楼面至装饰天棚高度超过 3.6 m 的抹灰天棚、钉板天棚、吊顶天棚的脚手架按满堂脚手架计算,屋面板底勾缝、喷浆、屋架刷油的脚手架按活动脚手架计算。工程量按室内净面积以 m^2 计算。

(4)满堂脚手架按不同的高度套用。满堂脚手架的高度以室内地坪或楼面至天棚底面为准,无吊顶天棚的算至楼板底,有吊顶天棚的算至天棚的面层,斜天棚按平均高度计算。计算满堂脚手架后,室内墙柱面装饰工程不再计算脚手架。

(5)内墙、柱面装饰工程脚手架,内墙面按墙面垂直投影面积计算,不扣除门窗洞口的面积,柱面按柱的周长加 3.6 m 乘以高度计算。高度在 3.6 m 以内时,按墙面简易脚手架计算,高度超过 3.6 m 未计算满堂脚手架时,按相应高度的内墙面装饰脚手架计算。

(6)电动吊篮脚手架按外墙装饰面积计算,不扣除门窗洞口面积。

(7)滑升模板施工的建筑物装饰应按内装饰脚手架和电动吊篮脚手架有关规定计算。

(8)围墙勾缝、抹灰按墙面垂直投影面积计算,套用墙面简易脚手架;挡土墙勾缝、抹灰如不能利用砌筑脚手架时,按墙面垂直投影面积计算,套用墙面简易脚手架。

(9)高度在 3.6 m 以内的铁栏杆油漆计算一次简易墙面脚手架。

(二)定额相关说明

(1)本项目包括外墙面装饰脚手架、满堂脚手架、简易脚手架、内墙面脚手架、活动脚手架、电动吊篮、型钢悬挑脚手架。

(2)本项目脚手架是以扣件式钢管脚手架、木脚手板为主编制的,适用于装饰装修工程。

(3)本项目脚手管、扣件、底座、工具式活动脚手架、电动吊篮,均按租赁及合理的施工方法、合理工期编制的,租赁材料往返运输所需要的人工和机械台班已包括在相应的项目内。

(4)外墙面装饰脚手架是按外墙装饰高度编制的。外墙装饰高度以设计室外地坪作为计算起点,装饰高度按以下规定计算:

1)平屋顶带挑檐的,算至挑檐栏板结构顶标高。

2)平屋顶带女儿墙的,算至女儿墙顶。

3)坡屋面或其他曲面屋面顶算至墙中心线与屋面板交点的高度,山墙按山墙平均高度计算。

4)屋顶装饰架与外墙同立面(含水平距外墙 2 m 以内范围),并与外墙同时施工,算至装饰架顶标高。

上述多种情况同时存在时,按最大值计取。

(5)天棚装饰工程,高度超过 3.6 m 时,计算满堂脚手架。

(6)本项目项目租赁时间是按一般装修确定的,中级装修租赁材料、租赁机械消耗量乘以系数 1.10,高级装修租赁材料、租赁机械消耗量乘以系数 1.20。一般装修、中级装修、高级装修的划分标准见表 5-13。

表 5-13 装修等级的划分标准

项目	一般装修	中级装修	高级装修
墙面	勾缝、水刷石、干粘砖、一般涂料、抹灰、刮腻子	贴面砖、高级涂料、贴壁纸、镶贴石材、木墙裙	干挂石材、铝合金条板、锦缎软包、镶板墙面、幕墙、金属装饰板、造型木墙裙、木装饰板
天棚	一般涂料	高级涂料、吊顶、壁纸	造型吊顶、金属吊顶

(三)套定额计算人工费、材料费和机械费(表 5-14)

表 5-14 单位工程预算表　　　　　　　　　　　　　　元

定额编号	项目名称	单位	工程量	单价	其中			合价	其中		
					人工费	材料费	机械费		人工费	材料费	机械费
B7-2	外墙装饰(9 m 以内)	100 m²		1 112.84	438.0	651.04	23.8				
B7-16	满堂(10 m 内)	100 m²		2 343.29	1 604.4	691.29	47.6				
B7-20	简易(天棚)	100 m		119.92	54.6	55.8	9.52				
B7-21	简易(墙面)	100 m		36.09	19.2	12.13	4.76				
B7-22	内墙(5 m 内)	100 m²		361.78	136.2	216.06	9.52				

二、垂直运输及超高增加费

(一)工程量计算规则

1. 垂直运输费

装饰装修工程垂直运输工程量,区分建筑物的檐高或层数、±0.000 以下及以上,按装饰装修实体项目和脚手架的人工工日计算。±0.000 对应楼层的地面工程量并入±0.000 以上部分的工程量计算。

2. 超高增加费

装饰装修工程超高增加费工程量,以建筑物的檐高超过 20 m 或层数超过 6 层以上部分的装饰装修实体项目和脚手架的人工费与机械费之和为基数,按檐口高度或楼层套用相应项目。

(二)定额相关说明

(1)建筑物装饰装修工程垂直运输及超高增加费是以建筑物的檐高及层数两个指标同时界定的,凡檐高达到上限而层数未达到时,以檐高为准;如层数达到上限而檐高未达到时,以层数为准。

(2)建筑物檐高以设计室外地坪标高作为计算起点,建筑物檐高按下列方法计算,凸出屋面的电梯间、水箱间、亭台楼阁等均不计入檐高内:

1)平屋顶带挑檐的,算至挑檐板结构下皮标高。

2)平屋顶带女儿墙的,算至屋顶结构板上皮标高。

3)坡屋面或其他曲面屋面顶算至外墙(非山墙)中心线与屋面板交点的高度。

(3)项目工作内容包括单位工程在合理工期内完成本定额项目所需的垂直运输机械台班,不包括机械场外往返运输、一次按拆等费用。

(4)同一建筑物多种檐高时,建筑物檐高均应以该建筑物最高檐高为准。

(5)单独分层承包的室内装饰装修工程,以施工的最高楼层的层数为准。

(6)檐口高度在3.60 m以内的单层建筑物,不计算垂直运输机械费。檐口高度在3.60 m以上的单层建筑物,按±0.000以上项目乘以系数0.5。

(7)单独的地下建筑物套用±0.000以下的相应项目。

(8)层高小于2.2 m的技术层不计算层数,其装饰装修工程量并入总工程量计算。

(9)二次装饰装修工程利用电梯进行垂直运输或通过楼梯人力进行垂直运输的按实计算。

(10)超高增加费综合了由于超高施工人工、垂直运输、其他机械降效等费用。

(11)20 m所对应楼层的工程量并入超高费工程量,20 m所对应的楼层按下列规定套用定额:

1)20 m以上到本层顶板高度在本层层高50%以内时,按相应超高项目乘以系数0.50套用定额。

2)20 m以上到本层顶板高度在本层层高50%以上时,按相应超高项目套用定额。

(三)套定额计算人工费、材料费和机械费(表5-15)

表5-15 单位工程预算表 元

定额编号	项目名称	单位	工程量	单价	其中			合价	其中		
					人工费	材料费	机械费		人工费	材料费	机械费
B8—1	±0.000以下垂运(一层)	100工日		266.59	—	—	266.59				
B8—5	(檐高20 m内、6层内)垂运	100工日		381.59	—	—	381.59				
B8—24	(檐高30 m内、7~10层内)超高	%(人+机)		3.86	3.48	—	0.38				

三、其他可竞争措施项目

其他可竞争措施项目见表5-16。

表 5-16 其他可竞争措施项目

定额编号		B9-1	B9-2	B9-3	B9-4
项目名称		冬期施工增加费	雨期施工增加费	夜间施工增加费	生产工具用具使用费
基价/%		0.28	0.64	0.60	1.10
其中	人工费/%	0.15	0.35	0.45	—
	材料费/%	0.13	0.29	0.15	1.10
	机械费/%	—	—	—	—

定额编号		B9-5	B9-6	B9-7	B9-8	B9-9
项目名称		检验试验配合费	成品保护费	二次搬运费	临时停水停电费	场地清理费
基价/%		0.50	0.67	1.51	0.40	1.00
其中	人工费/%	0.20	0.34	0.81	0.20	0.85
	材料费/%	0.30	0.27	0.70	0.20	0.15
	机械费/%	—	0.06	—	—	—

四、不可竞争措施项目

不可竞争措施项目见表5-17。

表 5-17 不可竞争措施项目

定额编号		B10-1	B10-2
项目名称		安全生产、文明施工费	
		基本费	增加费
基价/%		3.00	0~0.50
其中	人工费/%	—	—
	材料费/%		
	机械费/%		

模块小结

本模块全面讲述了定额计价模式下，楼地面、墙柱面、天棚、门窗、油漆涂料裱糊等装饰装修项目及各措施项目中各分项工程量的计算规则和计算方法，以及套取定额计算人工费、材料费和机械费的方法。工程量直接关系着人工费、材料费和机械费的计算，为了准确计算各分项工程量，首先需要掌握各分项工程量计算规则和计算方法，其次是要具备熟练识读施工图的能力，能准确取定施工图中的尺寸数据，通过准确应用工程量计算规则，以准确计算各分项工程量以及人工费、材料费和机械费。

思考与练习

如图1所示，地面做法：C20细石混凝土找平层60 mm厚，8 mm厚瓷砖面层；内墙面抹水泥砂浆，贴瓷砖墙裙，外墙面贴面砖，天棚抹石灰砂浆。已知室外地坪为—300 mm，墙裙高为1 500 mm，窗台高为900 mm。求地面、内、外墙面抹灰、墙裙、天棚抹灰、脚手架、垂直运输的工程量，并套定额计算人工费、材料费和机械费。

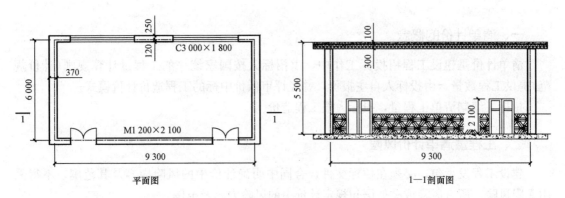

图1 某工程平面、剖面图

模块六　工程量清单计量计价

学习目标

1. 熟悉工程量清单计价的概念、适用范围、计价方式等。
2. 掌握工程量清单的编制方法。
3. 掌握清单计价的方法。
4. 熟悉土方工程量、桩基工程量清单的设置及计算规则。
5. 会计算土方工程、桩基工程的清单工程量，编制招标清单。
6. 会计算土方工程、桩基工程综合单价。

项目一　工程量清单计价基本知识

一、清单计价的概念

清单计价是建设工程招投标工作中，由招标人按国家统一的工程量计算规则（计价规范）提供工程数量，由投标人自主报价，并经评审低价中标的工程造价计价模式。

招标人编制清单工程量，投标人报工程造价。

二、工程量清单计价风险

建设工程发承包，必须在招标文件、合同中明确计价中的风险内容及其范围，不得采用无限风险、所有风险或类似语句规定计价中的风险内容及范围。

(1) 下列影响合同价款的因素出现，应由发包人承担计价风险：

1) 国家法律、法规、规章和政策变化。

2) 省级或行业建设主管部门发布的人工费的调整，但承包人对人工费或人工单价的报价高于发布的除外。

3) 由政府定价或政府指导价管理的原材料等价格进行了调整。

(2) 由于市场物价波动影响合同价款的，应由发承包双方合理分摊并在合同中约定。材料价格的风险宜控制在 5% 以内，施工机械使用费的风险宜控制在 10% 以内，超过者予以调整。

(3) 由于承包人使用机械设备、施工技术以及组织管理水平等自身原因造成的施工费用增加的，应由承包人全部承担。

三、工程量清单计价的适用范围

《建设工程工程量清单计价规范》(GB 50500—2013)（以下简称《13 计价规范》）适用于建

设工程发承包及实施阶段的计价活动。使用国有资金投资的建设工程发承包，必须采用工程量清单计价。国有资金投资为主的工程建设项目是指国有资金占投资总额50%以上，或虽不足50%但国有投资者实质上拥有控股权的工程建设项目。非国有资金投资的建设工程宜采用工程量清单计价。

四、工程量清单计价方式

(1)建设工程发承包及实施阶段的工程造价由分部分项工程费、措施项目费、其他项目费、规费和税金组成。

(2)工程量清单应采用综合单价计价。

(3)措施项目中的安全文明施工费必须按照国家或省级、行业建设主管部门的规定计算，不得不作为竞争性费用。

(4)规费和税金必须按照国家或省级、行业建设主管部门的规定计算，不得作为竞争性费用。

五、工程量清单计价规范

1.《房屋建筑与装饰工程工程量计算规范》(GB 50854—2013)适用范围(全国统一)

《房屋建筑与装饰工程工程量计算规范》(GB 50854—2013)适用于工业与民用的房屋建筑与装饰工程发承包及实施阶段计价活动中的工程计量和工程量清单编制。房屋建筑与装饰工程涉及电气、给水排水、消防等安装工程的项目，按照《通用安装工程工程量计算规范》(GB 50856—2013)的相应项目执行；涉及仿古建筑工程的项目，按照《仿古建筑工程工程量计算规范》(GB 50855—2013)的相应项目执行；涉及室外地(路)面、室外给水排水等工程的项目，按《市政工程工程量计算规范》(GB 50857—2013)的相应项目执行；采用爆破法施工的石方工程按照《爆破工程工程量计算规范》(GB 50862—2013)的相应项目执行。

2.《房屋建筑与装饰工程工程量计算规范》(GB 50854—2013)内容

《房屋建筑与装饰工程工程量计算规范》(GB 50854—2013)规定了全国统一的工程量计算规则，包括17个附录内容，附录A为土石方工程；附录B为地基处理与边坡支护工程；附录C为桩基工程；附录D为砌筑工程；附录E为混凝土及钢筋混凝土工程；附录F为金属结构工程；附录G为木结构工程；附录H为门窗工程；附录J为屋面及防水工程；附录K为保温、隔热、防腐工程；附录L为楼地面装饰工程；附录M为墙、柱面装饰与隔断、幕墙工程；附录N为天棚工程；附录P为油漆、涂料、裱糊工程；附录Q为其他装饰工程；附录R为拆除工程；附录S为措施项目。

六、招标工程量清单编制

1. 工程量清单的相关概念

《13计价规范》中术语部分引入了工程量清单、招标工程量清单及已标价工程量清单3个概念。

(1)工程量清单。工程量清单是载明建设工程的分部分项工程项目、措施项目、其他项目的名称和相应数量以及规费、税金项目等内容的明细清单。

(2)招标工程量清单。招标工程量清单是招标人依据国家标准、招标文件、设计文件以及施工现场实际情况编制的,随招标文件发布供投标人投标报价的工程量清单,包括其说明和表格。

(3)已标价工程量清单。已标价工程量清单是构成合同文件组成部分的投标文件中已标明价格,经算术性错误修正(如有)且承包人已确认的工程量清单,包括其说明和表格。

2. 编制依据

招标工程量清单必须作为招标文件的组成部分,其准确性和完整性由招标人负责。招标工程量清单是工程量计价的基础,应作为编制招标控制价、投标报价、计算或调整工程量、工程索赔等的依据之一,其编制依据如下:

(1)《13计价规范》和相关工程的国家计量规范;
(2)国家或省级、行业建设主管部门颁发的计价依据和办法;
(3)建设工程设计文件及相关资料;
(4)与建设工程相关的标准、规范、技术资料;
(5)拟订的招标文件;
(6)施工现场情况、地勘水文资料、工程特点及常规施工方案;
(7)其他相关资料。

3. 分部分项工程项目清单的编制

《13计价规范》规定,分部分项工程项目清单必须载明项目编码、项目名称、项目特征、计量单位和工程量,必须依据相关工程现行国家计量规范规定的项目编码、项目名称、项目特征、计量单位和工程量计算规则进行编制。分部分项工程项目清单参考表6-1编制。

表6-1 分部分项工程和单价措施项目清单与计价表

序号	项目编码	项目名称	项目特征描述	计量单位	工程量	金额/元		
						综合单价	合价	其中:暂估价
			本页小计					
			合计					

(1)项目编码。项目编码是分部分项工程量清单项目名称的数字标识。分部分项工程项目清单的项目编码采用五级编码制,采用十二位阿拉伯数字表示,同一招标工程的项目编码不得有重码。

1)一级编码:相关工程国家计量规范代码(第1、2位,见表6-2),如房屋建筑与装饰工程一级编码为01。

表6-2 国家计量规范代码

第1、2位编码	对应的计量规范	第1、2位编码	对应的计量规范
01	房屋建筑与装饰工程	06	矿山工程
02	仿古建筑工程	07	构筑物工程
03	通用安装工程	08	城市轨道交通工程
04	市政工程	09	爆破工程
05	园林绿化工程	⋮	以后进入国际的专业工程计量规范代码以此类推

2)二级编码：专业工程顺序码(第3、4位，见表6-3)。

以房屋建筑与装饰工程(01)为例，共包括17个附录，其二级编码为01~17。

表6-3 专业工程顺序码

第3、4位编码	对应的附录	对应的专业工程	前4位编码
01	附录A	土石方工程	0101
02	附录B	地基处理与边坡支护工程	0102
03	附录C	桩基工程	0103
04	附录D	砌筑工程	0104
05	附录E	混凝土及钢筋混凝土工程	0105
06	附录F	金属结构工程	0106
07	附录G	木结构工程	0107
08	附录H	门窗工程	0108
09	附录J	屋面及防水工程	0109
10	附录K	保温、隔热、防腐工程	0110
11	附录L	楼地面装饰工程	0111
12	附录M	墙、柱面装饰与隔断、幕墙工程	0112
13	附录N	天棚工程	0113
14	附录P	油漆、涂料、裱糊工程	0114
15	附录Q	其他装饰工程	0115
16	附录R	拆除工程	0116
17	附录S	措施项目	0117

3)三级编码：分部工程顺序码(第5、6位，见表6-4)。

以房屋建筑与装饰工程中的附录A土石方工程(0101)为例，其包括3个分部工程，三级编码为01~03。

表6-4 分部工程顺序码

第5、6位编码	对应的附录分类	对应的分部工程	前6位编码
01	A.1	土方工程	010101
02	A.2	石方工程	010102
03	A.3	回填	010103

4)四级编码：分项工程项目名称顺序码(第7~9位，见表6-5)。

以房屋建筑与装饰工程中的附录A土石方工程中的土方工程(010101)为例，其包括7个分项工程，四级编码为001~007。

表 6-5 分项工程项目名称顺序码

第7、8、9位编码	对应的分项工程	前9位编码	第7、8、9位编码	对应的分项工程	前9位编码
001	平整场地	010101001	005	冻土开挖	010101005
002	挖一般土方	010101002	006	挖淤泥、流砂	010101006
003	挖沟槽土方	010101003	007	管沟土方	010101007
004	挖基坑土方	010101004			

5)五级编码：清单项目名称顺序码(第10~12位)。

(2)项目名称。相关国家计量规范附录中的项目名称为分项工程项目名称，一般以工程实体命名，按不同的工程部位、施工工艺或材料品种、规格等分别列项。项目名称应表达详细、明确。计算规则中项目名称如有缺陷，招标人可作补充，并报当地工程造价管理机构备案。

(3)项目特征描述。项目特征是构成分部分项工程项目、措施项目自身价值的本质特征。工程量清单的项目特征是确定一个清单项目综合单价不可缺少的重要依据，在编制工程量清单时，必须对项目特征进行准确和全面的描述。项目特征描述一般按不同工程部位、施工工艺或材料品种、规格分别列项。

1)项目特征描述的内容应按规定，结合拟建工程的实际，能满足确定综合单价的要求，涉及正确计量、结构要求、材质要求、安装方式等，或是涉及组合工程内容特征，必须描述准确。

2)若采用标准图集或施工图纸能够全部或部分满足项目特征描述的要求，项目特征描述可直接采用"详见××图集"或"详见××图号"的方式。对不能满足项目特征描述要求的部分，仍应用文字描述。

(4)计量单位。《13计价规范》规定，分部分项工程项目的计量单位应按相关国家计量规范附录中规定的计量单位确定。附录中有两个或两个以上计量单位的项目，在工程计量时，应结合拟建工程项目的实际情况，选择其中一个作为计量单位，在同一个建设项目(或标段、合同段)中，有多个单位工程的相同项目计量单位必须保持一致。工程计量时，每一项目汇总工程量的有效位数应遵守下列规定：

1)以t为单位，应保留三位小数，第4位小数四舍五入。

2)以m^3、m^2、m、kg为单位，应保留两位小数，第三位小数四舍五入。

3)以个、件、根、组、系统等为单位，应取整数。

(5)缺项补充。随着工程建设中新材料、新技术、新工艺等的不断涌现，现有工程量清单不可能包含所有项目。在编制工程量清单时，当出现相关国家计量规范附录中未包括的清单项目时，编制人应作补充。补充项目的编码由"相关国家计量规范的代码+B+三位阿拉伯数字"组成，如01B001起顺序编制，同一招标工程的项目不得重码。同时应附补充项目的项目名称、项目特征、计量单位、工程量计算规则和工作内容。

4. 措施项目清单的编制

措施项目是相对于工程实体的分部分项工程项目而言，对实际施工中为完成合同工程项目所必须发生的施工准备和施工过程中技术、生活、安全、环境保护等方面的项目的总称，如安全文明施工、模板工程、脚手架工程等。措施项目清单必须根据相关工程现行国家计量规范的规定编制，应根据拟建工程的实际情况列项。

《房屋建筑与装饰工程工程量计算规范》(GB 50854—2013)中附录 S 为措施项目,包括脚手架工程,混凝土模板及支架(撑),垂直运输,超高施工增加,大型机械设备进出场及安装,施工排水、降水,安全文明施工及其他措施项目等。安全文明施工及其他措施项目可按表 6-6 选择列项。

表 6-6　安全文明施工及其他措施项目一览表

项目编码	项目名称
011707001	安全文明施工(含环境保护、文明施工、安全施工、临时设施)
011707002	夜间施工
011707003	非夜间施工照明
011707004	二次搬运
011707005	冬、雨期施工
011707006	地上、地下设施、建筑物的临时保护设施
011707007	已完工程及设备保护

措施项目中能计算工程量的措施项目采用单价项目的方式——分部分项工程项目清单的方式编制,列出项目编码、项目名称、项目特征、计量单位和工程量计算规则等,参考表 6-1 编制。不能计算工程量的措施项目,采用总价项目的方式,以"项"为计量单位,参考表 6-7 编制。其中,单价项目是指工程量清单中以单价计价的项目,即根据合同工程图纸(含设计变更)和相关工程现行国家计量规范规定的工程量计算规则进行计量,与已标价工程量清单相应综合单价进行价款计算的项目;总价项目是指工程量清单中以总价计价的项目,即此类项目在相关工程现行国家计量规范中无工程量计算规则,以总价(或计算基础乘以费率)计算的项目。

表 6-7　总价措施项目清单与计价表

序号	项目编码	项目名称	计算基础	费率/%	金额/元	调整费率/%	调整后金额/元	备注
		安全文明施工费						
		夜间施工费						
		二次搬运费						
		冬、雨期施工增加费						
		已完工程及设备保护费						
		合计						

5. 其他项目清单的编制

其他项目清单宜按照下列内容列项,参考表 6-8 编制。

(1)暂列金额,是招标人在工程量清单中暂定并包括在合同价款中的一笔款项。用于施工合同签订时尚未确定或不可预见的所需材料、工程设备、服务的采购,施工中可能发生的工程变更、合同约定调整因素出现时的合同价款调整以及发生的索赔、现场签证等确认的费用。

(2)暂估价,是招标人在工程量清单中提供的用于支付的必然发生但暂时不能确定价格的材料、工程设备的单价以及专业工程的金额。

(3)计日工,是在施工过程中,承包人完成发包人提出的工程合同范围以外的零星项目或工作,按合同中约定的单价计价的一种方式。

(4)总承包服务费,是总承包人为配合协调发包人进行的专业工程发包,对发包人自行采购的材料、工程设备等进行保管以及施工现场管理、竣工资料汇总整理等服务所需的费用。

表 6-8 其他项目清单与计价汇总表

序号	项目名称	金额/元	结算金额/元	备注
1	暂列金额			
2	暂估价			
2.1	材料(工程设备)暂估价			
2.2	专业工程暂估价			
3	计日工			
4	总承包服务费			
	合计			

6. 规费、税金项目清单的编制

规费是指根据国家法律、法规规定,由省级政府或省级有关权力部门规定施工企业必须缴纳的,应计入建筑安装工程造价的费用。规费项目清单应按照下列内容列项:①社会保险费,包括养老保险费、失业保险费、医疗保险费、工伤保险费、生育保险费;②住房公积金;③工程排污费。出现未列的项目,应根据省级政府或者省级有关权力部门的规定列项。

税金是指国家税法规定的应计入建筑安装工程造价内的城市维护建设税、教育费附加和地方教育附加等。税金项目清单应包括下列内容:①城市维护建设税;②教育费附加;③地方教育附加。出现未列的项目,应根据税务部门的规定列项。

规费、税金项目计价参考表 6-9 编制。

表 6-9 规费、税金项目计价表

序号	项目名称	计算基础	计算基数	计算费率/%	金额/元
1	规费	定额人工费+机械费			
1.1	社会保险费	定额人工费+机械费			
(1)	养老保险费	定额人工费+机械费			
(2)	失业保险费	定额人工费+机械费			
(3)	医疗保险费	定额人工费+机械费			
(4)	工伤保险费	定额人工费+机械费			
(5)	生育保险费	定额人工费+机械费			
1.2	住房公积金	定额人工费+机械费			
1.3	工程排污费	定额人工费+机械费			
2	税金	分部分项工程费+措施项目费+其他项目费+规费-按规定不计税的工程设备金额			

七、工程量清单计价的编制

工程量清单计价是指投标人根据招标人在招标文件中提供的工程量清单，依据企业定额或建设行政主管部门发布的消耗量定额，结合施工现场的实际情况，拟订的施工方案或施工组织设计，参照行政主管部门发布的人工工日单价、机械台班单价、材料和设备价格信息及同期市场价格，计算出综合单价，然后计算出分部分项工程费，参照有关规定计算措施项目费、其他项目费和规费、税金，汇总后确定工程造价的一种计价方法。

工程量清单计价是《13计价规范》的主要内容，它规定了工程量清单计价从招标控制价、投标报价、合同价款约定、工程计量、合同价款调整、合同价款期中支付、竣工结算与支付、合同解除的价款结算与支付以及合同价款争议的解决等全部内容。

1. 投标报价编制依据

投标价是投标人投标时，响应招标文件要求，所报出的对已标价工程量清单汇总后标明的总价。投标人应依据招标文件及其招标工程量清单自主确定报价成本，投标报价不得低于工程成本。投标人应按照招标工程量清单填报价格，项目编码、项目名称、项目特征、计量单位、工程量必须与招标工程量清单一致。投标人可根据工程实际情况，结合施工组织设计，对招标人所列的措施项目进行增补。投标编制依据如下：

(1)《13计价规范》。
(2)国家或省级、行业建设主管部门颁发的计价办法。
(3)企业定额，国家或省级、行业建设主管部门颁发的计价定额和计价办法。
(4)招标文件、招标工程量清单及其补充通知、答疑纪要。
(5)建设工程设计文件及相关资料。
(6)施工现场情况、工程特点及投标时拟订的施工组织设计或施工方案。
(7)与建设项目相关的标准、规范等技术资料。
(8)市场价格信息或工程造价管理机构发布的工程造价信息。
(9)其他的相关资料。

2. 工程量清单计价的基本方法

工程招标控制价(投标报价)所用公式如下：

单位工程招标控制价(投标报价)＝分部分项工程费＋措施项目费＋其他项目费＋规费＋税金

(6-1)

(1)分部分项工程费的计算。分部分项工程应根据招标文件和招标工程量清单项目中的特征描述进行综合单价计算。综合单价具体包括：

1)确定依据。确定分部分项工程综合单价的最重要依据之一是该清单项目的特征描述，投标人投标报价时应根据招标工程量清单项目的特征描述确定清单项目的综合单价。在投标过程中，当出现招标工程量清单特征描述与设计图纸不符时，投标人应以招标工程量清单的项目特征描述为准，确定投标报价的综合单价。当施工中施工图纸或设计变更与招标工程量清单项目特征描述不一致时，发承包双方应按实际施工的项目特征描述，依据合同约定重新确定综合单价。

2)材料、工程设备暂估价。招标工程量清单中提供了暂估单价的材料、工程设备，按暂估的单价进入综合单价。

3)风险费用。招标文件中要求投标人承担的风险内容和范围,投标人应将其考虑进综合单价。在施工工程中,当出现的风险内容及其范围(幅度)在招标文件规定的范围内时,合同价款不做调整。

分部分项工程费的计算公式如下:

$$\text{分部分项工程费} = \sum(\text{分部分项工程量清单数量} \times \text{分部分项工程综合单价}) \quad (6-2)$$

(2)措施项目费的计算。《13计价规范》将措施项目分为单价项目和总价项目。措施项目中的单价项目应根据招标文件和招标工程量清单项目中的特征描述确定综合单价计算,具体方法同分部分项工程费的确定。措施项目中的总价项目金额应根据招标文件及投标时拟订的施工组织设计或施工方案自主确定。措施项目费的计算公式如下:

$$\text{措施项目费} = \sum(\text{措施项目清单数量} \times \text{措施项目综合单价}) \quad (6-3)$$

由于各投标人拥有的施工装备、技术水平和采用的施工方法有所差异,而招标人提出的措施项目清单是根据一般情况确定的,没有考虑不同投标人的"个性",因此,投标人投标时应根据自身情况编制投标施工组织设计(或施工方案)确定措施项目,通过评标委员会的评审。

1)措施项目中的单价项目应采用综合单价方式报价,包括除规费、税金外的全部费用;

2)措施项目中的安全文明施工费应按照国家或省级,行业建设主管部门的规定计算确定。

(3)其他项目费的计算。

1)暂列金额:应按照招标工程量清单中暂列的金额填写。

2)暂估价:暂估价中的材料,工程设备单价应按照招标工程量清单列出的单价记入综合单价;专业工程金额应按照招标工程量清单中列出的金额填写。

3)计日工:编制招标控制价时对计日工中的人工单价和施工机械台班单价应按照省级、行业建设主管部门或其授权的工程造价管理机构公布的单价计算;材料应按照工程造价管理机构发布的工程造价信息中的材料单价计算,工程造价信息中未发布单价的材料,其价格应按照市场调查确定的单价计算。

4)总承包服务费:编制招标控制价时,总承包服务费应按照省级或行业建设主管部门的规定计算,可参考下列标准编制:

①当招标人仅要求总包人对其发包的专业工程进行施工现场协调和统一管理,对竣工资料进行统一汇总整理等服务时,总包服务费按发包的专业工程估算造价的1.5%左右计算。

②当招标人要求总包人对其发包的专业工程既进行总包管理和协调,又要求提供相应的配合服务时,总承包服务费根据招标文件列出的配合服务内容按发包的专业工程估算造价的3%~5%计算。

③招标人自行供应材料和设备的,按招标人供应材料和设备价值的1%计算。

注意:编制投标报价时,其他项目应按下列规定报价:

1)暂列金额应按照招标工程量清单中列出的金额填写,不得改动。

2)暂估价不得变动和更改。暂估价中的材料和工程设备必须按照暂估单价记入综合单价;专业工程暂估价必须按照招标工程量清单中列出的金额填写。

3)计日工应按照招标工程量清单列出的项目和估算的数量,自主确定各项综合单价并计算费用。

4)总承包服务费应根据招标工程量列出的专业工程暂估价内容和供应材料及设备情况，按照招标人提出协调、配合与服务要求和施工现场管理需要自主确定。

(4)规费、税金的计算。规费和税金的计取标准是：根据有关法律、法规和政策规定制订的，具有强制性。投标人是法律、法规和政策的执行者，规费和税金的记取必须按照法律、法规、政策的有关规定执行。

3. 工程量清单综合单价

(1)综合单价的概念。综合单价是指完成一个规定清单项目所需的人工费、材料费和工程设备费、施工机具使用费和企业管理费、利润以及一定范围内的风险费用。风险费用是指隐含于已标价工程量清单综合单价中，用于化解发承包双方在工程合同中约定内容和范围内的市场价格波动风险的费用。

(2)综合单价分析表。工程量清单综合单价的表现形式是综合单价分析表，见表6-10。工程量清单综合单价分析表是评标委员会评审和判别综合单价组成及其价格完整性、合理性的主要基础，对因工程变更、工程量偏差等原因调整的综合单价也是必不可少的基础价格数据来源。采用经评审的最低投标价评标时，该分析表的重要性更加突出。

表6-10 综合单价分析表

项目编码			项目名称			计量单位			工程量	
清单综合单价组成明细											
定额编号	定额项目名称	定额单位	数量	单价				合价			
				人工费	材料费	机械费	管理费和利润	人工费	材料费	机械费	管理费和利润
人工单价			小计								
元/工日			未计价材料费								
清单项目综合单价											
材料费明细	主要材料名称、规格、型号			单位	数量	单价/元	合价/元	暂估单价/元	暂估合价/元			
	其他材料费						—		—			
	材料费小计						—		—			

注：1. 如不使用省级或行业建设主管部门发布的计价依据，可不填定额编号、名称等。
2. 招标文件提供了暂估单价的材料，按暂估的单价填入表内"暂估单价"栏及"暂估合价"栏。

综合单价分析表集中反映了构成每一个清单项目综合单价的各个要素的价格及主要的"工、料、机"消耗量。投标人在投标标价时，需要对每一个清单项目进行组价，为了使组价工作具有可追溯性(这在回复评标质疑时尤其需要)，需要表明每一个数据的来源。

综合单价分析表一般作为已标价工程量清单的组成部分随投标文件一同提交，以便中标后,作为合同文件的附属文件。《13计价规范》新增综合单价调整表(表6-11),用于由于各种合同约定调整因素出现时调整综合单价,其实际上是一个汇总性质的表,各种调整依据应附表后,并且项目编码、项目名称必须与已标价工程量保持一致,不得发生错漏,引发争议。

表6-11 综合单价调整表

序号	项目编码	项目名称	已标价清单综合单价/元					调整后综合单价/元				
			综合单价	其中				综合单价	其中			
				人工费	材料费	机械费	管理费和利润		人工费	材料费	机械费	管理费和利润

造价工程师(签章): 造价人员(签章):
发包人代表(签章): 承包人代表(签章):

日期: 日期:

注:综合单价调整应附调整依据。

(3)综合单价的确定。

1)综合单价的计算过程。确定综合单价时,首先计算分部分项工程的人工费、材料费和施工机械使用费,然后再计算管理费和利润,估算风险费用。其计算过程如下:

①确定分部分项的人工、材料、机械台班的消耗量。可以按企业定额或参照各省、自治区、直辖市所颁发的消耗量定额确定人工、材料、机械台班的消耗量。

②进行市场调查和查询。一般是根据工程项目的具体情况,参照各省市工程造价管理机构公布的人工费标准、材料价格及机械台班信息,并考虑一定的调价系数,确定人工工资单价,各类材料预算价格和施工机械台班单价。

③确定分部分项工程的单价。按确定的分项工程人工、材料、机械台班的消耗量及询价获得的人工工资单价、材料预算单价、施工机械台班单价,计算出相应的分项工程单位数量的人工费、材料费和机械费。其计算公式如下:

$$人工费 = \sum(人工工日数 \times 相应的人工工资单价) \quad (6-4)$$

$$材料费 = \sum(材料消耗量 \times 相应的材料预算单价) \quad (6-5)$$

$$施工机械使用费 = \sum(机械台班消耗量 \times 相应的机械台班单价) \quad (6-6)$$

$$单价 = \sum(人工费 + 材料费 + 施工机械台班使用费) \quad (6-7)$$

④确定管理费和利润。管理费和利润可根据企业的实际情况自主确定,也可参考各省市工程造价管理机构公布的费率进行计算。

⑤测算风险费用。风险费用应根据分部分项工程的复杂程度和施工难易程度,结合建设环境、市场条件、合同条件、竞争状况以及企业自身抵御风险的能力,以费率的形式综合确定。

2)综合单价的确定方法。工程量清单项目的综合单价一般可以定额项目的基价为基础进行组价,常见如下三种情况。

①当计量规范的工程内容、计量单位以及工程量计算规则与计价定额或消耗量定额一致,只与一个定额项目对应时,其计算公式为

$$清单项目综合单价 = 定额项目综合单价 \quad (6-8)$$

式中,定额项目综合单价是在定额基价的基础上,综合管理费和利润之后形成的单价。

【例6-1】 某工程现浇钢筋混凝土工程中钢筋工程的分部分项工程量清单见表6-12,试分析计算该清单项目的综合单价。

表6-12 分部分项工程和单价措施项目清单与计价表

序号	项目编码	项目名称	项目特征描述	计量单位	工程量	金额/元		
						综合单价	合价	其中
								暂估价
1	010515001001	现浇构件钢筋	低合金钢筋 HRB335 Φ28	t	200			

解:本案例中的钢筋工程的工作内容、计量单位以及工程量计算规则与计价定额一致,只与一个定额项目对应,所以本案例综合单价符合组价条件,综合单价的组价过程见表6-13。

表6-13 综合单价分析表

项目编码	010515001001	项目名称	现浇构件钢筋	计量单位	t	工程量	200
清单综合单价组成明细							

定额编号	定额名称	定额单位	数量	单价				合价			
				人工费	材料费	机械费	管理费和利润（费率）	人工费	材料费	机械费	管理费和利润
A4—332	普通钢筋	t	1	331.98	4 672.87	104.37	117.81	331.98	4 672.87	104.37	117.81
未计价材料费								—	—	—	—
人工费调整								221.32	—	—	—
材料费价差								—	−988	—	—
机械费调整											
小计								553.3	3 684.87	104.37	117.81
清单项目综合单价								4 460.35			

材料价差明细	实物法材差	单位	数量	预算价	指导价市场价	暂估价	暂估价材料费	价差	
								单价	合价
	低合金钢筋 HRB335，Φ28	t	1.04	4 450	3 500			−950	−988
	小计								−988
	系数法材差		计算基数			系数/%			
	合计									−988

②当计量规范的计量单位及工程量计算规则与计价定额或消耗量定额一致，但工作内容不一致，需要几个定额项目组成时，其计算公式为

$$\text{清单项目综合单价} = \sum \text{定额项目综合单价} \quad (6-9)$$

【例6-2】 某楼地面工程的分部分项工程量清单见表6-14，试分析计算该清单项目的综合单价。

表6-14 分部分项工程和单价措施项目清单与计价表

序号	项目编码	项目名称	项目特征描述	计量单位	工程量	金额/元		
						综合单价	合价	其中
								暂估价
1	011101001001	水泥砂浆楼地面	1. 找平层：20 mm 厚水泥砂浆 2. 面层：20 mm 厚 1:2 水泥砂浆	m²	400			

解：本例中的分项工程的计量单位以及工程量计算规则与计价定额一致，而工作内容则与两个定额项目相对应，所以本例综合单价符合组价条件，综合单价的组价过程见表6-15。

表 6-15 综合单价分析表

项目编码	011101001001		项目名称	水泥砂浆楼地面			计量单位	m²		工程量	400
清单综合单价组成明细											
定额编号	定额名称	定额单位	数量	单价				合价			
				人工费	材料费	机械费	管理费和利润（费率）	人工费	材料费	机械费	管理费和利润
B1—27	水泥砂浆找平20厚	m²	1	4.6	4.51	0.26	1.02	4.6	4.51	0.26	1.02
B1—38	楼地面水泥砂浆1:2	m²	1	8.30	5.76	0.26	1.80	8.30	5.76	0.26	1.80
未计价材料费								—	—	—	
小计								12.9	10.27	0.52	2.82
清单项目综合单价								26.51			

③当计量规范的工作内容，计量单位及工程量计算规则与计价定额或消耗量定额，均不一致时，其计算公式为

清单项目综合单价 = $\sum$(该清单项目所包含的各定额项目工程量×定额综合单价)/ 清单工程量

(6-10)

【例 6-3】 某屋面防水工程的分部分项工程量清单见表 6-16，试分析计算该清单项目的综合单价。

表 6-16 分部分项工程和单价措施项目清单与计价表

序号	项目编码	项目名称	项目特征描述	计量单位	工程量	金额/元		
						综合单价	合价	其中暂估价
1	010902001001	屋面防水卷材	1. 20厚1:2水泥砂浆找平层 2. 聚苯乙烯泡沫塑料保温板 3. 20厚1:3水泥砂浆找平层 4. SBS卷材防水	m²	580			

解： 本例中分项工程的计量单位以及工程量计算规则与计价定额一致，而工作内容与五个定额项目相对应，且找平层和保温层的定额工程量为 542 m²，卷材附加层为 26 m²，所以，本例综合单价符合组价条件，综合单价的组价过程见表 6-17。

表 6-17 综合单价分析表

项目编码	010902001001	项目名称		屋面卷材防水		计量单位		m²	工程量		580
清单综合单价组成明细											
定额编号	定额名称	定额单位	数量	单价			管理费和利润（费率）	合价			
				人工费	材料费	机械费		人工费	材料费	机械费	管理费和利润
B1-27	水泥砂浆在硬基层上 20 mm	m²	0.93	4.60	4.51	0.26	1.02	4.28	4.19	0.24	0.95
A8-211	聚苯乙烯泡沫塑料保温板	m²	0.93	7.33	37.20		1.98	1.82	34.60		1.84
B1-29	水泥砂浆在填充材料上 20 mm	m²	0.93	4.71	4.96	0.33	1.06	4.38	4.61	0.31	0.96
A7-52	改性沥青卷材（SBS-Ⅰ）满铺平面厚度 3 mm	m²	1.04	2.64	19.45		0.71	2.76	20.23		0.74
	未计价材料费								—	—	—	
	小计								13.24	63.63	0.55	4.49
	清单项目综合单价								81.91			

项目二 土方工程计量与计价

一、土方工程清单项目及相关规定

1. 土方工程清单项目

土方工程包括 7 个清单项目，分别为平整场地，挖一般土方，挖沟槽土方，挖基坑土方，冻土开挖，挖淤泥、流砂，管沟土方。工程量清单项目设置及工程量计算规则见表 6-18。

表 6-18 土方工程（编号：010101）

项目编码	项目名称	项目特征	计量单位	工程量计算规则	工作内容
010101001	平整场地	1. 土壤类别 2. 弃土运距 3. 取土运距	m²	按设计图示尺寸以建筑物首层建筑面积计算	1. 土方挖填 2. 场地整平 3. 运输
010101002	挖一般土方	1. 土壤类别 2. 挖土深度 3. 弃土运距	m³	按设计图示尺寸以体积计算	1. 排地表水 2. 土方开挖 3. 围护（挡土板）及拆除 4. 基地钎探 5. 运输
010101003	挖沟槽土方		m³	按设计图示尺寸以基础垫层底面面积乘以挖土深度计算	
010101004	挖基坑土方				

续表

项目编码	项目名称	项目特征	计量单位	工程量计算规则	工作内容
010101005	冻土开挖	1. 冻土厚度 2. 弃土运距	m³	按设计图示尺寸开挖面积乘以厚度以体积计算	1. 爆破 2. 开挖 3. 清理 4. 运输
010101006	挖淤泥、流砂	1. 挖掘深度 2. 弃淤泥、流砂距离	m³	按设计图示位置、界限以体积计算	1. 开挖 2. 运输
010101007	管沟土方	1. 土壤类别 2. 管外径 3. 挖沟深度 4. 回填要求	1. m 2. m³	1. 以m计量,按设计图示以管道中心线长度计算 2. 以m³计量,按设计图示管底垫层面积乘以挖土深度计算;无管底垫层按管外径的水平投影面积乘以挖土深度计算。不扣除各类井的长度,井的土方并入	1. 排地表水 2. 土方开挖 3. 围护(挡土板)支撑 4. 运输 5. 回填

2. 土方工程相关规定

(1)基础土方开挖深度应按基础垫层底表面标高至交付施工场地标高确定,无交付施工场地标高时,应按自然地面标高确定。

(2)沟槽、基坑、一般土方的划分为:底宽≤7 m且底长>3倍底宽为沟槽;底长≤3倍底宽且底面面积≤150 m² 为基坑,超过上述范围为一般土方。

(3)挖土方如需截桩头,应按桩基工程相关项目列项。

(4)土壤的分类应按表6-19确定,如土壤类别不能准确划分,招标人可注明为综合,由投标人根据地勘报告决定报价。

表 6-19 土壤分类表

土壤分类	土壤名称	开挖方法
一、二类土	粉土、砂土(粉砂、细砂、中砂、粗砂、砾砂)、粉质黏土、弱中盐渍土、软土(淤泥质土、泥炭、泥炭质土)、软塑红黏土、冲填土	用锹、少许用镐、条锄开挖。机械能全部直接铲挖满载者
三类土	黏土、碎石土(圆砾、角砾)混合土、可塑红黏土、硬塑红黏土、强盐渍土、素填土、压实填土	只要用镐、条锄、少许用锹开挖。机械需部分刨松方能铲挖满载者或可直接铲挖但不能满载者
四类土	碎石土(卵石、碎石、漂石、块石)、坚硬红黏土、杂填土	全部用镐、条锄挖掘、少许用撬棍挖掘。机械需普遍刨松方能铲挖满载者

注:本表土的名称及其含义按《岩土工程勘察规范(2009年版)》(GB 50021—2001)定义。

(5)土方体积应按挖掘前的天然密实体积计算。非密实土方按表 6-20 折算。

表 6-20 土方体积折算系数表

天然密实体积	虚方体积	夯实后体积	松散体积
1.00	1.30	0.87	1.08
0.77	1.00	0.67	0.83
1.15	1.50	1.00	1.25
0.92	1.20	0.80	1.00

二、土方工程计量

1. 平整场地

(1)适用对象。平整场地是指开工前为了便于房屋的定位放线,对建筑物场地厚度在±300 mm 以内的挖、填、运、找平,如图 6-1 所示。

(2)工程量计算规则。平整场地工程量按设计图示尺寸以建筑物首层建筑面积计算。

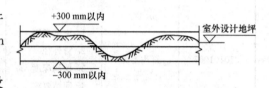

图 6-1 平整场地示意图

$$S = 建筑物首层建筑面积 \qquad (6-11)$$

(3)注意事项。当施工组织设计规定超面积平整场地时,投标人在报价时,应按超面积平整场地计算工程量,且超出部分包含在报价中。

【例 6-4】 某工程首层平面图如图 6-2 所示,试计算平整场地的清单工程量。

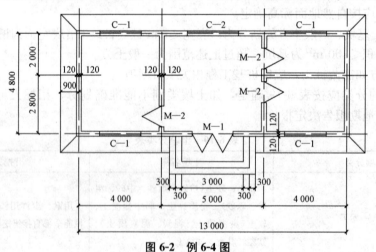

图 6-2 例 6-4 图

解: 平整场地清单工程量为

$S = 建筑物首层建筑面积 = (13.0 + 0.12 \times 2) \times (4.8 + 0.12 \times 2) = 62.73 (m^2)$

平整场地工程项目清单见表 6-21。

表 6-21 分部分项工程项目清单

工程名称: 第 页 共 页

序号	项目编码	项目名称	项目特征描述	计量单位	工程量
1	010101001001	平整场地	土壤类别:二类土	m²	62.73

2. 挖一般土方

(1)适用对象。挖一般土方是指建筑物场地厚度>±300 mm的竖向布置挖土或山坡切土。

(2)工程量计算规则。挖一般土方工程量按设计图示尺寸以体积计算,其计算公式为

$$V = 挖土平均厚度 \times 挖土平面面积 \tag{6-12}$$

(3)注意事项。挖土平均厚度应按自然地面测量标高至设计地坪标高间的平均厚度确定。

3. 挖沟槽土方

(1)适用对象。挖沟槽土方是指室外设计地坪以下底宽≤7 m且底长>3倍底宽的沟槽的土方开挖。

(2)工程量计算规则。挖沟槽土方按设计图示尺寸以基础垫层底面面积乘以挖土深度以体积计算。其计算公式如下:

$$V = 基础垫层长 \times 基础垫层宽 \times 挖土深度 \tag{6-13}$$

式中　基础垫层长——外墙取外墙基础垫层中心线长,内墙取内墙基础垫层净长(m);

　　　挖土深度——应按基础垫层底表面标高至交付施工场地确定,无交付施工场地标高时,应按自然地面标高确定(m)。

(3)注意事项。

1)沟槽土方应按不同底宽和深度分别编码列项。

2)根据施工方案规定的放坡操作工作面和机械挖土进出施工工作面的坡道等增加的施工量所产生的费用,应包括在挖沟槽土方报价内。

3)"挖沟槽土方"项目中应描述弃土运距,施工增加的弃土运输应包括在报价内。

【例6-5】　某建筑物基础平面、剖面图如图6-3所示。已知基础土壤类别为二类土,弃土运距4.0 km。计算挖沟槽土方清单工程量。

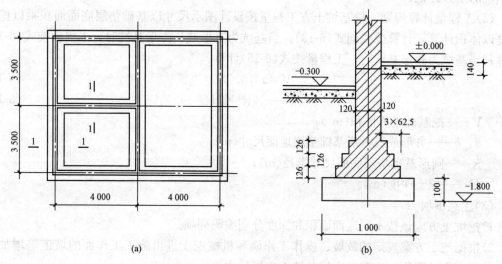

图6-3　某建筑物基础平面、剖面图
(a)平面图;(b)1—1剖面图

解:挖沟槽土方清单工程量按设计图示尺寸以基础垫层底面面积乘以挖土深度计算,

即工程量$V=$基础垫层长$\times$基础垫层宽$\times$挖土深度。

(1)基数计算。为节约时间、提高效率,利用基数计算工程量。

$L_{外}=(4.0\times2+0.24+3.5\times2+0.24)\times2=30.96(m)$

$L_{中}=(4.0\times2+3.5\times2)\times2=30.00(m)$

$L_{内}=3.5\times2-0.24+4.0-0.24=10.52(m)$

$L_{内槽}=(3.5\times2-0.5\times2)+(4.0-0.5\times2)=9.00(m)$

$S_{底}=(4.0\times2+0.24)\times(3.5\times2+0.24)=59.66(m^2)$

(2)挖沟槽土方工程量计算。

1)外墙挖沟槽土方。

$V_{外墙}=30.0\times1.0\times(1.80-0.30)=45.00(m^3)$

2)内墙挖沟槽土方。

$V_{内墙}=9.0\times1.0\times(1.8-0.3)=13.50(m^3)$

挖沟槽土方工程量为

$V=$外墙挖沟槽土方$+$内墙挖沟槽土方$=45.00+13.50=58.50(m^3)$

挖沟槽土方工程项目清单见表6-22。

表6-22 分部分项工程项目清单

序号	项目编码	项目名称	项目特征描述	计量单位	工程量
1	010101003001	挖沟槽土方	1. 土壤类别:二类土 2. 挖土深度:1.5 m 3. 弃土运距:4.0 km	m³	58.50

4. 挖基坑土方

(1)适用对象。挖基坑土方是指室外设计地坪以下底长$\leqslant$3倍底宽且底面面积$\leqslant$1 500 m²的基坑的土方开挖。

(2)工程量计算规则。挖基坑土方工程量按设计图示尺寸以基础垫层底面面积乘以挖土深度以体积计算,计算公式同式(6-13)。当基坑为方形或长方形基坑时,工程量按式(6-14)计算;当基坑为圆形基坑时,工程量按式(6-15)计算。

$$V=a\times b\times H \qquad (6-14)$$

$$V=\pi\times R^2\times H \qquad (6-15)$$

式中 V——挖基础土方体积(m³);

a,b——方形或长方形基础垫层地面尺寸(m);

R——圆形基础垫层底面尺寸半径(m);

H——挖土深度(m)。

(3)注意事项。

1)挖坑土方应该按不同底面面积和深度分别编码列项。

2)根据施工方案规定的放坡、操作工作面和机械挖土进出施工工作面的坡道等增加的施工量所产生的费用,应包括在挖基坑土方报价内。

3)"挖基坑土方"项目中应描述弃土运距,施工增加的弃土运输应包括在报价内。

5. 冻土开挖

冻土开挖是指永久性冻土和季节性冻土的开挖,其工程量计量按图示尺寸开挖面积乘以厚度以体积计算。

6. 挖淤泥、流砂

(1)适用对象。淤泥一种稀软状，不易形成的灰黑色、有臭味、含有半腐朽植物遗体，置于水中有动植物残体渣滓浮于水面，并常有气泡由水中冒出的泥土。

流砂是在坑内抽水时，呈流动状态，随地下水涌出，无承载力，边挖边冒的泥土，流砂坑无法挖深，强挖会掏空临近地基。

(2)工程量计算规则。挖淤泥、流砂工程量按设计图示位置、界限以体积计算。

(3)注意事项。挖方出现淤泥、流砂时，如设计未明确，在编制工程量清单时，其工程量可为暂估量。结算时，应根据实际情况由发包人与承包人双方现场签证，确认工程量。

7. 管沟土方

(1)适用对象。管沟土方项目适用于管道(给水排水、工业、电力、通信)、光(电)缆沟[包括人(手)孔、接口坑]及连接井(检查井)等的开挖、回填。

(2)工程量计算规则。管沟土方工程量按设计图示以管道中心线长度计算，或按设计图示管底垫层面积乘以挖土深度计算，无管底垫层按管外径的水平投影面积乘以挖土深度计算。

(3)注意事项。管沟土方开挖加宽的工作面、放坡和接口处加宽的工作面，均应包括在管沟土方的报价内。

三、土方工程计价

土方工程量的计算依据是工程图纸，所有清单项目的工程量都依据设计图示尺寸计算，不考虑任何附加因素和条件，但在土方工程具体施工过程中，应结合施工图设计文件，确定合理的施工组织设计及具体的施工方案，并以此为依据进行土方工程计价。

1. 土方工程清单计价要点

(1)平整场地。

1)清单计量规则："平整场地"按设计图示以建筑首层建筑面积计算。

2)定额计量规则："平整场地"按设计图示以建筑首层建筑面积计算。

用 $S_平$ 表示平整场地工程量，$S_底$ 表示建筑物首层建筑面积，则平整场地工程量计算公式可以用式(6-16)计算。

$$S_平 = S_底 \tag{6-16}$$

另外，平整场地如果出现±300 mm 以内挖方和填方不平衡时，需外运土方或借土回填，这部分的运输费用也可以考虑在报价内。

(2)挖沟槽、基坑土方。

1)清单计量规则："挖沟槽、基坑土方"按设计尺寸以基础垫层底面面积乘以挖土深度计算，适用于各种基础土方开挖。

2)定额计量规则：定额将基础土方划分为沟槽和基坑。

①沟槽、基坑的划分。凡底宽在 3 m 以内，且槽长大于 3 倍槽宽的为沟槽，如图 6-4 所示；凡坑底面面积在 20 m² 以内的为基坑，如图 6-5 所示；凡底宽在 3 m 以上，底面面积在 20 m² 以上的，均按挖一般土方计算。

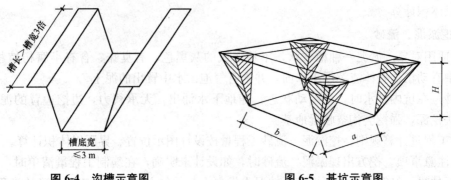

图 6-4　沟槽示意图　　　　　图 6-5　基坑示意图

②施工工程量的确定。挖沟槽、基坑土方根据施工方案规定的放坡、操作工作面和机械挖土进出施工工作面坡道等增加的施工量,应包括在报价内。定额规定挖沟槽、基坑土方需要放坡时,放坡系数按表 6-23 的规定计算;沟槽的底部宽度应按设计计算,设计无规定时,可按表 6-24 的规定,增加施工所需工作面宽度。

表 6-23　土方工程放坡系数表

土壤类别	放坡起点 /m	人工挖土	机械挖土	
			在坑内作业	在坑上作业
一、二类土	1.20	1∶0.50	1∶0.33	1∶0.75
三类土	1.50	1∶0.33	1∶0.25	1∶0.67
四类土	2.00	1∶0.25	1∶0.10	1∶0.33

表 6-24　基础施工所需工作面宽度计算表

基础材料	每边各增加工作面宽度/mm
砖基础	200
浆砌毛石、条石基础	300
混凝土基础垫层支模板	300
混凝土基础支模板	300
基础垂直面做防水层	800(防水层面)
搭设脚手架	1 200

沟槽断面形式如图 6-6 所示。以图 6-6 最右侧图为例,其为有放坡的沟槽,挖沟槽土方工程量可按式(2-7)计算。

$$V=(a+2c+kh)hL \tag{6-17}$$

式中　V——挖沟槽土方工程量(m^3);

　　　a——基础垫层宽度(m);

　　　c——基础工作面宽度(m);

　　　k——基础放坡系数;

　　　h——沟槽挖土深度(m);

　　　L——沟槽长度(m),外墙沟都按沟槽中心线长度计算,内墙沟槽按沟槽底部净长度计算。

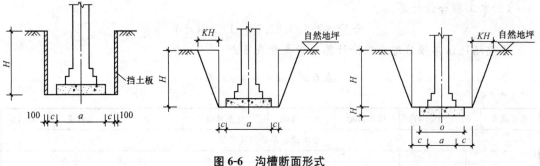

图 6-6 沟槽断面形式

挖沟槽、基坑需支挡土板时,其宽度按图示沟槽、基坑底宽,单面加 0.1 m、双面加 0.2 m 计算。挡土板面积按坑槽支撑面积计算。支挡土板后,不得再计算放坡。

2. 土方工程计价示例

为了便于在实际工作中指导清单项目综合单价分析,结合本定额,表 6-25 列出了土方工程中平整场地和挖沟槽、基坑土方清单项目可组合的主要内容及相应的消耗量定额子目。

表 6-25 土方工程(编号:010101)(部分)

项目编码	项目名称	计量单位	主要工程内容		对应定额子目
010101001	平整场地	m²	挖、填、找平	人工平整场地	A1-39
				场地机械平整	A1-228、229
			土方运输	人工运土	A1-74、75
				装载机装土	A1-150
				自卸汽车运土	A1-163
010101003	挖沟槽、基坑	m³	土方开挖	人工挖地槽、地坑	A1-11~34
				挖掘机挖土	1-118~1-123
			土方运输	人工土方运输	A1-70~71
				挖掘机挖土	A1-104~149
				自卸汽车运土	A1-163~170

【例 6-6】 根据例 6-4 中平整场地清单项目,试确定此清单项目的综合单价及合价。

解: 根据例 6-4,平整场地清单工程量为 62.73 m²,结合具体施工方案,该工程挖土、填方基本平衡,因此,不涉及土方运输。依据表 6-25,人工平整场地对应的消耗量定额子目是 A1-39,计量单位是 m²。

(1)施工工程量计算。

$$S_平 = S_底 = 62.73 (m^2)$$

(2)综合单价计算。依据定额子目 A1-39 可查得,平整场地每 1 m² 消耗人工综合工日为 0.030 4 工日,无材料和机械消耗,依据本地区市场价可知人工单价为 80.0 元/工日,即人工费单价为 2.432 元/m²。参考本地区建设工程费用定额,管理费和利润的计费基数均为人工费+机械费,费率均为 4%,即管理费和利润单价为 0.097 元/m²。

本工程平整场地人工费=62.73×2.432=162.29(元)

本工程管理费和利润合计=62.73×0.097×2=12.95(元)

本工程平整场地综合单价为=(162.29+12.95)/62.73=2.63(元/m²)

(3)本工程合价计算。
$$合价=2.63×62.73=175.5(元)$$

平整场地清单项目综合单价计算分析表见表6-26。

表6-26 综合单价分析表

工程名称：

项目编号	010101001001	项目名称		平整场地		计量单位		m^2		工程量		62.73
清单综合单价组成明细												
定额编号	定额名称	定额单位	数量	单价				合价			
				人工费	材料费	机械费	管理费和利润	人工费	材料费	机械费	管理费和利润
A1-39	人工平整场地	m^2	1	2.432	—	—	0.194	2.432	—	—	0.194
人工单价		小计					2.432	—	—	0.194		
80元/工日		未计价材料费									
清单项目综合单价										2.63		

【例6-7】 试根据例6-5中挖沟槽土方清单项目，确定此清单项目的综合单价及合价。

解：根据例6-5，挖沟槽土方清单工程量为58.50 m^3，按施工组织设计规定，挖土时按垫层底宽每边增加300 mm的工作面，二类土挖土深度超过1.20 m时需要放坡，人工挖土放坡系数$k=0.50$。

(1)施工工程量计算。有放坡的挖地槽土方施工工程量按式计算。

$$h=1.80-0.30=1.50(m)$$
$$L=L_中+L_内槽=(4.0×2+3.5×2)×2+[3.5×2-(0.5+0.3)×2+4.0-(0.5+0.3)×2]$$
$$=30.00+(5.4+2.4)=37.80(m)$$

即：$V=(1.0+2×0.30+0.50×1.50)×1.50×37.80=133.25(m^3)$

(2)综合单价计算。依据表6-25，挖沟槽土方对应的消耗量定额子目是A1-11，计量单位是m^3。由定额子目A1-11可查得，挖地槽每m^3消耗人工综合工日为0.325 4工日，无材料和机械消耗，依据本地市区市场价可知人工单价为47元/工日，即人工费单价为15.29元/m^3。参考本地区建设工程费用定额，管理费和利润的计费基数均为人工费+机械费，费率均为4%，即管理费和利润单价为0.612元/m^3。

本工程挖沟槽人工费=133.25×15.29=2 037.39(元)

2)本工程管理费和利润合计=133.25×0.612×2=163.1(元)

同样：由A1-150装载机装土和A1-163自卸汽车运土1 km、A1-164运土每增加1 km查得

$$定额人工费=(0.271+0+0)=0.271×133.25=32.11(元)$$
$$定额材料费=0元$$

定额机械费=(2.018+7.901+2.104×3)=12-231×133.25=2 162.78(元)

管理费和利润=(0.271+12-231)×4%×2=1.32×133.25=175.89(元)

挖沟槽综合单价=(2 037.39+163.1+32.11+2 162.78+175.89)/58.50(清单工程量)
$$=78.21(元/m^3)$$

本工程合价=78.21×58.5=4 575.27(元)

挖沟槽土方清单项目综合单价计算分析表见表 6-27。

表 6-27 综合单价分析表

工程名称：　　　　　　　　　　　　　　　　　　　　　　　　　第　页 共　页

项目编码	010101003001	项目名称	挖沟槽土方	计量单位	m³	工程量	58.50

清单综合单价组成明细								
定额编号	定额名称	定额单位	数量	单价				合价
				人工费	材料费	机械费	管理费加利润	人工费	材料费	机械费	管理费和利润
A1—11	人工挖地槽	m³	2.278	15.29	—	—	1.224	34.83	—	—	2.788
A1—150	装载机装土	m³	2.278	0.271	—	2.018	0.183	0.617	—	4.597	0.417
A1—163	自卸汽车运土	m³	2.278	—	—	7.901	0.632	—	—	18.0	1.44
A1—164	每增加 1 km	m³	2.278	—	—	2.103×3	0.505	—	—	14.37	1.150
人工单价			小计				35.45	32.97	5.80
47.0 元/工日			未计价材料费				—	—	—
清单项目综合单价								78.21

项目三　桩基工程计量与计价

一、桩基工程清单项目

《房屋建筑与装饰工程工程量计算规范》(GB 50854—2013)附录 C 为桩基工程，桩基工程分为打桩和灌注桩两节，共计 11 个清单项目。

1. 打桩

打桩包括 4 个清单项目，工程量清单项目设置及工程量计算规则见表 6-28。

表 6-28 打桩（编码：010301）

项目编码	项目名称	项目特征	计量单位	工程量计算规则	工作内容
010301001	预制钢筋混凝土方桩	1. 地层情况 2. 桩截面 3. 桩倾斜度 4. 沉桩法方法 5. 接桩方式 6. 混凝土强度等级	1. m 2. m³ 3. 根	1. 以 m 计量，按设计图示尺寸以桩长（包括桩尖）计算 2. 以 m³ 计量，按设计图示截面面积乘以桩长（包括桩尖）以实体积计算 3. 以根计量，按设计图示数量计算	1. 工作平台搭拆 2. 桩机竖拆移位 3. 沉桩 4. 接桩 5. 送桩
010301002	预制钢筋混凝土管桩	1. 地层情况 2. 送桩深度、桩长 3. 桩外径、壁厚 4. 桩倾斜度 5. 沉桩方法 6. 桩尖类型 7. 混凝土强度等级 8. 填充材料种类 9. 防护材料种类			1. 工作平台搭拆 2. 桩机竖拆移位 3. 沉桩 4. 接桩 5. 送桩 6. 桩尖制作安装 7. 填充材料刷防护涂料

2. 灌注桩

灌注桩包括7个清单项目,工程量清单项目设置及工程量计算规则见表6-29。

表6-29 灌注桩(编码:010302)

项目编码	项目名称	项目特征	计量单位	工程量计算规则	工作内容
010302001	泥浆护壁成孔灌注桩	1. 地层情况 2. 空桩长度、桩长 3. 桩径 4. 成孔方法 5. 护筒类型、长度 6. 混凝土种类、强度等级	1. m 2. m^3 3. 根	1. 以 m 计量,按设计图示尺寸以桩长计算 2. 以 m^3 计量,按不同截面在桩上范围内以体积计算 3. 以根计量,按设计图示数量计算	1. 护筒埋设 2. 成孔、固壁 3. 混凝土制作、运输、灌注、养护 4. 土方废泥浆外运 5. 打桩场地硬化及泥浆池泥、浆沟
010302002	沉管灌注桩	1. 地层情况 2. 空桩长度、桩长 3. 复打长度 4. 桩径 5. 沉管方法 6. 桩尖类型 7. 混凝土种类、强度等级			1. 打(沉)拔钢管 2. 桩尖制作、安装 3. 混凝土制作、运输、灌注、养护
010302003	干作业成孔灌注桩	1. 地层情况 2. 空桩长度、桩长 3. 桩径 4. 扩孔直径、高度 5. 成孔方法 6. 混凝土种类、强度等级			1. 成孔、扩孔 2. 混凝土制作、运输、灌注、振捣、养护
010302004	挖孔桩土(石)方	1. 地层情况 2. 挖孔深度 3. 弃土(石)运距	m^3	按设计图示尺寸(含护壁)截面乘以挖孔深度以 m^3 计算	1. 排地表水 2. 挖土、凿石 3. 基底钎探 4. 运输

二、桩基工程计价

1. 打桩

(1)预制钢筋混凝土方桩、预制钢筋混凝土管桩按设计桩长(包括桩尖)以延长米计算。

(2)灌注桩芯混凝土工程量按设计桩长与加灌长度之和乘以设计图示断面面积以 m^3 计算。加灌长度如无规定,按 0.25 m 计算。

(3)凿桩头按设计桩截面乘以桩头长度以体积计算。凿桩头按个计算。

2. 灌柱桩

(1)泥浆护壁成孔灌注桩、沉管灌注桩、干作业成孔灌注桩成孔按实钻孔深以 m 计算。

(2)灌注混凝土工程量按设计桩长与加灌长度之和乘以设计图示断面面积以 m^3 计算。加灌长度如无规定,按 0.25 m 计算。

(3)泥浆制作运输按成孔体积以 m^3 计算。

(4)挖孔桩土(石)方按设计图示尺寸截面面积乘以挖孔深度以 m^3 计算。

(5)护壁混凝土按设计图示尺寸以 m^3 计算。

【例 6-8】 某工程采用排桩进行基坑支护,排桩采用泥浆护壁成孔灌注桩进行施工。场地地面标高为 495.50~493.10 m,桩径为 1 000 mm,桩长为 20 m,采用水下商品混凝土 C25,桩顶标高为 493.50 m,桩数为 206 根,超灌高度不少于 1 m。根据地质情况,采用 5 mm 厚钢护筒,护筒长度不少于 3 m。根据地质资料和设计情况,一、二类土约占 25%,三类土约占 20%,四类土约占 55%。试列出该排桩分部分项工程项目清单。

解: 该排桩工程涉及泥浆护壁成孔灌注桩、截(凿)桩头两个清单项目,分部分项工程项目清单见表 6-30。

表 6-30 分部分项工程项目清单

工程名称:　　　　　　　　　　　　　　　　　　　　　　　　　第　页共　页

序号	项目编码	项目名称	项目特征描述	计量单位	工程量
1	010302001001	泥浆护壁成孔灌注桩	1. 地层情况:一、二类土约占 25%,三类土约占 20%,四类土约占 55% 2. 空桩长度:2~2.6 m,桩长 20 m 3. 桩径 1 000 mm 4. 成孔方法:泥浆护壁成孔 5. 护筒类型、长度:5 mm 厚护筒、不少于 3 m 6. 混凝土种类、强度等级:水下商品混凝土 C25	根	206
2	010301004001	截(凿)桩头	1. 桩类型:泥浆护壁桩 2. 桩头截面、高度:1 000 mm,不少于 1 m 3. 混凝土强度等级:C25 4. 有无钢筋:有	m^3	161.71

(1)施工工程量计算。

A2-72 旋挖钻机成孔工程量 = 22.6×206 = 4 655.6(m)

A2-105 钢护筒埋设 = 167.0×3×206 = 103 206(kg) = 103.206(t)

A2-106 泥浆制作 = 3.14×0.5×0.5×22.6×206 = 3 654.65(m^3)

A2-106 泥浆运输(5 km 内) = 3 654.65 m^3

A2-101 混凝土灌注 = 3.14×0.5×0.5×21.0×206 = 3 395.91(m^3)

A2-147 凿桩头 = 161.71 m^3

(2)套定额计算综合单价(表 6-31、表 6-32)。

表 6-31 综合单价分析表(一)

工程名称:

项目编号	010302001001		项目名称		泥浆护壁灌注桩		计量单位	根		工程量	206
清单综合单价组成明细											
定额编号	定额名称	定额单位	数量	单价				合价			
				人工费	材料费	机械费	管理费加利润	人工费	材料费	机械费	管理费和利润
A2-72	旋挖钻机成孔	m	22.6	23.94	13.93	153.67	31.21	608.84	314.82	3 540.74	705.35
A2-105	钢护筒埋设	t	0.50	963.0	493.0	78.41	177.55	483	243.5	39.21	88.78
A2-106	泥浆制作	m³	17.74	10.2	4.5	3.517	2.33	180.95	79.83	62.39	41.33
A2-107	泥浆运输	m³	17.74	43.86	—	164.12	35.36	778.08	—	2 911.49	627.29
A2-101	混凝土灌注	m³	13.49	13.2	333.12	—	2.75	267.14	5 542.62	—	45.35
人工单价			小计					2 318.01	6 183.77	6 553.83	1 508.1
60元/工日			未计价材料费					—			
清单项目综合单价								16 563.71			
注:管理费和利润的计费基数均为(人工费+机械费),费率分别为9%和8%。											

表 6-32 综合单价分析表(二)

工程名称:

项目编号	010301004001		项目名称		凿桩头		计量单位	m³		工程量	161.71
清单综合单价组成明细											
定额编号	定额名称	定额单位	数量	单价				合价			
				人工费	材料费	机械费	管理费加利润	人工费	材料费	机械费	管理费和利润
A2-147	凿桩头	m³	1	102.98	—	—	—	102.98	—	—	17.51
人工单价			小计					102.98			17.51
60元/工日			未计价材料费					—			
清单项目综合单价								120.49			
注:管理费和利润的计费基数均为(人工费+机械费),费率分别为9%和8%。											

项目四 工程量清单编制实例

一、背景材料

1. 设计说明

(1)某工程施工图(平面图、立面图、剖面图)、基础面布置图如图 6-7~图 6-12 所示。

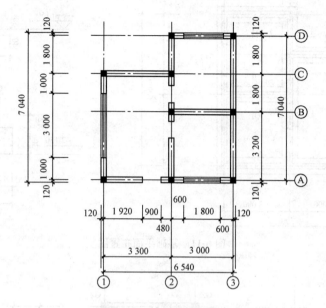

图 6-7 某工程平面图

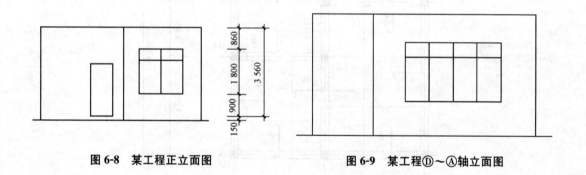

图 6-8 某工程正立面图　　　图 6-9 某工程 Ⓓ～Ⓐ轴立面图

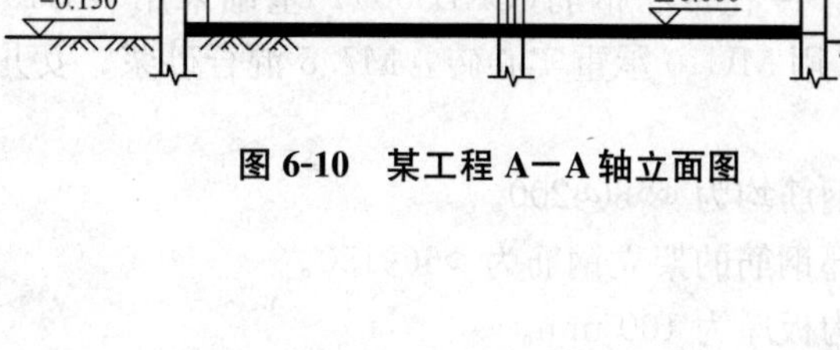

图 6-10 某工程 A—A 轴立面图

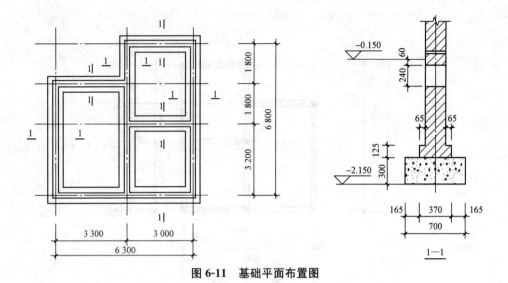

图 6-11 基础平面布置图

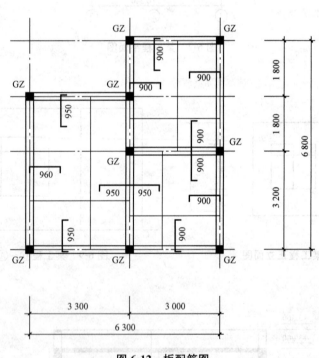

图 6-12 板配筋图

说明：

①材料：地圈梁、构造柱混凝土强度等级为 C20，其余梁、板混凝土强度等级为 C25；钢筋：HPB300，HRB335，冷扎带肋钢筋（CRB550）；基础采用 MU15 承重实心砖，M10 水泥砂浆；±0.000 以上采用 MU10 承重实心砖，M7.5 混合砂浆；女儿墙采用 MU10 承重实心砖，M5.0 水泥砂浆。

②凡未标注的现浇板钢筋均为 $\phi^R 8@200$。

③图中为画出的板上部钢筋的架立钢筋为 $\phi 6@150$。

④本图中未标注的结构板厚为 100 mm。

⑤本图应配合建筑及设备专业图纸预留孔洞,不得事后打洞。

⑥过梁根据墙厚及洞口净宽选用相对应类型的过梁,荷载级别除注明外均为2级。凡过梁与构造柱相交处,均将过梁改为现浇。

⑦顶层沿240墙均设置圈梁(QL),圈梁与其他现浇梁相遇时,圈梁钢筋伸入梁内500 mm。

(2)该工程为砖混结构,室外地坪标高为－0.150 m,屋面混凝土板厚为100 mm。

(3)门窗表见表6-33,均不设门窗套。各工程部位的做法见表6-34。

表 6-33 门窗表

名称	代号	洞口尺寸/(mm×mm)	备注
成品钢制防盗门	M—1	900×2 100	带锁,普通五金
成品实木门	M—2	800×2 100	
塑钢推拉窗	C—1	3 000×1 800	中空玻璃5+6+5;型材为钢塑90系列;普通五金
塑钢推拉窗	C—2	1 800×1 800	

表 6-34 工程做法

序号	工程部位	工程做法
1	地面	面层20 mm厚1:2水泥砂浆地面压光;垫层为100 mm厚C10素混凝土垫层(中砂,砾石5~40 mm);垫层下为素土夯实
2	踢脚线(120 mm)	面层:6 mm厚1:2水泥砂浆抹面压光 地层:20 mm厚1:3水泥砂浆
3	内墙面	混合砂浆普通抹灰,基层上刷素水泥浆一道,底层15 mm厚1:1:6水泥石灰砂浆,面层5 mm厚1:0.5:3水泥石灰砂浆,满刮普通成品腻子膏两遍,内墙刷立邦乳胶漆三遍(底漆一遍,面漆两遍)
4	天棚	钢筋混凝土板底面清理干净,刷水泥801胶漆一遍,7 mm厚1:1:4水泥石灰砂浆,面层5 mm厚1:0.5:3水泥石灰砂浆,满刮普通成品腻子膏两遍,刷内墙胶漆三遍(底漆一遍,面漆两遍)
5	外墙面保温(－0.150标高至女儿墙压顶)	砌体墙表面做外保温(浆料)外墙面胶粉聚苯颗粒30 mm厚
6	外墙面贴块料(－0.150标高至女儿墙压顶)	8 mm厚1:2水泥砂浆粘贴100 mm×100 mm×5 mm的白色外墙砖,灰缝宽度为6 mm,用白水泥勾缝,无酸洗打蜡要求
7	屋面	在钢筋混凝土板面上做1:6水泥炉渣找坡层,最薄60 mm(坡度2%);做1:2厚20 mm的水泥砂浆找平层(上翻300 mm);做3 mm厚APP改性沥青卷材防水层(上卷300 mm);做1:3厚20 mm的水泥砂浆找平层(上翻300 mm);做刚性防水层40 mm厚C20细石混凝土(中砂)内层Φ6.5钢筋单层双向中距Φ200,建筑油膏嵌缝沿女儿墙与刚性层相交处以及沿Ⓑ轴线和②轴线贯通

续表

序号	工程部位	工程做法
8	女儿墙	女儿墙高度为 560 mm；顶部设置 240 mm×60 mm 混凝土强度等级为 C20（中砂砾石 5～10 mm）的混凝土压顶；构造柱布置同平面图；女儿墙墙体用 M5 水泥砂浆（细砂）砌筑（标砖 MU10 页岩砖 240 mm×115 mm×53 mm）
9	构造柱、圈梁、过梁强度等级（中砂，砾石 5～40 mm）	GZ：C20，GZ 埋设在地圈梁中，且深入压顶顶面，女儿墙内不再设其他构造柱；QL：C25；GL：C20，考虑为现浇 240 mm×120 mm，每边深入墙内 250 mm
10	墙体砌筑	（±0.000 以上，+3.000 以下）砌体用 M7.5 混合砂浆砌筑（细砂标准砖 M10，页岩砖 240 mm×115 mm×53 mm），不设置墙体拉结筋
11	过梁钢筋	主筋为 2Φ12，分布筋为 Φ8@200
12	在 -0.150 处沿建筑物外墙一圈设有宽度 800 mm 散水	C20 混凝土散水面层 80 mm（中砂，砾石 5～40 mm），其下 C10 混凝土垫层（中砂，砾石 5～40 mm）20 mm 厚；再下面是素土夯实；沿散水与外墙交界一圈及散水长度方向每 6 m 设变形缝，建筑油膏嵌缝
13	基础	基础埋深为室外地坪以下 2 m（垫层底面标高为 -2.000）；垫层为 C10 混凝土（中砂，砾石 5～40 mm）；砖基础为 M15 页岩标砖，用 M10 水泥砂浆砌筑（细砂）；在 -0.060 m 处设置 20 mm 厚 1：2 水泥砂浆（中砂）防潮层一道（5% 防水粉）

2. 施工说明

土壤类别为三类土土壤，土方全部通过人力车运输堆放在距现场 50 m 处，人工回填，均为天然密实土壤，无桩基础，余土外运 1 km。混凝土考虑为现场搅拌，散水未考虑土方挖填，混凝土垫层非原槽浇捣，挖土方放坡不支挡土板，垂直运输机械考虑卷扬机，不考虑夜间施工、二次搬运，冬雨期施工、排水、降水，要考虑已完工程及设备保护。

3. 计算说明

(1)挖土方时工作面和放坡增加的工程量并入土方工程量中。

(2)内墙门窗侧面、顶面和窗底面均抹灰、刷乳胶漆，其乳胶漆计算宽度均按 100 mm 计算，并入内墙面刷乳胶漆项目内。外墙保温，其门窗侧面、顶面和窗底面不做。外墙贴块料，其门窗侧面、顶面和窗底面要计算，计算宽度均按 150 mm 计算，归入零星项目。门洞侧面不计算踢脚线。

(3)计算工程数量以 m、m^2、m^3 为单位，步骤计算结果保留三位小数，最终计算结果保留两位小数。

二、工程计量与计价

根据以上背景资料以及《13 计价规范》《房屋建筑与装饰工程工程量计算规则》(GB 50854—2013)、××省建筑工程消耗量定额、市场价及其他相关文件的规定等，编制一份该房屋建筑与装饰工程招标控制价。

某房屋与建筑工程
招标工程量清单

招标人：　　　　　　　　　　　　　　法定代表人：
（单位职业印章）　　　　　　　　　　（签字并盖章）

编制人：　　　　　　　　　　　　　　复核人：
（造价专业人员签字并加盖职业印章）　（造价工程师签字并加盖职业印章）

编制时间：　　　　　　　　　　　　　复核时间：

工程量清单总说明

一、工程概况

本工程为一层房屋建筑，檐高为 3.05 m，建筑面积为 40.92 m²，砖混结构，室外地坪标高为 －0.150 m，其地面、天棚、内外装饰装修工程做法详见施工图及设计说明。

二、工程招标和分包范围

1. 工程招标范围：施工图范围内的建筑工程、装饰装修工程，详见工程量清单。
2. 分包范围：无分包工程。

三、清单编制依据

1.《13 计价规范》《房屋建筑与装饰工程工程量计算规范》(GB 50854—2013)及其解释和勘误。
2. 本工程的施工图。
3. 与本工程有关的标准(包括标准图集)、规范、技术资料。
4. 招标文件、补充通知。
5. 其他有关文件、资料。

四、其他说明事项

1. 一般说明

(1)施工现场情况：以现场踏勘情况为准。

(2)交通运输情况：以现场踏勘情况为准。

(3)自然地理条件：本工程位于某市某路。

(4)环境保护要求：满足省、市及当地政府对环境保护的相关要求和规定。

(5)本工程投标报价按《13 计价规范》《房屋建筑与装饰工程工程量计算规范》(GB 50854—2013)的规定及要求，使用表格及格式按《13 计价规范》要求，有更正的以勘误和解释为准。

(6)工程量清单每一个项目，都需填入综合单价及合价，对于没有填入综合单价及合价的项目，不同单项及单位工程中的分部分项工程工程量清单中相同项目(项目特征及工作内容相同)的报价应统一，如有差异，按最低一个报价进行结算。

(7)《承包人提供材料和工程设备一览表》中的材料价格应与综合单价及综合单价分析表中的材料价格一致。

(8)本工程量清单中的分部分项工程量及措施项目量均是根据本工程施工图，按照《房屋建筑与装饰工程工程量计算规范》(GB 50854—2013)的规定进行计算的，仅作为施工企业投标报价的共同基础，不能作为最终结算与支付依据，工程量的变化调整以业主与承包商签字的合同约定为准，或按《13 计价规范》有关规定。

(9)工程量清单及其计价格式中的任何内容不得随意删除或涂改，若有错误，在招标答疑时及时提出，以"补遗"资料为准。

(10)分部分项工程工程量清单中对工程项目的项目特征及具体做法只做重点描述,详细情况见施工图设计、技术说明及相关标准图集。组价时应结合投标人现场勘察情况,包括完成所有工序工作内容的全部费用。

(11)投标人应充分考虑施工现场周边的实际情况对施工影响,编制施工方案,并作出报价。

(12)暂列金额为 4 000.00 元。

(13)本说明未尽事项,以计价规范、工程计算规范、计价管理办法、招标文件以及有关的法律、法规、建设行政主管部门颁发的文件为准。

2. 有关专业技术说明

(1)本工程使用普通混凝土,现场搅拌。

(2)本工程现浇混凝土及钢筋混凝土模板及支撑(架)不单列,按混凝土及钢筋混凝土实体项目执行,综合单价中应包括模板及支架。

(3)本工程挖基础土方清单工程量含工作面和放坡增加的工程量,按《房屋建筑与装饰工程工程量计算规范》(GB 50854—2013)的规定计算;办理结算时以批准的施工组织设计规定的工作面和放坡,按实计算工程量。

分部分项工程和单价措施项目清单与计价表见表 6-35。

表 6-35 分部分项工程和单价措施项目清单与计价表

工程名称:某房屋与建筑工程　　　　　　标段:某工程

序号	项目编码	项目名称	项目特征	计量单位	工程量	金额/元		
						综合单价	合价	其中暂估价
土石方工程								
1	010101001001	平整场地	1. 土壤类别:三类 2. 取弃土运距:由投标人根据施工现场情况自行考虑	m³	40.92			
2	010101003001	挖基础沟槽土方	1. 土壤类别:三类 2. 挖土深度:2.0 m 3. 弃土运距:现场内运输堆放距离为 50 m,场外运输距离为 1 km	m³	44.24			
3	010103001001	土方回填	1. 密实度要求:符合规范要求 2. 填方运距:50 m	m³	24.65			
4	010103002001	余方弃置	运距:运输 1 km	m³	19.60			
砌筑工程								
5	010401001001	砖基础	1. 砖品种、规格,强度等级:页岩标准砖 MU15 240 mm×115 mm×53 mm 2. 砂浆强度等级:M10 水泥砂浆 3. 防潮层种类及厚度:20 mm 厚 1:2 水泥砂浆(防水粉 5%)	m³	13.44			
6	010401003001	实心主体砖墙	1. 砖品种、规格,强度等级:页岩标准砖 MU15 240 mm×115 mm×53 mm 2. 砂浆强度等级:M7.5	m³	16.97			

续表

序号	项目编码	项目名称	项目特征	计量单位	工程量	金额/元		
						综合单价	合价	其中 暂估价
7	010401003002	实心主体砖墙	1. 砖品种、规格，强度等级：页岩标准砖 MU15 240 mm×115 mm×53 mm 2. 砂浆强度等级：M5	m³	2.86			
8	010501001001	砖基垫层	1. 混凝土种类：现场搅拌 2. 混凝土强度等级：C10	m³	6.89			
9	010501001002	地面垫层	1. 混凝土种类：现场搅拌 2. 混凝土强度等级：C10	m³	3.20			
10	010502002001	现浇混凝土构造柱	1. 混凝土种类：现场搅拌 2. 混凝土强度等级：C20	m³	2.50			
11	010503004001	现浇混凝土地圈梁	1. 混凝土类别：现场搅拌 2. 混凝土强度等级：C25	m³	1.94			
12	010503004002	现浇混凝土圈梁	1. 混凝土类别：现场搅拌 2. 混凝土强度等级：C25	m³	1.04			
13	010503005001	现浇混凝土过梁	1. 混凝土类别：现场搅拌 2. 混凝土强度等级：C20	m³	0.12			
14	010505003001	现浇混凝土平板	1. 混凝土类别：现场搅拌 2. 混凝土强度等级：C25	m³	4.01			
15	010507004001	现浇混凝土压顶	1. 混凝土种类：现场搅拌 2. 混凝土强度等级：C20	m³	0.34			
16	010507001001	散水	1. 垫层材料种类、厚度：C10 混凝土、厚20 mm 2. 面层厚度：80 mm 3. 混凝土强度等级：C20 4. 填塞材料种类：建筑油膏	m²	24.29			
17	010515001001	现浇构件钢筋（φ10以内）	钢筋种类、规格：φ6.5、φ8、φ10	t	0.41			
18	010515001002	现浇构件钢筋（φ10以上）	钢筋种类、规格：φ12	t	0.16			
19	010515001003	现浇构件钢筋（螺纹）	钢筋种类、规格：φ12	t	0.42			

续表

序号	项目编码	项目名称	项目特征	计量单位	工程量	综合单价	合价	其中 暂估价
20	010702001001	屋面卷材防水	1. 卷材品种、规格 2. 防水层做法 3. 嵌缝材料种类 4. 防护材料种类	m²	41.380			
21	010702003001	屋面刚性防水	1. 防水层厚度 2. 嵌缝材料种类 3. 混凝土强度等级	m²	33.810			
22	011101B01001	楼地面水泥砂浆找平层	1. 垫层材料种类、厚度 2. 找平层厚度、砂浆配合比	m²	41.380			
23	010803001001	保温隔热屋面	1. 保温隔热部位 2. 保温隔热方式(内保温、外保温、夹心保温) 3. 踢脚线、勒脚线保温做法 4. 保温隔热面层材料品种、规格、性能 5. 保温隔热材料品种、规格 6. 隔汽层厚度 7. 粘结材料种类 8. 防护材料种类	m²	33.810			
24	010803003001	保温隔热墙	1. 保温隔热部位 2. 保温隔热方式(内保温、外保温、夹心保温) 3. 踢脚线、勒脚线保温做法 4. 保温隔热面层材料品种、规格、性能 5. 保温隔热材料品种、规格 6. 隔汽层厚度 7. 粘结材料种类 8. 防护材料种类	m²	86.990			
25	011101001001	水泥砂浆楼地面	1. 垫层材料种类、厚度 2. 找平层厚度、砂浆配合比 3. 防水层厚度、材料种类 4. 面层厚度、砂浆配合比	m²	32.010			
26	011105001001	水泥砂浆踢脚线	1. 踢脚线高度 2. 底层厚度、砂浆配合比 3. 面层厚度、砂浆配合比	m²	4.230			

续表

序号	项目编码	项目名称	项目特征	计量单位	工程量	金额/元		
						综合单价	合价	其中暂估价
27	011201001001	墙面一般抹灰	1. 墙体类型 2. 底层厚度、砂浆配合比 3. 面层厚度、砂浆配合比 4. 装饰面材料种类 5. 分格缝宽度、材料种类	m²	93.540			
28	011201001002	女儿墙内面抹灰	1. 墙体类型：砖外墙 2. 底层厚度、砂浆配合比：素水泥浆一遍，15 mm厚1∶1∶6水泥石灰砂浆 3. 面层厚度、砂浆配合比：5 mm厚1∶0.5∶3水泥石灰砂浆	m²	20.19			
29	011201003001	块料墙面	1. 墙体类型：砖外墙 2. 粘结层厚度、材料种类：8 mm厚1∶2水泥砂浆 3. 面层材料品种规格、颜色：100 mm×100 mm 白色外墙砖，厚5 mm 4. 缝宽、嵌缝材料种类：灰缝宽6 mm 白水泥勾缝	m²	88.65			
30	011108003001	块料零星项目	1. 墙体类型：砖外墙 2. 粘结层厚度、材料种类：8 mm厚1∶2水泥砂浆 3. 面层材料品种规格、颜色：100 mm×100 mm 白色外墙砖，厚5 mm	m²	4.31			
			天棚工程					
31	011301001001	天棚抹灰	1. 基层类型：混凝土板板底 2. 抹灰厚度、材料种类：12 mm厚水泥石灰砂浆 3. 砂浆配合比：水泥801胶浆一遍，7 mm厚1∶1∶4水泥石灰砂浆，5 mm厚1∶0.5∶3水泥石灰砂浆	m²	32.01			

续表

序号	项目编码	项目名称	项目特征	计量单位	工程量	金额/元		
						综合单价	合价	其中暂估价
门窗工程								
32	010801001001	成品实木门安装	1. 门类型及代号：实木装饰门，M—2 2. 五金：包括合页，锁	m²	3.36			
33	010801004001	防盗门	1. 门类型及代号：钢制防盗门，M—1 2. 五金：包括合页，不含锁	m²	1.89			
门窗工程								
34	010807001001	塑钢窗	1. 窗类型及代号：塑钢推拉窗、C1、C2 2. 玻璃品种、厚度：中空玻璃5+6+5 3. 五金材料：拉手、内撑	m²	11.88			
油漆、涂料、裱糊工程								
35	011406001001	墙抹灰面乳胶漆	1. 基层类型：抹灰面 2. 腻子种类：普通成品腻子膏 3. 刮腻子遍数：两遍 4. 油漆品种、刷漆遍数：立邦乳胶漆、底漆一遍、面漆两遍	m²	98.45			
36	011406001002	天棚抹灰面乳胶漆	1. 基层类型：抹灰面 2. 腻子种类：普通成品腻子膏 3. 刮腻子遍数：两遍 4. 油漆品种、刷漆遍数：立邦乳胶漆、底漆一遍、面漆两遍	m²	32.01			
措施项目								
37	011701002001	外脚手架	1. 建筑结构形式：砖混结构 2. 檐口高度：3.71 m	m²	100.76			
38	011701003001	里脚手架	1. 建筑结构形式：砖混结构 2. 搭设高度：2.9 m	m²	21.81			
39	011703001001	垂直运输机械	1. 建筑物建筑类型及结构形式：房屋建筑、砖混结构 2. 建筑物檐口高度、层数：3.71 m、一层	m²	40.92			

某房屋与建筑工程
招标控制价

招标控制价(小写)：79 926.43元

（大写）：柒万玖仟玖佰贰拾陆元肆角叁分

招　标　人：_____
　　　　　　　　　（单位盖章）

法定代表人
或其授权人：_____

编　制　人：_____
　　　　　　　（造价人员签字盖专用章）

复　核　人：_____
　　　　　　（造价工程师签字盖专用章）

编 制 时 间：　　　　　　　　　　　　复核时间：

招标控制价总说明

工程名称：某房屋与建筑工程　　　　　　　　　　　　　　第1页 共1页

一、工程概况

本工程为一层房屋建筑，建筑面积为40.92 m²，砖混结构，室外地坪标高为-0.150 m。

二、招标控制价包括范围

本次招标的施工图 范围内的建筑工程、装饰工程。

三、招标控制价编制依据

1. 招标工程量清单；
2. 招标文件中有关计价要求；
3. 施工图；
4. ××省建筑主管部门颁发的计价办法及有关计价文件。

四、本工程招标控制价，鉴于篇幅、时间有限、人工、材料、机械价格均参照甘肃省基础价格信息确定，没有按照市场价调差。读者可根据当地市场价格进行人工、材料、机械的价格调整。本招标控制价依据《河北省建筑工程消耗量定额》《河北省装饰装修工程消耗量定额》等，利用广联达计价软件GBQ4.0确定。

相关表格见表6-36～表6-39。

表6-36 单位工程费汇总表

工程名称： 第1页 共1页

序号	名称	计算基数	费率/%	金额/元	其中		
					人工费	材料费	机械费
1	分部分项工程量清单	STXM	100.000	63 628.71	16 761.84	40 393.03	1 359.89
2	措施项目清单	CSXM	100.000	2 089.28	332.16	720.68	1 036.44
3	其他项目清单	QTXM	100.000	4 000.00			
4	规费	STXM_FY3+CSXM_FY3	100.000	4 872.58			
5	安全文明施工费	F1+F2+F3+F4	100.00	2 647.96			
6	税金	F1+F2+F3+F4+F5	3.480	2 687.90			
7	合计			79 926.43			

表6-37 分部分项工程量清单与计价表

工程名称：

序号	项目编码	项目名称	项目特征	计量单位	工程数量	金额/元	
						综合单价	合价
1	010101001001	平整场地	1. 土壤类别 2. 弃土运距 3. 取土运距	m²	40.920	1.54	63.02
2	010101003001	挖基础土方	1. 土壤类别 2. 基础类型 3. 垫层底宽、底面面积 4. 挖土深度 5. 弃土运距	m³	44.240	7.36	325.61
3	010103001001	土(石)方回填	1. 土质要求 2. 密实度要求 3. 粒径要求 4. 夯填(碾压) 5. 松填 6. 运输距离	m³	24.650	17.13	422.25
4	010301001001	砖基础	1. 砖品种、规格、强度等级 2. 基础类型 3. 基础深度 4. 砂浆强度等级	m³	13.440	313.83	4 217.88

续表

序号	项目编码	项目名称	项目特征	计量单位	工程数量	金额/元	
						综合单价	合价
5	010302001001	实心砖墙	1. 砖品种、规格、强度等级 2. 墙体类型 3. 墙体厚度 4. 墙体高度 5. 勾缝要求 6. 砂浆强度等级、配合比	m³	16.970	344.24	5 841.75
6	010302001002	实心砖墙	1. 砖品种、规格、强度等级 2. 墙体类型 3. 墙体厚度 4. 墙体高度 5. 勾缝要求 6. 砂浆强度等级、配合比	m³	2.860	337.38	964.91
7	010401006001	垫层	1. 混凝土强度等级 2. 混凝土拌合料要求 3. 砂浆强度等级	m³	6.890	291.44	2 008.02
8	010401006002	垫层	1. 混凝土强度等级 2. 混凝土拌合料要求 3. 砂浆强度等级	m³	3.200	269.29	861.73
9	010402002001	异形柱	1. 柱高度 2. 柱截面尺寸 3. 混凝土强度等级 4. 混凝土拌合料要求	m³	2.500	408.52	1 021.30
10	010403004001	圈梁	1. 梁底标高 2. 梁截面 3. 混凝土强度等级 4. 混凝土拌合料要求	m³	1.940	388.36	753.42
11	010403004002	圈梁	1. 梁底标高 2. 梁截面 3. 混凝土强度等级 4. 混凝土拌合料要求	m³	1.040	388.37	403.90
12	010403005001	过梁	1. 梁底标高 2. 梁截面 3. 混凝土强度等级 4. 混凝土拌合料要求	m³	0.120	414.58	49.75

续表

序号	项目编码	项目名称	项目特征	计量单位	工程数量	金额/元 综合单价	合价
13	010405003001	平板	1. 板底标高 2. 板厚度 3. 混凝土强度等级 4. 混凝土拌合料要求	m³	4.010	319.39	1 280.75
14	010407001001	其他构件	1. 构件的类型 2. 构件规格 3. 混凝土强度等级 4. 混凝土拌合料要求	m³(m²、m)	0.340	437.26	148.67
15	010407002001	散水、坡道	1. 垫层材料种类、厚度 2. 面层厚度 3. 混凝土强度等级 4. 混凝土拌合料要求 5. 填塞材料种类	m²	24.290	78.86	1 915.51
16	010416001001	现浇混凝土钢筋	钢筋种类、规格	t	0.410	5 530.98	2 267.70
17	010416001002	现浇混凝土钢筋	钢筋种类、规格	t	0.160	5 527.44	884.39
18	010416001003	现浇混凝土钢筋	钢筋种类、规格	t	0.420	5 527.43	2 321.52
19	010702001001	屋面卷材防水	1. 卷材品种、规格 2. 防水层做法 3. 嵌缝材料种类 4. 防护材料种类	m²	41.380	22.81	943.88
20	010702003001	屋面刚性防水	1. 防水层厚度 2. 嵌缝材料种类 3. 混凝土强度等级	m²	33.810		
21	011101B01001	楼地面水泥砂浆找平层	1. 垫层材料种类、厚度 2. 找平层厚度、砂浆配合比	m²	41.380	10.88	450.21
22	010803001001	保温隔热屋面	1. 保温隔热部位 2. 保温隔热方式(内保温、外保温、夹心保温) 3. 踢脚线、勒脚线保温做法 4. 保温隔热面层材料品种、规格、性能 5. 保温隔热材料品种、规格 6. 隔汽层厚度 7. 粘结材料种类 8. 防护材料种类	m²	33.810	267.62	9 048.23

续表

序号	项目编码	项目名称	项目特征	计量单位	工程数量	金额/元	
						综合单价	合价
23	010803003001	保温隔热墙	1. 保温隔热部位 2. 保温隔热方式（内保温、外保温、夹心保温） 3. 踢脚线、勒脚线保温做法 4. 保温隔热面层材料品种、规格、性能 5. 保温隔热材料品种、规格 6. 隔汽层厚度 7. 粘结材料种类 8. 防护材料种类	m²	86.990	48.13	4 186.83
24	011101001001	水泥砂浆楼地面	1. 垫层材料种类、厚度 2. 找平层厚度、砂浆配合比 3. 防水层厚度、材料种类 4. 面层厚度、砂浆配合比	m²	32.010	16.98	543.53
25	011105001001	水泥砂浆踢脚线	1. 踢脚线高度 2. 底层厚度、砂浆配合比 3. 面层厚度、砂浆配合比	m²	4.230	32.14	135.95
26	011201001001	墙面一般抹灰	1. 墙体类型 2. 底层厚度、砂浆配合比 3. 面层厚度、砂浆配合比 4. 装饰面材料种类 5. 分格缝宽度、材料种类	m²	93.540	21.39	2 000.82
27	011201001002	墙面一般抹灰	1. 墙体类型 2. 底层厚度、砂浆配合比 3. 面层厚度、砂浆配合比 4. 装饰面材料种类 5. 分格缝宽度、材料种类	m²	20.190	21.41	432.27
28	011204003001	块料墙面	1. 墙体材料 2. 底层厚度、砂浆配合比 3. 贴结层厚度、材料种类 4. 挂贴方式 5. 干贴方式（膨胀螺栓、钢龙骨） 6. 面层材料品种、规格、品牌、颜色 7. 缝宽、嵌缝材料种类 8. 防护材料种类 9. 磨光、酸洗、打蜡要求	m²	88.650	103.64	9 187.69

续表

序号	项目编码	项目名称	项目特征	计量单位	工程数量	金额/元 综合单价	合价
29	011108003001	块料零星项目	1. 柱、墙体材料 2. 底层厚度、砂浆配合比 3. 粘结层厚度、材料种类 4. 挂贴方式 5. 干挂方式 6. 面层材料品种、规格、品牌、颜色 7. 缝宽、嵌缝材料种类 8. 防护材料种类 9. 磨光、酸洗、打蜡要求	m²	4.310	121.88	525.30
30	011301001001	天棚抹灰	1. 基层种类 2. 抹灰厚度、材料种类 3. 装饰线条道数 4. 砂浆配合比	m²	32.010	22.41	717.34
31	010801001001	实木装饰门	1. 门类型 2. 框截面尺寸、单扇面积 3. 骨架材料种类 4. 面层材料品种、规格、品牌、颜色 5. 玻璃品种、厚度、五金材料、品种、规格 6. 防护层材料种类 7. 油漆品种、刷漆遍数	樘/m²	3.360	1 333.75	4 481.40
32	010702004001	防盗门	1. 门类型 2. 框材质、外围尺寸 3. 扇材质、外围尺寸 4. 玻璃品种、厚度、五金材料、品种、规格 5. 防护材料种类 6. 油漆品种、刷漆遍数	樘/m²	1.890	560.71	1 059.74
33	010807001001	塑钢窗	1. 窗类型 2. 框材质、外围尺寸 3. 扇材质、外围尺寸 4. 玻璃品种、厚度、五金材料、品种、规格 5. 防护材料种类 6. 油漆品种、刷漆遍数	樘/m²	11.880	197.65	2 348.08

续表

序号	项目编码	项目名称	项目特征	计量单位	工程数量	金额/元 综合单价	金额/元 合价
34	011406001001	抹灰面油漆	1. 基层类型 2. 线条宽度、道数 3. 腻子种类 4. 刮腻子要求 5. 防护材料种类 6. 油漆品种、刷漆遍数	m²	98.450	13.92	1 370.42
35	011406001002	抹灰面油漆	1. 基层类型 2. 线条宽度、道数 3. 腻子种类 4. 刮腻子要求 5. 防护材料种类 6. 油漆品种、刷漆遍数	m²	32.010	13.90	444.94
		合 计					63 628.71

表 6-38 措施项目清单与计价表

工程名称：

项目编码	项目名称	金额/元
	1 不可竞争措施项目	
1.1	安全防护、文明施工费	3 042.69
	2 可竞争措施项目	
2.1.1	混凝土、钢筋混凝土模板及支架	
2.1.2	脚手架	
011701002001	外脚手架	351.50
011701003001	里脚手架	
2.1.3	大型机械设备进出场及安拆	
2.1.4	生产工具用具使用费	
2.1.5	检验试验配合费	
2.1.6	冬雨期施工增加费	
2.1.7	夜间施工增加费	
2.1.8	二次搬运费	
2.1.9	工程定位复测配合费及场地清理费	
2.1.10	停水停电增加费	
2.1.11	已完工程及设备保护费	
2.1.12	施工排水、降水	
2.1.13	地上、地下设施、建筑物的临时保护措施	
2.1.14	施工与生产同时进行增加费	
2.1.15	有害环境中施工增加费	
2.1.16	超高费	
011703001001	垂直运输费	

表 6-39 其他项目清单与计价表

工程名称：

序号	项目名称	金额/元	结算金额/元	备注
1	暂列金额	4 000		
2	暂估价			
2.1	材料暂估价			
2.2	专业工程暂估价			
3	计日工			
4	总承包服务费			
合计		4 000		

模块小结

本模块主要讲述了工程量清单计价的概念、作用、计价方法，针对土石方工程、桩基工程讲述了分部分项工程量清单的编制方法、综合单价的计算方法。同时，利用案例讲述完整编制分部分项工程量清单、措施项目清单、其他项目清单的过程，以及清单法编制投标报价的程序和方法。通过学习，学生将具有编制工程量清单及投标报价的能力。

思考与练习

1. 某建筑物地下室如图 1 所示，墙外做涂料防水层，施工组织设计确定用反铲挖掘机挖土，土壤类别为三类土，机械挖土坑内作业，土方外运 5 km，回填土堆放在距场地 150 m 处，计算挖基础土方及回填土方清单工程量，并套定额计算综合单价。

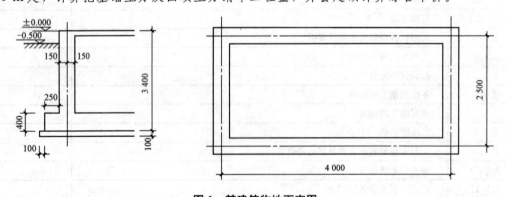

图 1 某建筑物地下室图

2. 某工程采用人工挖孔桩基础，直径为 1 000 mm，设计桩数为 10 根，桩端进入中风化泥岩不小于 1.5 m，护壁混凝土采用现场搅拌，强度等级为 C15，桩芯采用商品混凝土，强度等级为 C25，土方采用场内转运。地层情况自上而下为：卵石层（四类土）厚 5～7 m，强风化泥岩（极软岩）厚 3～5 mm，以下为中风化泥岩（软岩）。试列出桩基础分部分项工程项目清单，并计算出综合单价。

附录 《房屋建筑与装饰工程工程量计算规范》附录节选

附录 D 砌筑工程

D.1 砖砌体

砖砌体工程量清单项目设置、项目特征描述的内容、计量单位及工程量计算规则,应按表 D.1 的规定执行。

表 D.1 砖砌体(编号:010401)

项目编码	项目名称	项目特征	计量单位	工程量计算规则	工作内容
010401001	砖基础	1. 砖品种、规格、强度等级 2. 基础类型 3. 砂浆强度等级 4. 防潮层材料种类	m³	按设计图示尺寸以体积计算,包括附墙垛基础宽出部分体积,扣除地梁(圈梁)、构造柱所占体积,不扣除基础大放脚 T 形接头处的重叠部分及嵌入基础内的钢筋、铁件、管道、基础砂浆防潮层和单个面积≤0.3 m² 的孔洞所占体积,靠墙暖气沟的挑檐不增加基础长度;外墙按外墙中心线,内墙按内墙净长线计算	1. 砂浆制作、运输 2. 砌砖 3. 防潮层铺设 4. 材料运输
010401002	砖砌挖孔桩护壁	1. 砖品种、规格、强度等级 2. 砂浆强度等级		按设计图示尺寸以 m³ 计算	1. 砂浆制作、运输 2. 砌砖 3. 材料运输
010401006	空斗墙	1. 砖品种、规格、强度等级 2. 墙体类型		按设计图示尺寸以空斗墙外形体积计算。墙角、内外墙交接处、门窗洞口立边、窗台砖、屋檐处的实砌部分体积并入空斗墙体积内	1. 砂浆制作、运输 2. 砌砖 3. 装填充料
010401007	空花墙	砂浆强度等级、配合比		按设计图示尺寸以空花部分外形体积计算,不扣除空洞部分体积	

续表

项目编码	项目名称	项目特征	计量单位	工程量计算规则	工作内容
010401008	填充墙	1. 砖品种、规格、强度等级 2. 墙体类型 3. 填充材料种类及厚度 4. 砂浆强度等级、配合比	m³	按设计图示尺寸以填充墙外形体积计算	1. 刮缝 2. 材料运输
010401009	实心砖柱	1. 砖品种、规格、强度等级 2. 柱类型 3. 砂浆强度等级、配合比		按设计图示尺寸以体积计算。扣除混凝土及钢筋混凝土梁垫、梁头、板头所占体积	1. 砂浆制作、运输 2. 砌砖 3. 刮缝 4. 材料运输
010401010	多孔砖柱				
010401011	砖检查井	1. 井截面、深度 2. 砖品种、规格、强度等级 3. 垫层材料种类、厚度 4. 底板厚度 5. 井盖安装 6. 混凝土强度等级 7. 砂浆强度等级 8. 防潮层材料种类	座	按设计图示数量计算	1. 砂浆制作、运输 2. 铺设垫层 3. 底板混凝土制作、运输、浇筑、振捣、养护 4. 砌砖 5. 刮缝 6. 井池底、壁抹灰 7. 抹防潮层 8. 材料运输
010401012	零星砌砖	1. 零星砌砖名称、部位 2. 砖品种、规格、强度等级 3. 砂浆强度等级、配合比	1. m³ 2. m² 3. m 4. 个	1. 以 m³ 计量,按设计图示尺寸截面面积乘以长度计算 2. 以 m² 计量,按设计图示尺寸水平投影面积计算 3. 以 m 计量,按设计图示尺寸长度计算 4. 以个计量,按设计图示数量计算	1. 砂浆制作、运输 2. 砌砖 3. 刮缝 4. 材料运输
010401013	砖散水、地坪	1. 砖品种、规格、强度等级 2. 垫层材料种类、厚度 3. 散水、地坪厚度 4. 面层种类、厚度 5. 砂浆强度等级	m²	按设计图示尺寸以面积计算	1. 土方挖、运、填 2. 地基找平、夯实 3. 铺设垫层 4. 砌砖散水、地坪 5. 抹砂浆面层

续表

项目编码	项目名称	项目特征	计量单位	工程量计算规则	工作内容
010401014	砖地沟、明沟	1. 砖品种、规格、强度等级 2. 沟截面尺寸 3. 垫层材料种类、厚度 4. 混凝土强度等级 5. 砂浆强度等级	m	以m计量，按设计图示以中心线长度计算	1. 土方挖、运、填 2. 铺设垫层 3. 底板混凝土制作、运输、浇筑、振捣、养护 4. 砌砖 5. 刮缝、抹灰 6. 材料运输

注：1. "砖基础"项目适用于各种类型砖基础：柱基础、墙基础、管道基础等。
2. 基础与墙(柱)身使用同一种材料时，以设计室内地面为界(有地下室者，以地下室室内设计地面为界)，以下为基础，以上为墙(柱)身。基础与墙身使用不同材料时，位于设计室内地面高度≤±300 mm时，以不同材料为分界线，高度>±300 mm时，以设计室内地面为分界线。
3. 砖围墙以设计室外地坪为界，以下为基础，以上为墙身。
4. 框架外表面的镶贴砖部分，按零星项目编码列项。
5. 附墙烟囱、通风道、垃圾道应按设计图示尺寸以体积(扣除孔洞所占体积)计算并入所依附的墙体体积内。当设计规定孔洞内需抹灰时，应按本规范附录M中零星抹灰项目编码列项。
6. 空斗墙的窗间墙、窗台下、楼板下、梁头下等的实砌部分，按零星砌砖项目编码列项。
7. "空花墙"项目适用于各种类型的空花墙，使用混凝土花格砌筑的空花墙，实砌墙体与混凝土花格应分别计算，混凝土花格按混凝土及钢筋混凝土中预制构件相关项目编码列项。
8. 台阶、台阶挡墙、梯带、锅台、炉灶、蹲台、池槽、池槽腿、砖胎模、花台、花池、楼梯栏板、阳台栏板、地垄墙、≤0.3 m² 的孔洞填塞等，应按零星砌砖项目编码列项。砖砌锅台与炉灶可按外形尺寸以个计算，砖砌台阶可按水平投影面积以 m² 计算，小便槽、地垄墙可按长度计算、其他工程以 m³ 计算。
9. 砖砌体内钢筋加固，应按本规范附录E中相关项目编码列项。
10. 砖砌体勾缝按本规范附录M中相关项目编码列项。
11. 检查井内的爬梯按本附录E中相关项目编码列项；井内的混凝土构件按本规范附录E中混凝土及钢筋混凝土预制构件编码列项。
12. 如施工图设计标注做法见标准图集时，应在项目特征描述中注明标注图集的编码、页号及节点大样。

E.3 现浇混凝土梁

现浇混凝土梁工程量清单项目设置、项目特征描述的内容、计量单位及工程量计算规则应按表E.3规定执行。

表 E.3 现浇混凝土梁（编号：010503）

项目编码	项目名称	项目特征	计量单位	工程量计算规则	工作内容
010503001	基础梁	1. 混凝土种类 2. 混凝土强度等级	m³	按设计图示尺寸以体积计算。伸入墙内的梁头、梁垫并入梁体积内 梁长： 1. 梁与柱连接时，梁长算至柱侧面 2. 主梁与次梁连接时，次梁长算至主梁侧面	1. 模板及支架(撑)制作、安装、拆除、堆放、运输及清理模内杂物、刷隔离剂等 2. 混凝土制作、运输、浇筑、振捣、养护
010503002	矩形梁				
010503003	异形梁				
010503004	圈梁				
010503005	过梁				

E.4 现浇混凝土墙

现浇混凝土墙工程量清单项目设置、项目特征描述的内容、计量单位及工程量计算规则应按表 E.4 的规定执行。

表 E.4 现浇混凝土墙(编号：010504)

项目编码	项目名称	项目特征	计量单位	工程量计算规则	工作内容
010504001	直形墙	1. 混凝土种类 2. 混凝土强度等级	m³	按设计图示尺寸以体积计算扣除门窗洞口及单个面积>0.3 m²的孔洞所占体积，墙垛及突出墙面部分并入墙体体积计算内	1. 模板及支架(撑)制作、安装、拆除、堆放、运输及清理模内杂物、刷隔离剂等 2. 混凝土制作、运输、浇筑、振捣、养护
010504002	弧形墙				
010504003	短肢剪力墙				
010504004	挡土墙				

注：短肢剪力墙是指截面厚度不大于300 mm、各肢截面高度与厚度之比的最大值大于4但不大于8的剪力墙；各肢截面高度与厚度之比的最大值不大于4的剪力墙按柱项目编码列项。

E.5 现浇混凝土板

现浇混凝土板工程量清单项目设置、项目特征描述的内容、计量单位及工程量计算规则应按表 E.5 的规定执行。

表 E.5 现浇混凝土板(编号：010505)

项目编码	项目名称	项目特征	计量单位	工程量计算规则	工作内容
010505001	有梁板	1. 混凝土种类 2. 混凝土强度等级	m³	按设计图示尺寸以体积计算，不扣除单个面积≤0.3 m²的柱、垛以及孔洞所占体积压形钢板混凝土楼板扣除构件内压形钢板所占体积有梁板(包括主、次梁与板)按梁、板体积之和计算，无梁板按板和柱帽体积之和计算，各类板伸入墙内的板头并入板体积内，薄壳板的肋、基梁并入薄壳体积内计算	1. 模板及支架(撑)制作、安装、拆除、堆放、运输及清理模内杂物、刷隔离剂等 2. 混凝土制作、运输、浇筑、振捣、养护
010505002	无梁板				
010505003	平板				
010505004	拱板				
010505005	薄壳板				
010505006	栏板				
010505007	天沟(檐沟)、挑檐板			按设计图示尺寸以体积计算	
010505008	雨篷、悬挑板、阳台板			按设计图示尺寸以墙外部分体积计算。包括伸出墙外的牛腿和雨篷反挑檐的体积	
010505009	空心板			按设计图示尺寸以体积计算。空心板(GBF高强薄壁蜂巢芯板等)应扣除空心部分体积	
010505010	其他板			按设计图示尺寸以体积计算	

注：现浇挑檐、天沟板、雨篷、阳台与板(包括屋面板、楼板)连接时，以外墙外边线为分界线；与圈梁(包括其他梁)连接时，以梁外边线为分界线。外边线以外为挑檐、天沟、雨篷或阳台。

E.6 现浇混凝土楼梯

现浇混凝土楼梯工程量清单项目设置、项目特征描述的内容、计量单位及工程量计算规则应按表 E.6 的规定执行。

表 E.6 现浇混凝土楼梯(编号:010506)

项目编码	项目名称	项目特征	计量单位	工程量计算规则	工作内容
010506001	直形楼梯	1. 混凝土种类 2. 混凝土强度等级	1. m² 2. m³	1. 以 m² 计量,按设计图示尺寸以水平投影面积计算。不扣除宽度≤500 mm 的楼梯井,伸入墙内部分不计算 2. 以 m³ 计量,按设计图示尺寸以体积计算	1. 模板及支架(撑)制作、安装、拆除、堆放、运输及清理模内杂物、刷隔离剂等 2. 混凝土制作、运输、浇筑、振捣、养护
010506002	弧形楼梯				

注:整体楼梯(包括直形楼梯、弧形楼梯)水平投影面积包括休息平台、平台梁、斜梁和楼梯的连接梁。当整体楼梯与现浇楼板无梯梁连接时,以楼梯的最后一个踏步边缘加 300 mm 为界。

E.7 现浇混凝土其他构件

现浇混凝土其他构件工程量清单项目设置、项目特征描述的内容、计量单位及工程量计算规则应按表 E.7 的规定执行。

表 E.7 现浇混凝土其他构件(编号:010507)

项目编码	项目名称	项目特征	计量单位	工程量计算规则	工作内容
010507001	散水、坡道	1. 垫层材料种类、厚度 2. 面层厚度 3. 混凝土种类 4. 混凝土强度等级 5. 变形缝填塞材料种类	m²	按设计图示尺寸以水平投影面积计算。不扣除单个≤0.3 m² 的孔洞所占面积	1. 地基夯实 2. 铺设垫层 3. 模板及支撑制作、安装、拆除、堆放、运输及清理模内杂物、刷隔离剂等 4. 混凝土制作、运输、浇筑、振捣、养护 5. 变形缝填塞
010507002	室外地坪	1. 地坪厚度 2. 混凝土强度等级			
010507003	电缆沟、地沟	1. 土壤类别 2. 沟截面净空尺寸 3. 垫层材料种类、厚度 4. 混凝土种类 5. 混凝土强度等级 6. 防护材料种类	m	按设计图示以中心线长度计算	1. 挖填、运土石方 2. 铺设垫层 3. 模板及支撑制作、安装、拆除、堆放、运输及清理模内杂物、刷隔离剂等 4. 混凝土制作、运输、浇筑、振捣、养护 5. 刷防护材料

附录 J 屋面及防水工程

J.1 瓦、型材及其他屋面

瓦、型材及其他屋面工程量清单项目设置、项目特征描述、计量单位及工程量计算规则应按表 J.1 的规定执行。

表 J.1 瓦、型材及其他屋面(编码：010901)

项目编码	项目名称	项目特征	计量单位	工程量计算规则	工作内容
010901001	瓦屋面	1. 瓦品种、规格 2. 粘结层砂浆的配合比	m²	按设计图示尺寸以斜面积计算 不扣除房上烟囱、风帽底座、风道、小气窗、斜沟等所占面积。小气窗的出檐部分不增加面积	1. 砂浆制作、运输、摊铺、养护 2. 安瓦、作瓦脊
010901002	型材屋面	1. 型材品种、规格 2. 金属檩条材料品种、规格 3. 接缝、嵌缝材料种类			1. 檩条制作、运输、安装 2. 屋面型材安装 3. 接缝、嵌缝
010901003	阳光板屋面	1. 阳光板品种、规格 2. 骨架材料品种、规格 3. 接缝、嵌缝材料种类 4. 油漆品种、刷漆遍数		按设计图示尺寸以斜面积计算 不扣除屋面面积≤0.3 m² 孔洞所占面积	1. 骨架制作、运输、安装、刷防护材料、油漆 2. 阳光板安装 3. 接缝、嵌缝
010901004	玻璃钢屋面	1. 玻璃钢品种、规格 2. 骨架材料品种、规格 3. 玻璃钢固定方式 4. 接缝、嵌缝材料种类 5. 油漆品种、刷漆遍数			1. 骨架制作、运输、安装、刷防护材料、油漆 2. 玻璃钢制作、安装 3. 接缝、嵌缝

J.4 楼(地)面防水、防潮

楼(地)面防水、防潮工程量清单项目设置、项目特征描述、计量单位及工程量计算规则应按表 J.4 规定执行。

表 J.4 楼(地)面防水、防潮(编码：010904)

项目编码	项目名称	项目特征	计量单位	工程量计算规则	工作内容
010904001	楼(地)面卷材防水	1. 卷材品种、规格、厚度 2. 防水层数 3. 防水层做法 4. 反边高度	m²	按设计图示尺寸以面积计算 1. 楼(地)面防水：按主墙间净空面积计算，扣除凸出地面的构筑物、设备基础等所占面积，不扣除间壁墙及单个面积≤0.3 m²柱、垛、烟囱和孔洞所占面积 2. 楼(地)面防水反边高度≤300 mm 算作地面防水，反边高度＞300 mm 按墙面防水计算	1. 基层处理 2. 刷粘结剂 3. 铺防水卷材 4. 接缝、嵌缝
010904002	楼(地)面涂膜防水	1. 防水膜品种 2. 涂膜厚度、遍数 3. 增强材料种类 4. 反边高度			1. 基层处理 2. 刷基层处理剂 3. 铺布、喷涂防水层
010904003	楼(地)面砂浆防水(防潮)	1. 防水层做法 2. 砂浆厚度、配合比 3. 反边高度			1. 基层处理 2. 砂浆制作、运输、摊铺、养护
010904004	楼(地)面变形缝	1. 嵌缝材料种类 2. 止水带材料种类 3. 盖缝材料 4. 防护材料种类	m	按设计图示以长度计算	1. 清缝 2. 填塞防水材料 3. 止水带安装 4. 盖缝制作、安装 5. 刷防护材料

注：1. 楼(地)面防水找平层按本规范附录 L 楼地面装饰工程"平面砂浆找平层"项目编码列项。
    2. 楼(地)面防水搭接及附加层用量不另行计算，在综合单价中考虑。

参 考 文 献

[1] 王武齐. 建筑工程计量与计价[M]. 2版. 北京：中国建筑工业出版社，2015.
[2] 安淑兰. 建筑工程计量与计价[M]. 北京：高等教育出版社，2014.
[3] 阎俊爱，张素姣. 建筑工程概预算[M]. 北京：化学工业出版社，2014.
[4] 黄伟典. 建设工程计量与计价[M]. 北京：中国环境科学出版社，2005.
[5] 黎诚，兰琼. 建筑装饰工程计量与计价实务[M]. 北京：化学工业出版社，2015.
[6] 杨波. 建筑预算员一本通[M]. 合肥：安徽科学技术出版社，2011.
[7] 钱昆润. 建筑工程定额与预算[M]. 6版. 南京：东南大学出版社，2011.
[8] 陶继水，吴才轩，薛艳. 建筑工程定额与预算[M]. 郑州：黄河水利出版社，2014.
[9] 袁建新. 建筑工程计量与计价[M]. 北京：人民交通出版社，2015.
[10] 段永萍，来进琼. 建筑工程计量与计价[M]. 北京：中国地质大学出版社，2011.